Jessica D. S. Knall

Akzeptanz durch Mitwirkung?

Jessica D. S. Knall

Akzeptanz durch Mitwirkung?

Das Beispiel Auenrevitalisierung

Südwestdeutscher Verlag für Hochschulschriften

Impressum/Imprint (nur für Deutschland/only for Germany)
Bibliografische Information der Deutschen Nationalbibliothek: Die Deutsche Nationalbibliothek verzeichnet diese Publikation in der Deutschen Nationalbibliografie; detaillierte bibliografische Daten sind im Internet über http://dnb.d-nb.de abrufbar.
Alle in diesem Buch genannten Marken und Produktnamen unterliegen warenzeichen-, marken- oder patentrechtlichem Schutz bzw. sind Warenzeichen oder eingetragene Warenzeichen der jeweiligen Inhaber. Die Wiedergabe von Marken, Produktnamen, Gebrauchsnamen, Handelsnamen, Warenbezeichnungen u.s.w. in diesem Werk berechtigt auch ohne besondere Kennzeichnung nicht zu der Annahme, dass solche Namen im Sinne der Warenzeichen- und Markenschutzgesetzgebung als frei zu betrachten wären und daher von jedermann benutzt werden dürften.

Coverbild: www.ingimage.com

Verlag: Südwestdeutscher Verlag für Hochschulschriften GmbH & Co. KG
Heinrich-Böcking-Str. 6-8, 66121 Saarbrücken, Deutschland
Telefon +49 681 37 20 271-1, Telefax +49 681 37 20 271-0
Email: info@svh-verlag.de

Zugl.: Basel, Phil.-Naturwiss. Fakultät Universität Basel, 2005; erschienen in Physiogeographica Bd. 35 , 2006

Herstellung in Deutschland (siehe letzte Seite)
ISBN: 978-3-8381-3084-2

Imprint (only for USA, GB)
Bibliographic information published by the Deutsche Nationalbibliothek: The Deutsche Nationalbibliothek lists this publication in the Deutsche Nationalbibliografie; detailed bibliographic data are available in the Internet at http://dnb.d-nb.de.
Any brand names and product names mentioned in this book are subject to trademark, brand or patent protection and are trademarks or registered trademarks of their respective holders. The use of brand names, product names, common names, trade names, product descriptions etc. even without a particular marking in this works is in no way to be construed to mean that such names may be regarded as unrestricted in respect of trademark and brand protection legislation and could thus be used by anyone.

Cover image: www.ingimage.com

Publisher: Südwestdeutscher Verlag für Hochschulschriften GmbH & Co. KG
Heinrich-Böcking-Str. 6-8, 66121 Saarbrücken, Germany
Phone +49 681 37 20 271-1, Fax +49 681 37 20 271-0
Email: info@svh-verlag.de

Printed in the U.S.A.
Printed in the U.K. by (see last page)
ISBN: 978-3-8381-3084-2

Copyright © 2012 by the author and Südwestdeutscher Verlag für Hochschulschriften GmbH & Co. KG and licensors
All rights reserved. Saarbrücken 2012

Danksagung

Die vorliegende Arbeit entstand aus der Mitarbeit an einem Projekt der Stiftung Mensch-Gesellschaft-Umwelt (MGU) im Zeitraum Januar 2000 bis Dezember 2002 unter Leitung des Geographischen und des Geologisch-Paläontologischen Instituts der Universität Basel. Meinen herzlichen Dank möchte ich MGU ausrichten, die das Stellimatten-Projekt finanzierten, sowie der Freiwilligen Akademischen Gesellschaft, die mich nach Projektablauf für den Abschluss der Dissertation unterstützte.

Die drei Projektjahre sowie die anschliessende Arbeit an der Dissertation waren für mich persönlich als auch beruflich sehr lehrreich. Einblicke in das behördliche Arbeiten im Kanton Basel-Stadt, der Vergleich mit der universitären Arbeitswelt, neue Freundschaften in der Schweiz und interessante Kontakten zu Fachkollegen/innen im In- und Ausland fügten sich zu einer dichten Abfolge von Erfahrungen und Erlebnissen zusammen.

An der Realisierung dieser Arbeit haben sehr viele Personen und Institutionen mitgewirkt, denen ich zu großem Dank verpflichtet bin:

Mein Doktorvater Herr Prof. Dr. Dr. h.c. Hartmut Leser sowie meine Korreferentin Frau Prof. Dr. Rita Schneider-Sliwa, die das Rückrat in der Dissertationszeit bildeten, indem sie mir in schwierigen Situationen, die eine solche Projektarbeit mit sich bringen kann, Selbstbewusstsein und hilfreiche Ratschläge gaben – gerade auch, wenn die Projektarbeit die Dissertation zu überrollen drohte.

Dem Projektkernteam des Stellimatten-Projekts, mit Dr. Christoph Wüthrich, PD Dr. Peter Huggenberger, Urs Geissbühler und Dr. Eric Zechner danke ich für die gute Zusammenarbeit, genauso wie Dr. Daniel Rüetschi und Oliver Stucki, die ebenfalls zum Projektthema forschten, allen voran Dr. Arnold Gurtner-Zimmermann, auf dessen Ideen die Projektideen des sozialwissenschaftlichen Parts des Projekts fussten, der mir als Projektbetreuer fachliche Anregungen gab, Auszüge meiner Resultatekapitel durchsah, sowie beim Aufbau von Methodikkonzepten und Erstellen von Publikationen in der Zusammenarbeit konstruktive Ratschläge gab.

Dr. Christina Aus der Au, Dr. Petra Lindemann-Matthies und Dr. Andrea Kampschulte danke ich für die konstruktiven Ratschläge zu den standardisierten Fragebögen zur Revitalisierungsakzeptanz.

Das Steuerteam des Projekts – mit Vertretern der Industriellen Werke Basel, des Hochbau- und Planungsamtes BS, Hauptabteilung Planung, des Amts für Umwelt und Energie BS, der Naturschutzfachstelle BS und der Gemeinde Riehen, des Forstamts beider Basel, des Tiefbauamts BS – beantwortete mir die vielen Befragungen zum Teil sehr gewissenhaft und ausführlich. Die jeweiligen Vertreter gaben zudem in Pretests Anregungen für den Aufbau der Fragebögen, schenkten mir in den Interviews sehr viel Vertrauen, so dass ich tiefgehende Einblicke in die Hintergründe von problematischen Sachverhalten bekommen konnte. Vielen herzlichen Dank für diese sehr gute Zusammenarbeit.

Auch möchte ich nicht PD Dr. Marion Potschin vergessen, die „gute Seele" im Zimmer nebenan, welche – im gleichen Forschungsbereich angesiedelt – mir wertvolle Hinweise zu interessanten Tagungen, wichtigen Kontakten und guter Literatur gab.

Fachlich wertvolle Anregungen zu meinem Dissertationskonzept gaben mir weiterhin Prof. Dr. Bernhard Freyer (Universität für Bodenkultur, Wien) und Prof. Dr. Florian G. Kaiser (Eindhoven University of Technology).

Ein Dankeschön auch an Sabine Gerber, die mit ihrer sehr guten Diplomarbeit die Studie meiner Dissertation günstig erweiterte; auch an die vielen Studenten, die mir tatkräftig die Passantenbefragungen durchführten und die dazugehörigen Daten in den PC tippten.

Schliesslich ist noch Rainer Weisshaidinger und Ruth Förster für die kritische Durchsicht meiner Arbeit zu danken, was sicherlich nicht wenig Zeit gekostet hat.

Aber ohne einige Kollegen, die für mich zu Freunden geworden sind und auch privat mit mir die Dissertationszeit durchlebten, wäre diese Zeit nur halb so schön gewesen. Ich erinnere mich gerne an Kafka, Goethe und Thomas Mann, an die Cargobar, den Döner am Abend, das Café Florian, Dias und Erzählungen aus Madagaskar, Basler Fasnet und die vielen Gespräche über das, „wo komme ich her" und „wo gehe ich hin". Ich hoffe, Ihr werdet mir noch lange erhalten bleiben, ob nun in Basel, Bern, Lima oder wo immer Ihr gerade seid. Danke für die wunderschönen Momente, die Ihr mir geschenkt habt.

Nicht zuletzt umarme ich meinen Mann und meinen Söhne für ihre Unterstützung der Doktorarbeit. Ihr habt es mitgetragen, dass ich zweieinhalb Monate nach der ersten Geburt wieder an die Dissertation gehen konnte, erst mit Kind am Arbeitsplatz – vielen Dank hier auch an Herrn Prof. Dr. Hartmut Leser und Frau Prof. Dr. Rita Schneider-Sliwa für ihre grosse Loyalität und Offenheit diesbezüglich – später mit einer Tagesmutter. Ich habe erfahren, wie „mutterfreundliche Arbeitskonzepte" in der Praxis versagen, weil befristete Arbeitsverträge zu wenig Raum für Erziehungsurlaub lassen, weil Projektarbeit keine Mutterschaftsvertretung kennt. Danke dafür, dass soviel Geld und Zeit aus unserem „Familientopf" in meine Dissertation fliessen konnte.

Der erste Druck der Dissertation wurde finanziert mit Beiträgen von der Geographisch-Ethnologischen Gesellschaft Basel, vom Dissertationenfonds der Universität Basel und der Basler Studienstiftung. Vielen Dank.

Jessica D. S. Knall

Vorwort

des Dissertationsleiters Prof. Dr. Dr. h.c. Hartmut Leser

Transdisziplinarität als methodisches und methodologisches Problem bei einem angewandten Naturschutzprojekt

1 Einleitung: Worum geht es?

Die Dissertation (J. Knall 2006) war Bestandteil des MGU-Projekts F2.00 „Machbarkeit, Kosten und Nutzen von Revitalisierungen in intensiv genutzten, ehemaligen Auenlandschaften" (Chr. Wüthrich et al. 2003). Im Umfeld des Projektes und der vorliegenden Dissertation entstanden in der Forschungsgruppe diverse andere Arbeiten, die z. T. vorbereitenden Charakter trugen. Alle waren überwiegend physiogeographisch ausgerichtet. Erst mit dem Projekt MGU 2.00 wurde auch die humangeographische Komponente aufgegriffen, obwohl zum Ansatz der Landschaftsökologie – neben Natur und Umwelt – auch der Mensch gehört (u. a. H. Leser 41997; H. Leser 2003; E. Neef 1969, 1979; R. Schneider-Sliwa, D. Schaub & G. Gerold [Hrsg.] 1999).

Der „Gegenstand": Bei einem Freilandexperiment wurde eine Anreicherungsfläche für Grundwasser mit Flusswasser überstaut, um die Entwicklung einer dem Auewald ähnlichen standortökologischen Situation zu initiieren. Diese wissenschaftliche Initiative geriet vermeintlich in Konflikt mit der Trinkwasserproduktion und der Angst, dass das Grundwasser durch die Flusswassereinleitung verschmutzt würde. Einbezogen wurden Wasserversorger und Behördenvertreter, sowie die Bevölkerung (Passanten, Erholungssuchende), die das Gebiet Stellimatten als Erholungsraum nutzt. Ziel der vorliegenden Doktorarbeit war, diesen Nutzer- und Interessenskonflikt methodisch und methodologisch auszuleuchten. Dabei sollte festgestellt werden, ob sich die Akzeptanz für die Revitalisierung von Feuchtgebieten steigern lässt, wenn in diesem transdisziplinär angelegten Projekt sowohl den Betroffenen als auch den Entscheidungsträgern Mitwirkungsinstrumente zur Verfügung stehen.

Verschiedene Teilziele ordneten sich diesem Hauptziel der Dissertation unter, z. B.
- Identifikation von Zielgruppen der Akzeptanzsteigerung,
- Ursachenforschung für ausbleibende oder stattfindende Akzeptanz sowie
- Definieren der landschaftsökologischen und gesellschaftlichen Auswirkungen auf das gesamte Gebiet der Unteren Wiese.
- Schliesslich sollten Handlungsanleitungen für künftige transdisziplinäre Projekte entwickelt werden.

2 Methodologische Einordnung des Ansatzes der Dissertation

2.1 Ansätze der Geographie und Landschaftsökologie

Nicht nur die Geographie (A. Borsdorf 1999; G. Heinritz [Hrsg.] 2003; H. Leser & R. Schneider-Sliwa 1999; M. Winiger 2002), sondern auch die Landschaftsökologie (H. Leser 1997; H. Leser & Chr. Kempel-Eggenberger 1997; H. Leser 2003) gehen davon aus, dass in diesen beiden Fachbereichen inter- und transdisziplinär angesetzt und vorgegangen wird. Das gründet sich auf den holistischen Ansatz von Geographie und Landschaftsökologie, der auf die Vielfalt der Aspekte im Zusammenhang von Natur, Technik und Gesellschaft (H. Leser 1995; E. Neef 1967; K.Mannsfeld & H. Neumeister [Hrsg.] 1999; D. R. Stoddart 1965) Bezug nimmt. Beide Fachbereiche versuchen, der komplexen Geographischen Realität – wie sie von E. Neef (1967, 1969, 1979) definiert wurde – gerecht zu werden. Das bedeutet, dass auch der Mensch als planendes und entscheidendes Wesen in die Betrachtung mit einbezogen wird (E. NEEF 1979; P. Weichhart 2003), ja diese sogar bestimmen kann und damit auch eine Untersuchung dominiert. Im Grunde wurde dies bereits von H. H. Barrows (1923) mit seiner „Geography as Human Ecology" gesagt, und selbst das geographisch-wissenschaftstheoretische Werk von D. Bartels (1968) kann man so lesen.

2.2 Transdisziplinarität im Rahmen der Dissertation

Der Begriff Transdisziplinarität wird sehr verschieden definiert (J. Jaeger & M. Scheringer 1998; H. Leser 2002; H. Nowotny, H.- U. Obrist & O. Smrekar 2000; J. Thompson Klein et al. 2001). Grundkonsens besteht darüber, dass es dabei um mehrere, verschiedene fachwissenschaftliche Perspektiven geht, zu denen praktische Aspekte hinzukommen. So setzt auch die Dissertation von J. Knall (2006) an. In der Einleitung (Kap. 1) wird also vom Gedanken der Transdisziplinarität ausgegangen, der besagt, dass Wissenschaftler, Akteure und Betroffene einbezogen werden, um „gesellschaftliche Akzeptanz als Basis langfristig getragener Naturschutzanliegen zu erreichen". Dieses weit über den fachwissenschaftlichen Usus hinausgehende Verständnis von Transdisziplinarität erscheint für praktisch orientierte (Forschungs-) Projekte eine angemessene Definition. Die Arbeit zielt daher auf die Beantwortung der Fragen,

- ob die Durchführung partizipativ angelegter Naturschutzprojekte bei Betroffenen und Akteuren die Einstellung zum Projekt verändert und
- ob die Veränderung sich auf sämtliche Betroffene und Beteiligte bezieht oder nur auf einzelne Interessensgruppen.

Auf diese Fragen sind auch die plausiblen Hypothesen ausgerichtet. Die Bearbeiterin sieht – realistischerweise – die Interessensgebundenheit aller Akteure. Sie werden im Organigramm des Stellimatten-Projekts dargestellt. Es zeigt die Vielfalt nicht nur der beteiligten Gruppen, sondern auch deren unterschiedliche, z. T. divergierende Interessenslagen.

Die Autorin begründet sehr gut die Eignung des Projekts für ihre Akzeptanzanalyse. Die Vorgehensweise dieser wird in einem Fliessdiagramm dargestellt. Es belegt nicht nur die einzelnen Arbeitsschritte, sondern verdeutlicht auch die Vernetzung der Methoden, bei denen Akteurs- und Passantenbefragungen sowie Expertengespräche im Mittelpunkt stehen. In der Auswertungsphase dominieren die statistischen Verfahren. Im Kapitel 1.4 „Wissenschaftstheoretische Relevanz der Studie" wird das hohe Ziel der Arbeit noch einmal formuliert: „In dieser Studie wird ... die Wirkung eines Projektes untersucht, welches über partizipative Ansätze die Einstellung zu Naturschutzverfahren im Bezugsraum verändern will." Das definierte Faktorennetz, welches das Umweltverhalten fördern soll, ist äusserst komplex. Es reicht von Meinungsäußerungen bei Befragungen über die Information der Bevölkerung, die Übernahme von

Verantwortung im Steuerungsteam bis hin zum „Entdecken von positiven Aspekten der Naturschutzanliegen bei Skeptikern".
Dieser hohe Anspruch wird von der durchgeführten Doktorarbeit weitestgehend erfüllt. Diese vermeintliche oder tatsächliche Einschränkung ergibt sich daraus, dass bei stark von Gefühl geprägten Handlungen und Wahrnehmungen methodische Schwierigkeiten auftreten, die auch von dem ausgefeiltesten Fragebogen und dem raffiniertesten Expertengespräch nicht beseitigt werden können. Man sollte sich, gerade bei transdisziplinären Projekten, aber auch in verschiedenen Fachwissenschaften (z. B. Soziologie und Ethnologie sowie in diversen Zweigen der Wirtschaftswissenschaften) von der Vorstellung befreien, alle Sachverhalte seien im wahrsten Wortsinne „berechenbar". Diese Kritik bedeutet kein Herabsetzen dieser Wissenschaften, sondern stellt einen Hinweis dar auf deren konkrete („reale") Möglichkeiten und Grenzen bei Aussagen zu Mensch und Gesellschaft. Es ist ja so, dass gerade aus der Kenntnis dieser Problematik jene Erfahrungen für praktische Handlungsempfehlungen resultieren, auf welche die Autorin in den Kapiteln 11 Schlussfolgerungen und Ausblick sowie 12 Zusammenfassung noch einmal zurückkommt.

3 Diskussion von Inhalt und Ergebnissen

3.1 Partizipation, umweltgerechtes Handeln und Transdisziplinarität
Im Kapitel 2 erfolgt die Auseinandersetzung mit den Begriffen Akzeptanz, Umweltbewusstsein und umweltgerechtes Handeln. Letztlich geht es damit um den Prozess der individuell und gruppenspezifisch verschiedenen Wahrnehmung eines Sachverhaltes der sogenannten „Realität". Ein Blick in die Literatur lehrt, dass die Sichtweisen z. B. von Umweltsoziologie und Umweltpsychologie sehr unterschiedlich sind und dass – für solche Problematiken – diverse Autoren ihre Theorien und Modelle demzufolge auf ganz verschiedenen „unscharfen" Grundlagen aufbauen (z. B. „Vorstellung", „Gefühle", „Betroffenheit", „Handlungsabsichten" etc.). Wie komplex solche Ansätze sind, belegt das Modell umweltverantwortlichen Handelns (U. Fuhrer & S. Wölfing 1996). Es macht die indirekte Erfassung von Umweltproblemen durch den Menschen deutlich: Das Handeln wird immer von mehreren Faktorengruppen – jener

der Wahrnehmung, der Einbindung in das soziale Umfeld und des Eigeninteresses – gesteuert.

Im Kapitel 2.2 wird der Zusammenhang zwischen Transdisziplinarität und „Partizipation zur Akzeptanzschaffung" ebenso beleuchtet wie die Partizipationsforschung selber. Sie beschäftigt sich mit den Beteiligungsformen Information, Partizipation und Kooperation, welche die Literatur begrifflich nicht immer sauber trennt. Die Darstellung der Beteiligungsformen des Kommunikationsprozesses nach K. Selle (1997) stellt dies zwar theoretisch klar, die Autorin erkennt jedoch, dass die Beteiligungsformen „in der Praxis sehr viel differenzierter betrachtet werden" müssen (S. 34). Zudem sind die Wirkungen von den Beteiligungsformen auch projektgesteuert, ja sie können sich sogar von Projektphase zu Projektphase verschieben.

Nach weiteren Begriffsklärungen und Netzwerkbetrachtungen erkennt die Verfasserin in Kapitel 2.5: „Die Partizipation der Bevölkerung, aber auch der Akteure in Naturschutzprojekten ist umstritten und unterliegt Prämissen der Kooperation, die selten eingehalten werden können. Dennoch wird der Weg des partizipativen Ansatzes in der Praxis zunehmend eingeschlagen, weil es die Komplexität der Probleme erfordert. Die gesellschaftlichen Wirkungen partizipativ angelegter Projekte im Naturschutz sind jedoch bis heute nur ansatzweise erforscht." (S. 50). Hier wird noch einmal auf das Modell von U. Fuhrer & G. Wölfing (1996) oder auf das von M. Fishbein & I. Ajzen (1975) zurückgekommen, die der gesamten Arbeit als Leitmodelle dienen.

3.2 Das Arbeitsgebiet – transdisziplinär und landschaftsökologisch betrachtet

Das Kapitel 3 konkretisiert den Raum und die Ideen der Gewässerrevitalisierung im Raume Basel. Hier werden auch die Nutzer erwähnt sowie die Planung des Landschaftsparks Wiese, aber auch das Stellimatten-Projekt (Kap. 3.4) – dies vor dem Hintergrund der informativen und partizipativen Instrumente und kooperativen Verfahren im Gebiet.

Mit Kapitel 4 wird der landschaftsökologisch-geographische Ansatz (H. Leser 1997; K. Mannsfeld & H. Neumeister [Hrsg.] 1999; E. Neef 1963, 1969, 1979) als wissenschaftstheoretische
Basis der Studie vorgestellt. Ohne die an sich bekannte Theorie der Landschaftsökologie aufzurollen, werden diverse methodische Konsequenzen für das Stellimatten-Projekt sowie für Revitalisierungen allgemein gezogen. Gerade die Komplexität der in der Dissertation betrachteten Mensch-Umwelt-Zusammenhänge erfordert den landschaftsökologischen Ansatz, der auf die Zeit-Raum-Dynamik ebenso Bezug nimmt wie auf die Komplexität der „Faktoren" im System sowie auf die Grössenordnung des Objektes.

Die Größenordnungs- bzw. Massstabsproblematik, die vor allem E. Neef (1963) oder K. Herz (1973, 1974) immer wieder in die theoretische Debatte der Geographie einbrachten, blieb bis heute für Geographie und Landschaftsökologie leitend (siehe u. a. U. Steinhardt, O. Blumenstein & H. Barsch 2005). Erst die grossmassstäbliche Betrachtung führt zu jenem Erkennen der Detailliertheit des realen Untersuchungsgegenstandes (d. h. im Sinne der Geographischen Realität von E. Neef), welche für eine nicht einfach nur „sachgerechte", sondern vor allem punktgenaue bzw. parzellenscharfe Bearbeitung in der Praxis notwendig ist. Das gilt sowohl für die einzelnen („natürlichen") Geoökofaktoren (des „Geoökosystems"), als auch für die Differenzierungen des Anthroposystems, wobei letzteres absolut im Mittelpunkt der Arbeit von J. Knall (2006) steht. Dies verlangt übrigens auch der Wissenschaftstheoretiker P. Weichhart (2003) mit seiner Sichtweise von der Geographie als Gesellschaft-Umwelt-Forschung.

Dem praktischen Aspekt des transdisziplinären Ansatzes trägt die Dissertation durch Betrachtungen zum raumplanerischen Überbau des Dreiländerecks und zu den Nutzungskonflikten in der schweizerischen Teil der Wiese-Ebene Rechnung. Dabei wird die Problematik „bestehende Nutzung versus Entwicklungsplanung des Landschaftsparks Wiese" herausgearbeitet. Die Bearbeiterin schlägt dann den Bogen zu den theoretischen Vorstellungen der Landschaftsökologie und den dort üblichen Regelkreisdarstellungen. In der sehr plausiblen Abb. 4.5-1 werden die drei Ebenen des anthropogenen Wirkungssystems als methodische Herausforderungen – vor dem Hintergrund des Projektverlaufs –

dokumentiert. Unter Verweis auf die Modelle von M. Fishbein & I. Ajzen (1975) und S. Heiland (2002) finden sich die projektinternen Faktoren unter Bezugnahme auf das Stellimatten-Projekt zusammenfassend dargestellt. Dabei wird betont, dass sich die Dissertation mit jenen „gesellschaftlichen Auswirkungen des Projektes" beschäftigt, „für welche die Kommunikation unter den Akteuren und Betroffenen ausschlaggebend ist." Zugleich erfolgt auch der Hinweis auf mögliche praktische Perspektiven, die sich aus der Qualität der Kommunikation über das Projekt ergeben.

3.3 Methodische Probleme
Mit Kapitel 5 wird nicht nur ein Überblick über das methodische Vorgehen gegeben, sondern es werden auch das Untersuchungskonzept, die Methodik der Befragung, die Datenverarbeitung sowie die Netzwerkanalyse und die Erfassung der Akzeptanz von Revitalisierungen seitens der Akteure dargelegt. Als Hauptmethodik setzt die Autorin die bewährten quantitativen und qualitativen Methoden der empirischen[1] Sozialwissenschaften ein, um dem Komplex hoch differenzierter Akteursmeinungen und Verhaltensweisen gerecht zu werden. Das erfordert den alternativen Einsatz quantitativ-flächenhafter, quantitativ-punktueller und qualitativ-punktueller Verfahren (Tab. 5.1-1).

Die Kapitel 6, 7 und 8 setzen „Wünsche", „Haltungen", „Partizipationsbereitschaft", „Vorstellungswandel" und „Interessenskonflikte" in einen einheitlichen funktionalen Kontext. Dieser wird im Kapitel 9 bewertend dargestellt. Mit Tab. 9.1-1 präsentiert die Bearbeiterin dann die Wirkung

---

[1] Es sei der unbequeme Hinweis erlaubt, dass „empirisch" erfahrungsgemäss bedeutet, d. h. aus Beobachtung und Experiment gewonnen. Die auch so in der Geographie bezeichnete Quantitative Revolution (siehe dazu auch die grundlegenden Äusserungen von D. Bartels 1968), welche die Einführung „empirischer Methoden" forderte, übersah zweierlei: (1) Auch die schlichte Beobachtung und deren Niederschrift ist eine empirische Methode und: (2) die Arbeit mit Mass und Zahl an Mensch und Gesellschaft kann zwar allgemeine Beobachtungsunschärfen abschwächen, grundsätzlich jedoch nicht beseitigen. – Die Zahlengläubigkeit diverser Gesellschafts- und Wirtschaftswissenschaften ändert an der Grundtatsache nichts, dass Mensch und Gesellschaft zwar zählbar, aber im wahrsten Wortsinne nicht (mathematisch exakt) berechenbar sind. Aber genau diese Vorstellung wird „nach aussen" – also der Öffentlichkeit oder auch gegenüber den Naturwissenschaften – vermittelt.

der verschiedenen Beteiligungsformen auf das anthropogene Wirkungssystem „Landschaftsplanung in der Wieseebene". Es zeigt sich, dass die verschiedenen Interessenten durch Information, Miterleben, Umsetzung, Arbeitskreise, Forschung etc. beteiligt gewesen sind und dass für jede Gruppe eine Wirkung bestätigt und für fast alle ein Akzeptanzgewinn oder gar Akzeptanzwechsel verzeichnet werden kann – mit Ausnahme der Wasserproduzenten, die auch nach Projektablauf beträchtliche Zielkonflikte bzw. Interessenskonflikte sahen. Übrigens werden diese auch im Schlussbericht (Chr. Wüthrich et al. 2003) bei den „Stellungnahmen der beteiligten Institutionen" noch einmal explizit zum Ausdruck gebracht.

Interessant ist auch das Abwägen der von der Fachliteratur erkannten Prämissen für eine erfolgreiche Kooperation in transdisziplinären Projekten (S. 169 ff.). Hier schlägt die Autorin eine Brücke zwischen den eigenen Erkenntnissen und den Vorgaben der fachwissenschaftlichen Literatur, wobei sie zwischen „eingehaltenen", „bedingt erfüllten" und „nicht erfüllten Prämissen" unterscheidet. Es wird deutlich, dass bei zeitlich begrenzten (und somit befristet finanzierten) Projekten, die eine hohe Kooperation erfordern und in denen Verhaltensänderungen möglich sind bzw. erwartet werden, nicht genügend Zeit für einen „Gesinnungswandel" zur Verfügung steht. Trotzdem wird das Stellimatten-Projekt von der Bearbeiterin als Erfolg gewertet, weil sich am Beurteilungsstand des Projektes doch – direkt oder indirekt – einiges geändert hat oder auch noch ändern wird, dies sowohl im ökologischen als auch im mentalen Bereich: „Das Pilotprojekt Stellimatten hat die Voraussetzung der Landschaftsplanung in der Wieseebene geändert." (S. 171).

4 Perspektiven: Eine methodische Diskussion

Im Kapitel 10 erfolgt die Bewertung der Passantenresultate und der Akteurshaltungen, aus denen ein Fazit für die Akzeptanz der Revitalisierung der Feuchtgebiete in der Wieseebene gezogen wird. Unterschieden wird dabei nach
• „Wahrnehmung",
• „Wünschen",
• „Faktoren der Akzeptanz",

- „Partizipationsbereitschaft",
- „Bezug zur Akteurshaltung" sowie der
- „Netzwerkstruktur" und deren Details.

Dabei offenbaren sich auch die methodischen Möglichkeiten und Grenzen von Passantenbefragungen, bei denen eher die Landschaftsästhetik interessiert, als dass die ökologische Qualität des Gebietes hinterfragt wird: Was „Aufwertung eines Naherholungsraumes" bedeutet, definiert also der allgemeine Nutzer („Bevölkerung") auf der einen und der Wissenschaftler bzw. Planer auf der anderen Seite jeweils ganz unterschiedlich. Beim Netzwerk der Landschaftsplanung in der Wiese-Ebene erwies sich jedoch auch für Wissenschaft und Praxis das Erkennen der gemeinsamen Problematik bzw. der gemeinsamen Projektziele als kritisch, weil ebenfalls verschieden. Das belegen die Meinungsverschiedenheiten zwischen der Projektleitung einerseits und der Wasserversorger andererseits: „Die unterschiedlichen Wahrnehmungen der Thematik [wurden] unterschätzt." (S. 176). In der Diskussion der „Handlungsspielräume für die Arbeit im Steuerteam" wird deutlich, dass hier ein besonders schwieriger Komplex zu behandeln war, der vielleicht bei einem anderen Forschungsgegenstand zu „günstigeren" Resultaten geführt hätte. Oder, um es vereinfacht zu sagen, der Projektansatz der Behörden bzw. die der Vertreter der Wasserversorgung ging von anderen Grundlagen und Vorstellungen aus als jener der (wissenschaftlichen) Projektleitung. Letztere hatte – in ihrer Abhängigkeit vom Wasserversorger – zudem keine Chance, in einem Fortsetzungsprojekt weiterführende Untersuchungen durchzuführen, um dem Projekt durch vertiefte und erweiterte Grundlagen doch noch eine andere Wendung zu geben, die auch beim Wasserversorger eine andere Einschätzung der Perspektiven ermöglicht hätte. Diese Divergenz wird von der Bearbeiterin nüchtern konstatiert. Ob tatsächlich „die Problematik brisanter" (S. 177) ist als in einem ähnlich gelagerten Fall in Norddeutschland, sei dahingestellt. Einmal mehr ging es um das (methodisch schwer fassbare) „Menscheln", also um „ungeklärte Rollen- und Kompetenzverteilung" (S. 178), die einen grösseren Erfolg des Projektes verhinderte.

Aus methodisch-methodologischer Sicht darf die Frage gestellt werden, inwieweit die komplexen Strukturen von Interessensgegensätzen und Konfliktsituationen in solchen Projekten definitiv und absolut aufklärbar sind. Man darf wohl zu der Auffassung gelangen, dass die um Aufhellung bemühten Methoden der empirischen Sozialforschung, aber auch jene der Umweltsoziologie und der Umweltpsychologie, in nicht wenigen realen Situationen eindeutig an ihre Grenzen stossen. Auch seitens der um präzise Aussagen bemühten Methodik wäre wahrscheinlich zu akzeptieren, dass der Mensch als Individuum, gleich in welcher sozialen oder administrativen Funktion, vor allem als Individuum denkt und agiert – auch in einem Netzwerk. Methodisch wesentlich erscheint, dass die Diskussion im Kapitel 10 belegt, dass es weniger um quantitative als vielmehr um qualitative Aussagen geht bzw. unbedingt gehen muss, mit der verschiedene fachwissenschaftliche Methodiken ihre Mühe haben. Vermutlich muss sich eingestanden werden, dass die empirische Sozialforschung auch über eine nicht unwesentliche qualitativ-beschreibende bzw. hermeneutische Komponente verfügt, die auch durch sogenannte quantitative Methoden[2] nicht ersetzbar ist. Da stellt sich aber auch zwangsläufig die Frage nach dem Sinn und Wirkung von Akzeptanz- und Partizipationsstudien. Sie haben immerhin den Effekt, auch wenn er nicht quantitativ zu belegen, sondern „nur" verbal zu beschreiben ist, dass Strukturen offen gelegt werden, die für das Funktionieren oder eben auch das Nichtfunktionieren von Projekten, Planungen oder Landschafts-gestaltung ganz entscheidend sind.

Mit dem Kapitel 11 werden die Perspektiven für die weitere Gestaltung des Naherholungsraumes in Richtung einer naturnäheren landschafts-ökologischen Situation diskutiert. Davor stehen aber die „Spielregeln" der Planungs- und Umsetzungsprozesse, aber auch die „Entscheidungsregeln", die für die Netzwerkteilnehmer gelten sollten. Die Verfasserin sieht als Problemlösung ein institutionalisiertes Netzwerk, das aber nur dann legitimiert sein kann, wenn die Meinung der Bevölkerung integriert wird. Eine andere Legitimation wäre natürlich jene „von oben", also seitens

---

[2] Siehe Fußnote 1)

vorgesetzter Behörden, was sich jedoch mit einem demokratischen Selbstverständnis nicht vertragen würde. Nach den Ausführungen der Verfasserin kann ein solches Netzwerk Konfliktursachen erkennen und Ziele, Erwartungshaltungen und Rollenverteilungen modifizieren (S. 188). Sie diskutiert anschließend noch ihre methodischen Erfahrungen, auch das Problem der „Projekteignung", wobei sie das Stellimatten-Projekt als „ein realistisches Projekt" einschätzt. Sie erkennt dabei auch die eigene (quasi Gutachter-)Position, die man als „Zwischen-den-Stühlen-sitzend" bezeichnen kann.

Aus der Arbeit J. Knall (2006) resultieren, unter Bezug auf die Modelle von M. FISHbein & I. Ajzen (1975) und das von S. Heiland (2002), eigene Modellvorstellungen (Abb. 11.5-1). Das Modell zeigt, wie in der Praxis der transdisziplinären Forschung ein Projekt angegangen werden kann, um Interessenskonflikte besser zu handhaben. Letztlich bestätigt dies – einmal mehr – auch das Modell von M. Fishbein & I. Ajzen (1975). Ein weiteres wichtiges Teilergebnis ist der Regelkreis der Akteurszusammenarbeit im partizipativen Kontext, der den Regelkreis projektinterner Faktoren (Abb. 4.5-2) auf Grund der quantitativen und qualitativen Ergebnisse der Netzwerkanalyse modifiziert. Auch wenn die Aussage banal erscheint: Das Funktionieren der Kreislaufelemente in einem komplexen Anthroposystem ist nur bei flüssiger und qualitativ hoch stehender Kommunikation möglich. Im Ausblick auf weitere Forschungen (Kap. 11.7) weist die Autorin auf praktische Lösungsmöglichkeiten all jener Probleme hin, die Gegenstand der Untersuchung ihrer Arbeit waren. Das zugleich noch wesentlicher Forschungsbedarf konstatiert wird, dürfte angesichts der äusserst komplex strukturierten und damit komplex (und kompliziert!) funktionierenden Mensch-Umwelt-Mensch- Systeme und des „Menschelns" bei der Kommunikation selbstverständlich sein.

5 Fazit

Mit ihrer Dissertation hat sich J. Knall (2006) auf ein schwieriges Feld gewagt, nämlich transdisziplinäre Zusammenhänge in einem realen Funktionsfeld der Praxis zu untersuchen, auf dem zahlreiche Akteure mit sehr unterschiedlichen Interessen agieren. Fast jedes derartige Projekt, das intensiven methodischen und methodologischen Betrachtungen unterzogen wird, stellt sich dann als Einzel- bzw. „Sonderfall" dar. Das erfordert eigene Erfahrungen und eigene Abschätzungen. Dabei zeigt sich, dass die Fülle der internationalen Literatur nicht nur gross ist, sondern auch nur bedingt hilfreich. Der Verfasserin gelingt es jedoch, die Vielfalt der unscharfen Aspekte nicht nur inhaltlich, sondern auch methodisch zu bewältigen. Sie hat klare Fragestellungen formuliert und ging diesen mit einem grossen, zugleich breit gestaffelten Aufwand sehr selbstständig nach. Die vorgelegten Resultate sind plausibel und zugleich beeindruckend, wird doch eine Brücke zwischen theoretischen Vorgaben und dem nur schwer zu erfassenden komplizierten Mensch-Mensch-Gefüge geschlagen. Jedenfalls gelang es, die eigenen Beobachtungen und Erhebungen in einen logischen Kontext zu bringen und daraus ein neues, praxisbezogenes Modell zu erstellen.

Die Bedeutung der Arbeit liegt auf zwei Ebenen: Einerseits wird etwas Generelles zur methodischen Problematik der Erfassung von Verhaltensweisen der Akteure in einem Netzwerk der Praxis gesagt, andererseits wird der konkrete Fall, das Stellimatten-Projekt, konsequent durchleuchtet und sachgerecht dargestellt. Aus all dem könnte man, so dies in der Praxis tatsächlich auch gewünscht wird (was durchaus nicht immer und überall sicher ist), methodische und praktische Konsequenzen für den Ablauf weiterer derartiger Projekte ziehen.

6 Danksagung

Der Verfasser dankt herzlichst Jessica Knall für die langjährige kompetente Zusammenarbeit, speziell im MGU-Projekt und damit auch im Rahmen der Dissertation. Wieder einmal gilt grosser Dank meinem früheren Oberassistenten Dr. Chr. Wüthrich, der als Projektleiter auch diese Dissertation ins Leben gerufen hat. Schon früher gingen viele Initiativen zu den bereits erwähnten Diplomarbeitsprojekten von ihm aus. Die Behördenkontakte und die Verbindung zum MGU-Institut wurden von Dr. Arnold Gurtner-Zimmermann fachmännisch betreut. – Ein herzliches und grosses Dankeschön geht auch an meine Kollegin Professor Dr. Rita Schneider-Sliwa (Abteilung Humangeographie/Stadt- und Regionalforschung), die sich ebenfalls sehr intensiv um die Dissertation bemühte, mit Rat und Tat zur Seite stand und freundlicherweise das Korreferat übernahm. Den zahlreichen Danksagungen von Jessica Knall an Universitäts- und Fachstellenangehörige schliesst sich der Verfasser dieses Beitrages gern und uneingeschränkt an – nicht zuletzt auch deswegen, weil es sich um ein Projekt handelte, in dem es auf enge Zusammenarbeit zwischen Praxis und Wissenschaft ankam.

Hartmut Leser

Literatur

Barrows, H. H.: Geography as Human Ecology. – In: Annals of the Association of American Geographers 13 (1923): 1 - 14.

Bartels, D.: Zur wissenschaftstheoretischen Grundlegung einer Geographie des Menschen. – = Erdkundliches Wissen H. 19 (= Geographische Zeitschrift, Beihefte), Wiesbaden 1968: 1 - 225.

Borsdorf, A.: Geographisch denken und wissenschaftlich arbeiten. Eine Einführung in die Geographie und in Studientechniken. – = Perthes Geographie-Kolleg, Gotha – Stuttgart 1999: 1 - 160.

Fishbein, M. & I. Ajzen: Belief, attitude, intention and behavior. Reading. Massachusetts 1975: 1 - 578.

Fuhrer, U. & S. Wölfing: Von der sozialen Repräsentation zum Umweltbewusstsein und die Schwierigkeiten seiner Umsetzung ins ökologische Handeln. – In: R. Kaufmann-Hayoz & A. Di Giulio (Hrsg.): Umweltproblem Mensch. Humanwissenschaftliche Zugänge zum umweltverantwortlichen Handeln. – Bern – Stuttgart – Wien 1996: 219 - 236.

Geographisches Institut Universität Basel, Forschungsgruppe Landschaftsanalyse und Landschaftsökologie Basel (FLB): [Siehe http://www.physiogeo.unibas.ch/]. Stand: 20.03.2006.

Heiland, S.: Erfolgsfaktoren in kooperativen Naturschutzprojekten. – In: „Naturschutz und gesellschaftliches Handeln. Aktuelle Beiträge aus Wissenschaft und Praxis", herausgegeben von K.-H. Erdmann & C. Schell, Bonn-Bad Godesberg 2002: 133 - 152.

Heinritz, G. (Hrsg.): „Integrative Ansätze in der Geographie – Vorbild oder Trugbild?" Münchner Symposium zur Zukunft der Geographie, 28. April 2003. Eine Dokumentation. – = Münchener Geographische Hefte 85, Passau 2003: 1 - 72.

Herz, K.: Beitrag zur Theorie der landschaftsanalytischen Maßstabsbereiche. – In: Petermanns Geographische Mitteilungen 117 (1973): 91 - 96.

Herz, K.: Ein geographischer Landschaftsbegriff. – In: Wissenschaftliche Zeitschrift der Technischen Universität Dresden 43 (1974): 82 - 89.

Jaeger, J. & M. Scheringer: Transdisziplinarität: Problemorientierung ohne Methodenzwang. – In: GAIA 7 (1/1998): 10 - 25.

Knall, J.: Akzeptanz durch Mitwirkung? Eine räumlich orientierte Wirkungsanalyse des partizipativen Ansatzes im transdisziplinären Naturschutzprojekt „Stellimatten". – = Physiogeographica, Basler Beiträge zur Physiogeographie Bd. 35, Basel 2006: 1 - 189.

Leser, H.: Ökologie: Woher – Wohin? Perspektiven raumbezogener Ökosystemforschung. – In: Die Erde 126 (1995): 323 - 338.

Leser, H.: Landschaftsökologie. Ansatz, Modelle, Methodik, Anwendung. Mit einem Beitrag zum Prozeß-Korrelations-Systemmodell von Thomas Mosimann. – = UTB 521, 4. Auflage, Stuttgart 41997: 1 - 644.

Leser, H. (unter Mitarbeit von Chr. Kempel-Eggenberger): Landschaftsökologie und Chaosforschung. – In: Chaos in der Wissenschaft. Nichtlineare Dynamik im interdisziplinären Gespräch, herausgegeben von Piero Onori, = Reihe MGU, Bd. 2, Liestal – Basel 1997: 184 - 210.

Leser, H.: Geographie und Transdisziplinarität – Fachwissenschaftliche Ansätze und ihr Standort heute. – In: Regio Basiliensis, Basler Zeitschrift für Geographie 43/1 (2002): 3 - 16.

Leser, H.: Geographie als integrative Umweltwissenschaft: Zum transdisziplinären Charakter einer Fachwissenschaft. – In: „Integrative Ansätze in der Geographie – Vorbild oder Trugbild?" Münchner Symposium zur Zukunft der Geographie, 28. April 2003. Eine Dokumentation, hrsg. von G. Heinritz, = Münchener Geographische Hefte 85, Passau 2003: 35 - 52.

Leser, H.: Fachwissenschaften zwischen den Stühlen oder Geographie mit Zukunft? Transdisziplinarität als Chance. – In: Colloquium Geographicum Bd. XY, Sankt Augustin [noch o.J.]: [im Druck] (Manuskript kann beim Verfasser angefordert werden)

Leser, H.: Landscape Ecology: A discipline or a field of transdisciplinary research and application? – In: Colloquium Geographicum Bd. YZ, Sankt Augustin [noch o.J.]: [im Druck]

Leser, H. & R. Schneider-Sliwa: Geographie – eine Einführung. – = Das Geographische Seminar, Braunschweig 1999: 1 - 248.

Mannsfeld, K. & H. Neumeister (Hrsg.): Ernst Neefs Landschaftslehre heute. – = Petermanns Geographische Mitteilungen Ergänzungsheft 294, Gotha – Stuttgart 1999: 1 - 152.

Neef, E.: Dimensionen geographischer Betrachtungen. – In: Forschungen und Fortschritte 37 (1963): 361 - 363.

Neef, E.: Die theoretischen Grundlagen der Landschaftslehre. – Gotha 1967: 1 - 152.

Neef, E.: Der Stoffwechsel zwischen Gesellschaft und Natur als geographisches Problem. – In: Geographische Rundschau 21 (1969): 453 - 459.

Neef, E.: Analyse und Prognose von Nebenwirkungen gesellschaftlicher Aktivitäten im Naturraum. – = Abhandlungen der Sächsischen Akademie der Wissenschaften zu Leipzig, Math.-nat. Klasse, 50 (1), Berlin 1979: 1 - 70.

Nowotny, H., H.-U. Obrist & O. Smrekar: Unsaubere Schnittstellen. Ein Gespräch über Transdisziplinarität, Zeit und Komplexität. – In: GAIA 9 (2/2000): 93 - 100.

Schneider-Sliwa, R., D. Schaub & G. Gerold (Hrsg.): Angewandte Landschaftsökologie. Grundlagen und Methoden. Mit einer Einführung von Professor Dr. Klaus Töpfer, Exekutivdirektor UNEP/UNCHS-Habitat). – Berlin – Heidelberg – New York 1999: 1 - 560.

Selle, K.: Planung und Kommunikation. Anmerkungen zur Renaissance eines alten Themas. – In: Dokumente und Informationen zur Schweizerischen Orts, Regionalund Landesplanung 129 (1997): 40 - 47.

Steinhardt, U., O. Blumenstein & H. Barsch: Lehrbuch der Landschaftsökologie. Mit Beiträgen von Brigitta Ketz, Wolfgang Krüger, Martin Wilmking. – Heidelberg 2005: 1 - 294.

Stoddart, D. R.: Geography and the Ecological Approach. The Ecosystem as a Geographical Principle and Method. – In: Geography 228 (Vol. L/1965): 242 - 251.

Thompson Klein, J.,W. Grossenbacher-Mansuy, R. Häberli, A. Bill, R. W. Scholz & M. Welti (Eds): Transdisciplinarity: Joint Problem among Science, Technology and Complexity. An Effective Way for Managing Complexity. – = Synthesebücher Schwerpunktprogramm Umwelt, Basel – Boston – Berlin 2001: 1 - 332.

Weichhart, P.: Physische Geographie und Humangeographie - eine schwierige Beziehung: Skeptische Anmerkungen zu einer Grundfrage der Geographie und zum Münchner Projekt einer „Integrativen Umweltwissenschaft". – In: „Integrative Ansätze in der Geographie – Vorbild oder Trugbild?" Münchner Symposium zur Zukunft der Geographie, 28. April 2003. Eine Dokumentation, hrsg. von G. Heinritz, = Münchener Geographische Hefte 85, Passau 2003: 17 - 34.

Winiger, M.: Die "Mensch-Umwelt-Beziehungen" und die Geographie als "Brückenfach". – = Diskussionspapier Rundgespräch Geographie II, Bonn 2002: 1 - 2. [Als Manuskript veröffentlicht]

Wüthrich, Chr., Huggenberger P., Gurtner-Zimmermann, A., Geissbühler U., Kohl, J., Zechner E. & O. Stucki: Machbarkeit, Kosten und Nutzen von Revitalisierungen in intensiv genutzten, ehemaligen Auenlandschaften (Fallbeispiel Lange Erlen). Schlussbericht MGU F2.00. – Basel 2003: 1 - 156.

Inhalt

1	**Einleitung**	**11**
1.1	Zielsetzung, zentrale Fragestellungen und Hypothesen	12
1.2	Das Pilotprojekt Stellimatten als Fallbeispiel	14
1.3	Methodischer Ansatz und Vorgehen	19
1.4	Wissenschaftstheoretische Relevanz der Studie	22
1.5	Aufbau der Arbeit	23

2	**Akzeptanz- und Partizipationsforschung im transdisziplinären Kontext**	**25**
2.1	Akzeptanz, Umweltbewusstsein und umweltgerechtes Handeln	25
2.2	Transdisziplinarität als Lösung?	29
2.2.1	Partizipation zur Akzeptanzbeschaffung	31
2.2.2	Partizipationsforschung	32
2.2.3	Verwendung der Partizipationsbegriffe in der vorliegenden Arbeit	34
2.2.4	Pro und Contra der Partizipation und Kooperation im Umwelt- und Naturschutz	35
2.2.5	Prämissen für die erfolgreiche Kooperation	37
2.2.6	Modellgrundlage	40
2.3	Akteure und Politikbetroffene	43
2.3.1	Die Eingliederung des Menschen in sein soziales Umfeld	44
2.3.2	Politische Netzwerke als übergeordnetes System	45
2.4	Relevante Faktoren der Akzeptanz in partizipativ angelegten Projekten des Natur- und Umweltschutzes	48
2.5	Wissenschaftstheoretische Nische der originären Arbeit	50
2.6	Stand der Forschung im Arbeitsgebiet	50

3	**Arbeitsgebiet**	**53**
3.1	Gewässerrevitalisierungsplanung im Raum Basel	53
3.2	Die Wiese – grenzüberschreitender Fluss der Region Basel	55
3.3	Die Planung des Landschaftsparks Wiese	60
3.4	Das Stellimatten-Projekt	62

4	**Landschaftsökologische Betrachtung der Studie**	**68**
4.1	Landschaftsökologische Betrachtung des Pilotprojekts Stellimatten	68
4.2	Einbindung des Stellimatten-Projekts in den raumplanerischen Überbau des Dreiländerecks	71
4.3	Nutzungskonflikte in der schweizerischen Wieseebene	73
4.4	Der Raumbezug des Projekts für die landschaftsökologische Betrachtung	75
4.5	Die Landschaftsökologie und der Regelkreis	77

5	**Arbeitsmethodik und Datenaufbereitung**	**81**
5.1	Überblick über das methodische Vorgehen	81
5.2	Erfassung der Akzeptanz von Revitalisierungen seitens der Freizeitnutzer	84
5.2.1	Untersuchungskonzept	84
5.2.2	Durchführung der Befragung	85
5.2.3	Datenverarbeitung	86
5.3	Die Netzwerkanalyse	86
5.3.1	Gegenstand der Netzwerkanalyse	86
5.3.2	Schriftliche Umfrage zu Netzwerkverbindungen	87
5.3.3	Leitfadeninterviews zum Netzwerk	88
5.3.4	Datenaufbereitung beider Befragungen	91
5.4	Erfassung der Akzeptanz von Revitalisierungen seitens der Akteure	92
5.4.1	Konzept der Akteursbefragungen	92
5.4.2	Durchführung der Vorher-Nachher-Befragung	93
5.4.3	Auswertungsverfahren	94
6	**Die Akzeptanz unter den Passanten**	**95**
6.1	Allgemeine Wünsche zum Landschaftspark Wiese	99
6.2	Bewertung des Landschaftsparks Wiese durch die Passanten	102
6.3	Wirkung der eingesetzten Instrumente der Öffentlichkeitsarbeit	107
6.4	Passantenhaltung zu Revitalisierungen im Landschaftspark	109
6.5	Partizipationsbereitschaft	113
6.6	Fazit zu den Passantenbefragungen	115
7	**Die Haltung der Akteure**	**116**
7.1	Erkenntnisse der schriftlichen Netzwerkanalyse	116
7.1.1	Unterscheidung des Planungs- und Ausführungsnetzwerkes	121
7.2	Die Haltung der Akteure zu Beginn des Pilotprojekts	128
7.2.1	Bewertung des Landschaftsparks Wiese und der Stellimatten	130
7.2.2	Akzeptanz von Revitalisierungen	131
7.2.3	Wünsche und Vorstellungen der Akteure	135
7.3	Wandel der Akteurshaltung nach der Projektdurchführung	137
7.3.1	Veränderung der Bewertung der Landschaftsräume	139
7.3.2	Veränderung der Akzeptanz von Revitalisierungen	141
7.3.3	Wandel der Vorstellungen zur weiteren Revitalisierungsplanung	143
7.4	Fazit zur Akteursanalyse	143
8	**Die Projektwirkung auf das Steuerteam – Ergebnisse der qualitativen Interviews und Auswertung vorliegender Dokumente**	**146**
8.1	Erkennung relevanter akzeptanzsteigernder und –hemmender Faktoren	150
8.1.1	Die inhaltliche Ebene: Der Interessenskonflikt und die unterschiedlichen Erwartungen	150
8.1.2	Die Ebene der Rollenverteilung: Zuteilung von Rollen, Funktionen	

	und Kompetenzen im Projekt	154
8.1.3	Die Ebene partizipativer Kooperation	155
8.1.4	Die Kommunikations-Ebene	159
8.2	Auswirkungen des Projekts	161
8.3	Fazit der Interviews	163
9	**Synthese**	**165**
9.1	Welche Gruppen änderten die Akzeptanz und warum?	165
9.2	Verankerung des Pilotprojekts im Landschaftspark Wiese durch die Partizipation?	168
10	**Diskussion**	**172**
10.1	Die Passantenresultate	172
10.2	Die Akteurshaltung	174
10.3	Fazit für die Akzeptanz der Feuchtgebietsrevitalisierungen in der Wieseebene	180
11	**Schlussfolgerungen und Ausblick**	**181**
11.1	Fortführen der Revitalisierungsansätze in der Wieseebene	181
11.2	Differenzieren der Partizipation nach Akzeptanztypen	183
11.3	Institutionalisieren des Netzwerkes	186
11.4	Methodische Erfahrungen	188
11.5	Modelle und ihre Modifikation	190
11.6	Faktoren der Projektzusammenarbeit im partizipativen Kontext, dargestellt im Regelkreismodell	195
11.7	Ausblick auf weitere Forschungen	196
11.8	„… und die Moral von der Geschicht`…"	197
12	**Zusammenfassung**	**200**
	Literatur	**204**
	Anhang	**221**
	Fragebogen für Passanten: Stellimatten	222
	Fragebogen für Passanten: Eglisee	226
	Netzwerkfragebogen	230
	Akteursfragebogen zur Akzeptanz	238
	Leitfaden für das Interview	242

Abbildungsverzeichnis

Abb. 1.2-1	Organigramm des Stellimatten-Projekts	16
Abb. 1.3-1	Fliessdiagramm des methodischen Vorgehens	21
Abb. 2.1-1	Stufenfolge von Kommunikation und Handeln (nach Frey 1991, verändert in Heiland 2002, 138)	26
Abb. 2.1-2	Modell umweltverantwortlichen Handelns (Fuhrer & Wölfing 1996, 223)	27
Abb. 2.2.2-1	Der Bezug unter den drei Beteiligungsformen des Kommunikationsprozesses (Selle 1997, 41)	33
Abb. 2.2.6-1	Prozess der Einstellungsveränderung im Kontext aktiver Partizipation (nach Fishbein & Ajzen 1975, 413; stark verändert)	41
Abb. 2.2.6-2	Mehr-Ebenen-Konflikt-Modell (Krömker 2002, 96)	42
Abb. 2.3.2-1	Verschiedene Konfigurationen von Politiknetzwerken (Lindquist 1991, 8)	46
Abb. 3.1-1	Der Kanton Basel-Stadt und seine Flussläufe	54
Abb. 3.2-1	Übersicht über den Lauf der Wiese vom Feldberg zur Mündung in den Rhein (Gerber 2003, 53)	57
Abb. 3.2-2	Wiese bei Riehen, Basel, nach einem Plan von Emanuel Büchel 1643, aus Wüthrich & Siegrist (1999, 40)	58
Abb. 3.2-3	Nutzungskarte des Landschaftsparks Wiese	59
Abb. 3.4-1	Die Wässerstelle Stellimatten	63
Abb. 3.4-2	Die Wässerstelle „Hintere Stellimatten" mit dem Auenpfad	65
Abb. 4.1-1	Geographisch-integrative Betrachtung des vernetzten Mensch-Umwelt-Systems (Leser & Schneider-Sliwa 1999a, 119)	69

Abb. 4.2-1	Euroregion Oberrhein (Haefliger 2003, 176; leicht verändert)	72
Abb. 4.5-1	Die drei Ebenen des anthropogenen Wirkungssystems	78
Abb. 4.5-2	Regelkreis projektinterner Faktoren, die sich auf die Akzeptanz der Revitalisierungen auswirken	79
Abb. 5.1-1	Annahme des stetigen Anstiegs der Akzeptanz	82
Abb. 6-1	Schul- und Berufsabschlüsse der Gruppe der Projektkenner im Vergleich zu der Kontrollgruppe	96
Abb. 6-2	Altersgruppen der Projektkenner im Vergleich zu der Kontrollgruppe	97
Abb. 6-3	Nutzergruppen der Gruppe der Projektkenner im Vergleich zu der Kontrollgruppe	98
Abb. 6.1-1	Den Passanten gefallende Aspekte im Landschaftspark Wiese	99
Abb. 6.1-2	Den Passanten missfallende Aspekte im Landschaftspark Wiese	100
Abb. 6.1-3	Wünsche der Passanten für die Gestaltung des Landschaftsparks Wiese	102
Abb. 6.2-1	Passantenbewertung der Qualitäten des Landschaftsparks und seines Teilgebiets Stellimatten	104
Abb. 6.2-1	Korrigierte Passantenbewertung der Qualitäten des gesamten Landschaftsparks und seines Teilgebiets Stellimatten	106
Abb. 6.3-1	Rücklauf der Öffentlichkeitsarbeit	107
Abb. 6.3-2	Gründe für die Wertschätzung des Auenpfads	108
Abb. 6.3-3	Elemente des Projekts, die zur Steigerung der Naherholungsqualität führen	109
Abb. 6.4-1	Befürwortungen von Revitalisierungen in Abhängigkeit der Projektkenntnis	111
Abb. 6.5-1	Von Passanten gewünschte Mitwirkungsinstrumente (Gerber 2003, 87)	114
Abb. 7.1-1	Netzwerk der Landschaftsplanung in der Wieseebene	117

Abb. 7.1-2	Transfer von Materialien und Arbeitsleistungen im Zeitraum 01. Juni bis 30. November 2000	118
Abb. 7.1.1-1	Grossprojekte mit Bezug zum Landschaftspark Wiese im zweiten Halbjahr 2000	122
Abb. 7.1.1-2	Kleinprojekte im Landschaftspark Wiese im zweiten Halbjahr 2000	122
Abb. 7.1.1-3	Ausführungsnetzwerk	123
Abb. 7.1.1-4	Netzwerk der Naturschutzplanung in der Wieseebene	125
Abb. 7.1.1-5	Netzwerk zum Thema Revitalisierungen in der Wieseebene	126
Abb. 7.1.1-6	Stellimatten-Projekt-Kontakte im zweiten Halbjahr 2000	127
Abb. 7.2.1-1	Bewertung des Landschaftsparks Wiese und des Gebiets der Stellimatten	130
Abb. 7.2.2-1	Zustimmung der Akteure zu Revitalisierungen in der Wieseebene generell und zu Maßnahmen des Stellimatten-Projekts (n = 67)	132
Abb. 7.2.2-2	Befürwortung der Feuchtgebietsrevitalisierung durch die Akteursgruppen	133
Abb. 7.2.2-3	Einschätzung der Erreichbarkeit gesetzter Projektziele im Revitalisierungsprojekt	135
Abb. 7.3.1-1	Bewertung der bewaldeten Wässerstelle im Stellimatten-Gebiet durch die Akteure (n = 39)	140
Abb. 7.3.2-1	Akzeptanzveränderungen von Revitalisierungen in der Wieseebene	142
Abb. 11.1-1	Grundwasserschutzzonen des Landschaftsparks Wiese (AUE 2004, Internet, leicht verändert)	182
Abb. 11.5-1	Modell zum Verhältnis zwischen Wissensproduktion und partizipativer Kooperation in der Praxis transdisziplinärer Forschung	194
Abb. 11.6-1	Regelkreis der Akteurszusammenarbeit im partizipativen Kontext	196

Tabellenverzeichnis

Tab. 2.2.2-1   Die drei Beteiligungsformen Information, Partizipation und Kooperation (eigene Zusammenstellung nach Vischer-Bischoff et al. 1996 und Luz & Weiland 2001)   33

Tab. 3.4-1   Beteiligungsformen im transdisziplinären Stellimatten-Projekt   66

Tab. 5.1-1   Methodenübersicht   83

Tab. 6-1   Rücklauf der Passantenbefragung   95

Tab. 6.1-1   Für Passanten störende Elemente des Landschaftsparks Wiese (verändert nach Gerber 2003, 92)   101

Tab. 6.5-1   Ablehnungsgründe der nicht partizipationsbereiten Passanten in den Langen Erlen (nach Gerber 2003, 85, stark verändert)   113

Tab. 7.1-1   Resultate der Prestigeanalyse im Netzwerk der Landschaftsplanung Wieseebene   120

Tab. 7.1.1-1   Planungs- und Ausführungsprojekte der Landschaftsplanung in der Wieseebene   121

Tab. 7.2-1   Rücklaufzahlen der ersten Akteursbefragung   128

Tab. 7.2-2   Merkmale der befragten Stichprobe in der ersten Akteursbefragung   129

Tab. 7.2.3-1   Revitalisierungswünsche der Akteure   136

Tab. 7.3-1   Rücklaufzahlen der Nachher-Befragung   137

Tab. 7.3-2   Stichprobenmerkmale der Nachher-Befragung   138

Tab. 8-1   Grundaussagen der Interviews zu den Voraussetzungen und zum Endstand des Pilotprojekts   148

Tab. 8-2   Grundaussagen zum Projektverlauf   149

Tab. 8.1.1-1	Faktoren zur Akzeptanzgewinnung im Stellimatten-Projekt beim AUE	151
Tab. 8.1.1-2	Faktoren zur Akzeptanzgewinnung im Stellimatten-Projekt bei den Wasserproduzenten IWB	151
Tab. 8.1.3-1	Wahrnehmung von Information und Kooperation im Stellimatten-Projekt	158
Tab. 9.1-1	Wirkung der verschiedenen Beteiligungsformen auf das anthropogene Wirkungssystem „Landschaftsplanung in der Wieseebene"	167
Tab. 11.2-1	Handlungsanweisung zur effizienten Beteiligung von projektbetroffenen Akteuren	185

Abkürzungsverzeichnis

AUE	Amt für Umwelt und Energie Basel-Stadt
BNL Freiburg	Bezirksstelle für Naturschutz und Landschaftsplanung Freiburg
BS	Kanton Basel-Stadt
DB	Deutsche Bahn
FiBL	Forschungsinstitut für biologischen Landbau
Geol.	Geologisch-Paläontologisches Institut der Universität Basel und Kantonsgeologie
Geogr.	Geographisches Institut der Universität Basel
HPA-P	Hochbau- und Planungsamt des Baudepartements Basel-Stadt, Hauptabteilung Planung
IWB	Industrielle Werke von Basel
Justiz	Justizdepartement Basel-Stadt
Landw. Lörrach	Amt für Landwirtschaft Lörrach
LP Wiese	Landschaftspark Wiese
Med. Biologie	Institut für Medizinische Biologie der Universität Basel
MGU	Stiftung Mensch-Gesellschaft-Umwelt
NLU	Institut für Natur-, Landschafts- und Umweltschutz der Universität Basel
NGO	Non Governmental Organisation
Ornith. Gesellsch.	Ornithologische Gesellschaft Basel
SF-Naturschutz	Stadtgärtnerei und Friedhöfe des Baudepartements Basel-Stadt, Naturschutzfachstelle
TBA	Tiefbauamt des Baudepartements Basel-Stadt
TRUZ	Trinationales Umweltzentrum
Weil a. R.	Gemeinde Weil am Rhein, Deutschland
WSD	Wirtschafts- und Sozialdepartement Basel-Stadt
ZLV	Zentralstelle für Liegenschaftsverkehr Basel-Stadt

1 Einleitung

In den letzten Jahren wuchsen die gesellschaftlichen Anforderungen an die Forschung, sich stärker an der Praxis zu orientieren. Städte und Kommunen werden von der Lokalen Agenda 21 aufgefordert, zusammen mit Bürgern, Verbänden, Organisationen und der Wirtschaft Lösungen für eine umweltverträgliche, sozial gerechte und wirtschaftlich tragbare Entwicklung zu finden. Eine intensive Zusammenarbeit von Wissenschaft und Praxis soll die Qualität und Wirksamkeit von Forschungsaktivitäten für die Lösung praktischer Probleme verbessern, die Innovationsfähigkeit der Praxis erhöhen und dauerhaftere Lösungen für praktische Probleme ermöglichen (Müller et al. 2000).

Als Folge dessen formten sich in den 90er Jahren immer mehr Projekte mit transdisziplinärem Charakter. Die Transdisziplinarität der Projekte äußert sich in einer Bearbeitung von Problemen der Praxis, welche gemeinschaftlich von Wissenschaft und Praxis auf interdisziplinärem und partizipativem Wege gelöst werden (Scholz & Marks 2001, 237). „Transdisciplinary research takes up concrete problems of society and works out solutions through cooperation between actors and scientists. (...) It is an essential tool for creating new insights that lead to new solutions and engage creative processes of mutual learning, not just a peripheral approach" (Häberli et al. 2001, 6, 8). Ein Element der Transdisziplinarität ist der Einbezug sämtlicher Interessen, um damit gesellschaftliche Akzeptanz als Basis langfristig getragener Naturschutzanliegen zu schaffen. Das Fördern des Umweltbewusstseins und die bloße Vermittlung von Umweltwissen reichen nicht aus, um diese Akzeptanz zu schaffen (zum Verhältnis von Partizipation und Transdisziplinarität s. Förster et al. 2001).

Gesellschaftliche Wirkungen transdisziplinärer Naturschutzprojekte wurden bisher wenig untersucht (vgl. Heiland 2000). Ebenso mangelt es an praxisorientierten Akzeptanzanalysen (z. B. Luz 1994, Stoll 2000, Schenk 2000). Andere Untersuchungen der Akzeptanzforschung konzentrieren sich vorwiegend auf monokausale Zusammenhänge zwischen einem den Menschen beeinflussenden Faktor und der Veränderung des

Umweltverhaltens (vgl. Endruweit 1986). Nicht festgestellt wurde, ob die Durchführung partizipativ angelegter Naturschutzprojekte bei Betroffenen und Akteuren die Einstellung zum Projekt verändert, ob Veränderungen der Akzeptanz sich auf sämtliche Betroffene und Beteiligte beziehen oder nur auf einzelne Interessensgruppen.

An dieser Stelle setzt die Studie *Akzeptanz durch Mitwirkung? Das Beispiel Auenrevitalisierung* an. Anhand eines transdisziplinären Pilotprojekts mit partizipativem Ansatz wird exemplarisch untersucht, ob die Mitwirkung an einem Umsetzungsprojekt im Naturschutz zu einer Akzeptanzsteigerung der Maßnahmen führt. Es handelt sich hierbei um ein Auenrevitalisierungsprojekt, bei dem Entscheidungsträger, Landeigentümer, Landnutzer und Forschungsinstitute gemeinsam testen, ob Auenrevitalisierungen in der Flussebene der "Wiese" bei Basel unter Gewährleistung der bestehenden Nutzungen machbar sind. Die Wieseebene stellt ein intensiv genutztes Naherholungsgebiet der Stadt Basel dar, welches landwirtschaftlich bewirtschaftet und vorrangig von den Wasserversorgern der Stadt als Trinkwassergewinnungsgebiet genutzt wird. Die Grundwasseranreicherung erfolgt bisher mit unterirdisch herangepumpten, vorfiltriertem Rheinwasser, da das Wiesewasser bakteriologisch bedenklich ist. Auenrevitalisierungen bedingen aber die Einleitung und Versickerung des bakteriologisch bedenklichen Wiesewassers, um den Kontakt zwischen dem Fluss und seiner Aue herzustellen. Dies führt in der Wieseebene zu einem Konflikt mit dem Grundwasserschutz.

1.1 Zielsetzung, zentrale Fragestellungen und Hypothesen

Folgenden Fragen will die Studie Akzeptanz durch Mitwirkung? Das Beispiel Auenrevitalisierung beantworten:
1. Ändert sich die Akzeptanz von Auenrevitalisierungen in der Wieseebene aufgrund der Durchführung eines ersten transdisziplinären Umsetzungsprojektes mit partizipativem Charakter?
2. Welche Interessensgruppen sind von einer Akzeptanzänderung betroffen, welche nicht?

3. Welche Auswirkungen hat die Veränderung der Akzeptanz auf die weitere Revitalisierungsplanung und -umsetzung im Bezugsraum?

Folgende Hypothesen werden aufgestellt:
- Die Haltung zum Revitalisierungsprojekt ist individuell abhängig von der Wahrnehmung und Bewertung der Umwelt und Natur, der Begrenztheit der Handlungsspielräume, der Wahrnehmung und Bewertung der Folgen und dem persönlichen Nutzen.
- Eine Steigerung der Akzeptanz wird in Folge des Projekts auftreten, wenn die Beteiligten mit Hilfe der Mitwirkungsinstrumente ihre Interessen und Bedürfnisse aus ihrer Sicht genügend einbringen konnten. Die Erwartungshaltung zur partizipativen Einbindung in das Projekt ist dabei gekoppelt an die vorausgehende Haltung zum Projektgegenstand als auch an die Bedeutung der jeweiligen Person im übergeordneten Kooperationsnetzwerk.
- Die landschaftsökologische Bedeutung der Akzeptanzveränderungen ist abhängig von der Position der jeweiligen Akteure im Netzwerk der Landschaftsplanung des Bezugsraumes.
- Behörden werden voraussichtlich eine Zustimmung zum Projekt zeigen, achten aber stets auf die Wahrung der Interessen ihrer zu vertretenden Behörde.
- Landwirte sehen ökonomische Interessen im Vordergrund und werden im Planungsgebiet Landschaftspark Wiese eine negativere Einstellung zu Revitalisierungen haben als zum Beispiel Naturschutzorganisationen.
- Es werden sich im Verlauf des Projekts unterschiedliche Wahrnehmungen bei den Entscheidungsträgern und Betroffenen herauskristallisieren (vgl. Roovers et al. 2002).
- Je nach Position und Rolle der Entscheidungsträger, die Revitalisierungen ablehnen, werden die Revitalisierungsplanungen mehr oder weniger eingeschränkt.
- Die Freizeitnutzer der Langen Erlen werden eine überwiegend positive Einstellung zum Projekt zeigen, welche nach Information noch positiver werden wird. Die Passanten werden jedoch nicht

genügend Zeit haben, um sich bei der Revitalisierungsplanung engagieren zu können.
- Hauptsächlich wird die Angst vor der Grundwasserkontamination zutage treten. Die Beteiligten werden das Projekt befürworten, wenn Ängste abgebaut und Vorstellungen konkretisiert werden konnten. Hat die Revitalisierung für die Beteiligten spürbar negative Konsequenzen, so werden diese den Eingriff kritisch beurteilen. Kommen die Maßnahmen ihren Bedürfnissen entgegen, wird das Urteil positiv ausfallen.
- Die Akzeptanz der Passanten im Naherholungsgebiet richtet sich danach, ob die Besucher das neu geschaffene Auengebiet ästhetisch finden bzw. den Naherholungswert erhöht sehen oder nicht.

1.2 Das Pilotprojekt Stellimatten als Fallbeispiel

Aufgeworfene Forschungsfragen werden exemplarisch anhand des transdisziplinären Forschungsprojektes "Machbarkeit, Kosten und Nutzen von Revitalisierungen in intensiv genutzten, ehemaligen Auenlandschaften" (hier kurz mit Stellimatten-Projekt bezeichnet) behandelt. Dieses von der Stiftung Mensch-Gesellschaft-Umwelt (MGU) getragene Projekt ist eingebettet in die Forschungsschwerpunkte des Geographischen Instituts der Universität Basel. Die Forschungsgruppe „Stoffkreisläufe" untersucht seit einigen Jahren die Reinigungsleistungen von Boden und Pflanzendecke in Feuchtgebieten und an Gewässern, speziell in der Flussebene der „Wiese" bei Basel (z. B. Wüthrich et al. 2001, Stucki et al. 2002, Rüetschi 2004, Warken 2001). In der Forschungsgruppe zur Landschaftsbewertung wird sich mit der Wahrnehmung und Akzeptanz von Gewässerlandschaften (Eder & Gurtner-Zimmermannn 1999, Gerber 2003), deren Wandel (Neudecker 2002) und Bewertungsmöglichkeiten (Potschin 2003, Erismann et al. 2002, Crevoisier 2003) auseinandergesetzt. Die Akzeptanz und Bewertung von Freiflächen in der Stadt allgemein sind Thema bei Volman et al. (2001) und Sandtner (2004). Eingebettet sind die Forschungsansätze in den landschaftsökologischen Theorieansatz (nach Leser 1997, 1999; Schneider-Sliwa et al. 1999).

Zum Projektinhalt. Im Stellimatten-Projekt wird innerhalb von drei Jahren in einer Wässerstelle in der Grundwasserschutzzone der Flussebene der "Wiese" bei Basel ein auenwaldähnliches Wirkungsgefüge revitalisiert. In die Wässerstelle "Hintere Stellimatten" wird anstatt heran gepumptem Rheinwasser das bakteriologisch bedenklichere Wiesewasser eingeleitet. Die Wässerstelle soll zusammen mit dem mikrobiellen Abbau im Boden als Pflanzenfilteranlage wirken und das Wiesewasser soweit reinigen, dass es nicht das Grundwasser gefährdet und später für die Bewässerung weiterer Flächen genutzt werden kann. Dies können weitere bewaldete Wässerstellen der Wasserversorger, historische Wassergräben oder andere Feuchtflächen der Wieseebene sein. Damit Grund- und Trinkwasserschutz gewährleistet bleiben, werden Kontrolluntersuchungen des Fluss-, Boden- und Grundwassers durchgeführt. Ziel ist es, neben der Beibehaltung der Grundwassernutzung die Entwicklung der naturnahen Wässerstelle zu einem auenwaldähnlichen Wirkungsgefüge hin zu fördern. Dazu wird der Hybridpappelwald der "Hinteren Stellimatten" aufgelichtet, Initialpflanzungen vorgenommen und das Aufkommen standortgerechter, einheimischer Feuchtvegetation zugelassen.

Projektmanagement. Organisiert sind die Akteure im Stellimatten-Projekt durch ein sogenanntes Kern- und Steuerteam (s. Abb. 1.2-1).

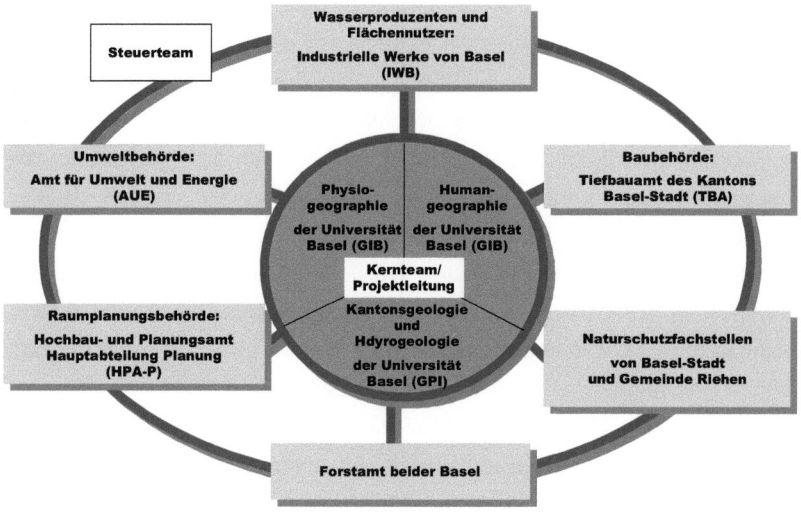

Abb. 1.2-1: Organigramm des Stellimatten-Projekts. Dargestellt ist das Steuerteam inklusive der universitären Projektleitung und den Praxispartnern. Das Steuerteam kommt einer Art Arbeitskreis nahe. Eigene Darstellung.

Das Kernteam stellt drei wissenschaftliche Disziplinen mit je einem Projektleiter und einem wissenschaftlichen Mitarbeiter. Die Hauptprojektleitung liegt beim Geographischen Institut der Universität Basel, Abteilung Physiogeographie und Landschaftsökologie. Basierend auf der von der Projektleitung entwickelten Projektskizze entscheidet die Projektleitung, in welche Richtung das Projekt sich fortentwickelt. Strategien und neugesetzte Ziele werden zunächst intern im Kernteam besprochen, danach wird das Steuerteam unterrichtet. Das Steuerteam stellt eine Art Arbeitskreis dar, welcher den Stand der Dinge sowie nächste Projektschritte diskutiert und beschließt. Zu Projektbeginn sind vor allem die Wasserproduzenten und die Umweltbehörde skeptisch gegenüber der Idee der Feuchtgebietsrevitalisierung in der unteren Wieseebene eingestellt, andere Steuerteammitglieder sind optimistisch.

Die Praxispartner wirken im Stellimatten-Projekt mit durch ...

- Arbeitskreissitzungen mit insgesamt 14 Teilnehmern alle drei bis sechs Monate (ohne Mediator oder Konfliktmanager),
- Fällen von gemeinsamen Entscheiden (wie Entscheide gefällt werden, ist situativ unterschiedlich),
- gemeinsame Umsetzung (z.B. durch Austausch von Arbeitsequipen, Geräte etc.),
- gemeinsame Forschung (in der Wässerstelle und im Grundwasser Messungen durch die universitären Institute, am Grundwasserbrunnen durch die Wasserproduzenten),
- kleinere Kommissionen für Teilprojekte (z.B. bei Detailausarbeitung von Bauvorhaben oder bei gemeinsamer Aufstellung einer Kostenrechnung),
- schriftliche und mündliche Akzeptanzbefragungen.

Um auch betroffene Bürger in das Projekt einzubinden, kommen folgende Instrumente der Öffentlichkeitsarbeit zum Einsatz:
- Presse
- Homepage
- Informationsbroschüre
- direkte Anschreiben der Anwohner bei aktuell anstehenden Bauarbeiten, Problemen, Vortragsreihen
- Vorträge
- Führungen durch das Stellimatten-Gebiet
- Auenlehrpfad im Projektgebiet
- Ausstellungen zur Wieseebene mit Vorstellung des Projekts
- Passantenbefragungen im Naherholungsgebiet

Die Sozialwissenschaftlichen Begleitanalysen werden im Projekt von der Kernteam-Mitarbeiterin der Humangeographie durchgeführt, die gleichzeitig ...
- Öffentlichkeitsarbeit betreibt,
- über Befragungen Meinungen und Wünsche der Beteiligten und Betroffenen ermittelt und in das Projekt einbringt,
- bei den Verhandlungen mit dem Landwirt als Vermittlerin fungiert,

- als Beobachterin der Kommunikations- und Kooperationsprozesse wirkt.

Diese Person – Verfasserin dieser Studie – ist also Akteur und Beobachter zugleich. Sie führt nach Guba & Lincoln (1987, 1989) eine betroffenenorientierte Evaluation durch. Die Mediation zwischen den Akteuren ist nicht Aufgabe der Verfasserin. Sie bezieht in Arbeitskreissitzungen als Beobachterin der Kooperationsprozesse zwischen den Entscheidungsträgern eine Außenposition.

Die Eignung des Projekts für eine auf den partizipativen Ansatz bezogene Akzeptanzstudie ergibt sich aus Folgendem:

> Da vor Projektbeginn auf partizipativem Wege ein Leitbild für die Flussebene erarbeitet wurde, ist das Stellimatten-Projekt in eine Richt- und Entwicklungs-planung eingebunden (s. Kap. 3.3). Mit der Richtplanung des Landschaftsparks Wiese wurde dem Projekt ein Bezugsraum gegeben, in dem weitere Revitalisie-rungen angestrebt werden. Die vorangegangene Beschäftigung mit der Planung bedingt einen gewissen Informationsstand bei Akteuren und Betroffenen, was für Befragungen hilfreich ist.
> Der Charakter des Projektes bedingt, dass akzeptanzsteigernde Instrumente der Öffentlichkeitsarbeit sowie partizipative Verfahren im Projekt angewandt werden:
> - Regelmäßige Sitzungen des Steuerteams mit Diskussionen und Vereinbarungen für nächste Schritte des Projekts,
> - Übertragung persönlicher Verantwortung an die Akteure,
> - kooperatives Arbeiten,
> - Schaffung eines Pools aktiver und überzeugter Personen, der wiederum andere Personen für weitere Revitalisierungen gewinnen kann,
> - persönliche Gespräche,
> - Akzeptanzumfragen im weiteren Akteurskreis der unteren Wieseebene sowie unter den Passanten zwecks Einbezugs derer Meinungen und Wünsche,

- Passanten- und Anwohnerinformation über den neusten Stand der Dinge via Pressemitteilungen, Broschüren, Führungen, Vorträge, Gespräche mit der Kontaktperson und Informationstafeln an einem Naturlehrpfad.
➢ Akzeptanzbefragungen sind schon Bestandteil des Projektes und werden für die vorliegende Studie ausgeweitet und abgerundet.

1.3 Methodischer Ansatz und Vorgehen

Das Vorgehen gliedert sich in mehrere Arbeitsschritte (s. a. Abb. 1.3-1). Meinungen und Aktivitäten zu Revitalisierungen in der Wieseebene werden in standardisierten Befragungen den Ist-Zustand der Revitalisierungsakzeptanz vor der Projektdurchführung festhalten. Ob es aufgrund des Pilotprojektes zu einer veränderten Einstellung kommt, wird bei den in der Wieseplanung tätigen gesellschaftlichen und institutionellen Akteuren (vgl. Kap. 2.3) durch eine Vorher-Nachher-Befragung geklärt, bei den betroffenen Freizeitbesuchern durch einen Vergleich zwischen einer projektkundigen Passantengruppe und einer projektunkundigen Kontrollgruppe. Dabei können sich je nach Nutzung des Raums und je nach Interesse Unterschiede in der Wahrnehmung von Revitalisierungen herauskristallisieren. Durch qualitative Interviews werden ausschlaggebende Faktoren für eine Einstellungsveränderung bei den Akteuren ermittelt. Quantität und Qualität der Zusammenarbeit der Akteure werden über Recherchen zu laufenden Projekten in der Wieseebene, über standardisierte Befragungen, qualitative Interviews und teilnehmende Beobachtung aufgezeigt. Schließlich lassen die festgestellten Charakteristika des Netzwerkes in der Synthese mit den Akzeptanzbefragungen eine Aussage zur landschaftsökologischen Relevanz der Ergebnisse zu. Die landschaftsökologische Bedeutsamkeit einer Akzeptanzveränderung eines Akteurs oder Betroffenen ist abhängig davon,

- welche Rolle die Person im politischen und wirtschaftlichen Umfeld spielt.
- ob die Akzeptanz dieser Person und/oder eine daraus resultierende Tätigkeit mit der gesellschaftlichen Rolle der betreffenden Person verbunden werden.

Grundzüge des speziell betrachteten anthropogenen Systems und seiner Strukturen werden herausgearbeitet und mit den Resultaten anderer Projekte verglichen. Es wird geklärt, welche Phasen der Projektplanung für die Partizipation besonders bedeutsam sind, welche Mitwirkungsinstrumente für partizipierende Gruppen sinnvoll und effektiv sind und wie Differenzierungen in der Partizipation der Interessensgruppen vorgenommen werden müssen. Zudem wird deutlich, ob sich die angewandten Methoden zur Erfassung der Einstellungsveränderungen bewähren. Abschließend lassen sich Vorschläge zur Vermeidung der im Projekt aufgetretenen Problemfelder ableiten.

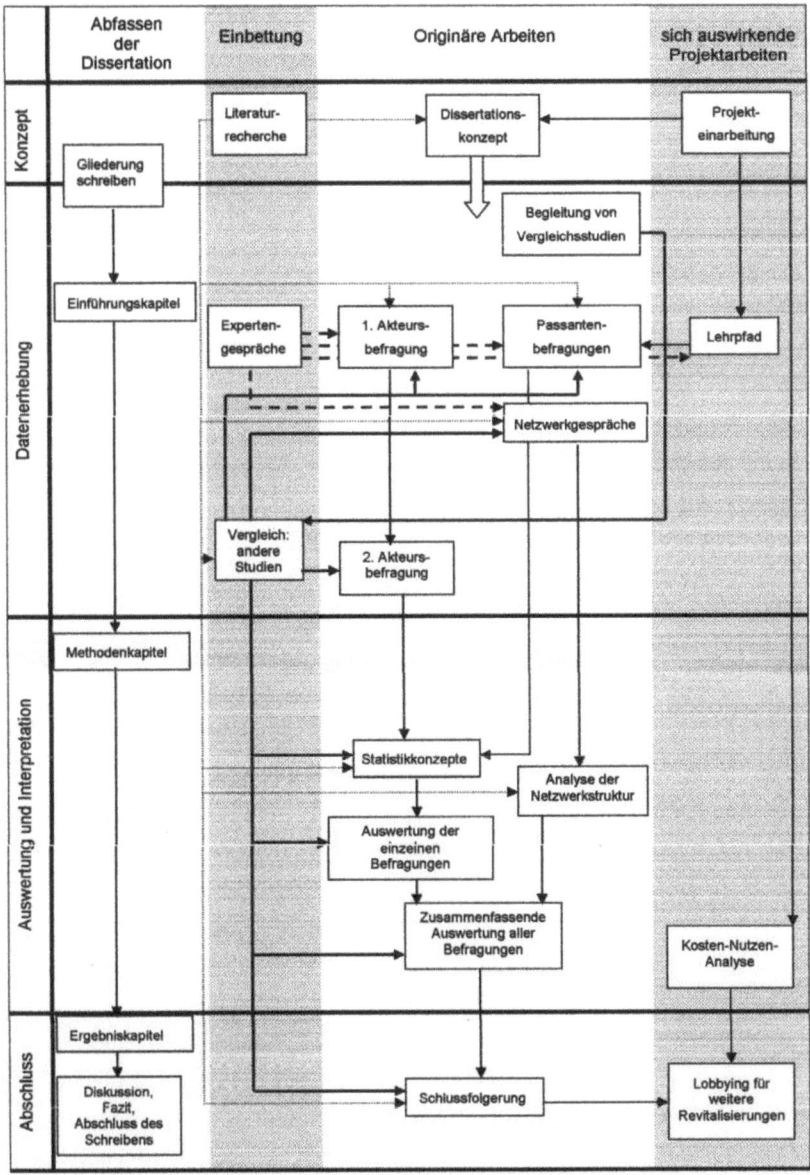

Abb. 1.3-1: Fliessdiagramm des methodischen Vorgehens. Die Studie umfasst neben den Projektarbeiten und der Literaturrecherche originäre Erhebungen in Form von quantitativen und qualitativen Befragungen der Akteure sowie der Passanten in der unteren Wieseebene, einer Analyse des Netzwerkes zur Landschaftsplanung in der unteren Wieseebene und einer statistischen Überprüfung der Daten. Eigene Darstellung.

1.4 Wissenschaftstheoretische Relevanz der Studie

Die Einstellungs-Verhaltens-Inkonsistenz (vgl. Bolscho 1995, s. Kap. 2) und das daraus resultierende unveränderte Umweltverhalten der Menschen sind für die Gestaltung einer nachhaltigen Zukunft nicht mehr tragbar. Informationen über Sachverhalte, Ausgleich ökonomischer Nachteile und das Schaffen ökonomischer Anreize brachten nicht den Durchbruch. In dieser Studie wird daher ...

a) die **Wirkung eines Projektes** untersucht, welches über partizipative Ansätze die Einstellung zu Naturschutzvorhaben im Bezugsraum verändern will.
b) Angewendet wird nicht nur ein den Menschen beeinflussender Faktor (vgl. Stern und Fineberg 1996, 23ff), sondern ein ganzes **Bündel verschiedener Faktoren, welche laut Fachliteratur das Umweltverhalten fördern**. Genannt seien:

1. Die Möglichkeit der Meinungsäußerung über Befragungen oder die Arbeit im Steuerteam (nach Nelson 2000, 160).
2. Die Übertragung persönlicher Verantwortung (nach Ernste 1996, 213ff; Jaeggi et al. 1996) im Steuerteam.
3. Die Schaffung eines bezüglich der Naturschutzanliegen aktiven Pools an Menschen in Form des Steuerteams (nach Mosler et al. 1996, 257; Diekmann & Franzen 1996, 150).
4. Das Anstreben eines kooperativen Handelns der Akteure im Steuerteam (nach Diekmann & Jaeger 1996, 20).
5. Die Information der Bevölkerung neben dem Erleben Lassen des Projektes über den Auenlehrpfad (z. B. nach Fingerle 1984).
6. Die stete Kommunikation über persönliche Gespräche mit Betroffenen und Akteuren (nach Fuhrer et al. 1995, 61).
7. Die Visualisierung des zukünftigen Zustandes (nach Thomas 1996, 453; Brechbühl et al. 1995) durch das Biotop Stellimatten.
8. Der soweit als mögliche Einbezug von geäußerten Wünschen in Befragungen als auch im Arbeitskreis (nach Nelson 2000, 160).

9. Der bezweckte Abbau von Ängsten im Verlauf des Projektes bei den Akteuren.
10. Die Konkretisierung von Vorstellungen für Passanten als auch Akteure (z. B. Fingerle 1984; Janssen 1984).
11. Das Entdecken von positiven Aspekten der Naturschutzanliegen bei Skeptikern (nach Jaeger 1994, 420ff).

c) Auf Basis der Systemtheorien (s. Kap. 4) werden in dieser Studie **verschiedene Kombinationen von Faktoren untersucht**, welche ein umweltgerechtes Verhalten erzielen sollten. Mehrere Faktoren wirken einzeln in einer bestimmten Art und Weise auf den Menschen, beeinflussen sich aber auch gegenseitig und wirken in ihrer Gesamtheit wieder anders.

Die Erkenntnisse werden zeigen, dass eine sehr differenzierte Betrachtung der Akzeptanz von Nöten ist, um Prozesse des Umweltverhaltens aufzudecken und zu bewerten.

1.5 Aufbau der Arbeit

Nach einer Einführung in die Thematik der Akzeptanz von Naturschutzanliegen, in die Zielsetzung der Studie und das Beispielprojekt Stellimatten, folgt im Kapitel 2 eine Darlegung des Forschungsstandes zur Akzeptanzproblematik. Hier wird auch die Nische der eigenen Untersuchung aufgezeigt. Eine detaillierte Beschreibung des Arbeitsgebiets folgt in Kapitel 3. Anschließend wird in Kapitel 4 die Untersuchung bezüglich ihres speziellen Bezugsraumes landschaftsökologisch betrachtet. Nach einer Erläuterung der angewandten sozialwissenschaftlichen und statistischen Methoden, werden die Resultate der Untersuchung in den Kapiteln 6 bis 9 dargelegt. Kapitel 6 beschäftigt sich mit den unterschiedlichen Haltungen der befragten Passanten des Landschaftsparks Wiese und zeigt Zusammenhänge zwischen dem Informationsstand der Betroffenen und ihrer Akzeptanz auf. Im Folgenden werden Resultate der Netzwerkanalyse dargelegt (Kap. 7). Die Netzwerkanalyse soll klären, welche Akteure im Netzwerk "Landschaftsplanung in der Wieseebene" welche Rolle besetzen und wie diese das Projekt mit seinen Partizipationsinstrumenten wahrgenommen haben (Kap. 8). Schließlich werden die Akzeptanzveränderungen bei den Akteuren aus der Vorher-Nachher-Befragung deutlich gemacht. Es folgt in Kapitel 9 eine Synthese der Ergebnisse aus den Kapiteln 6 bis 8, um Zusammenhänge zwischen den verschieden erhobenen Ergebnissen aufzudecken. Eine kritische Beurteilung der Resultate folgt im Diskussions-Kapitel und mündet in Kapitel 11 in Handlungsvorschlägen für die Praxis. In den Schlussfolgerungen und dem Ausblick schließt sich der Kreis zurück zur Ausgangsfragestellung im ersten Kapitel und offen gebliebene Fragen werden aufgeworfen.

2 Akzeptanz- und Partizipationsforschung im transdisziplinären Kontext

2.1 Akzeptanz, Umweltbewusstsein und umweltgerechtes Handeln

Die Erforschung einer Akzeptanzveränderung für ein Naturschutzanliegen erfordert zunächst die Auseinandersetzung mit dem Begriff der „Akzeptanz":

- Dieser wird in Nachschlagewerken mit dem "der Bereitschaft, etwas anzunehmen, zu akzeptieren, anzunehmen, zu billigen" erklärt.
- Von seinem lateinischen Wortstamm her wird das Verb accipere mit "annehmen, auf sich nehmen, sich gefallen lassen, wahrnehmen, beurteilen, erfahren und wissen" beschrieben.
- Im allgemeinen Sprachgebrauch besitzt der Begriff eine große Unschärfe und wird in verschiedener Eindringtiefe verwendet (Luz 1994, 47).
- In der Soziologie wird die Akzeptanz von Endruweit & Trommsdorff (1989) als "die Eigenschaft einer Innovation, bei ihrer Einführung positive Reaktionen bei Betroffenen zu erreichen" definiert.
- Die Akzeptanz beinhaltet folglich den gesamten Prozess der Wahrnehmung "wissen, erfahren, wahrnehmen" und der Umweltbewusstseinsbildung "beurteilen" bis zum Handlungsentschluss "etwas auf sich nehmen", und kann damit die im Stufenmodell von Heiland (2002) dargestellten verschiedenen Dimensionen beinhalten (Abb. 2.1-1).

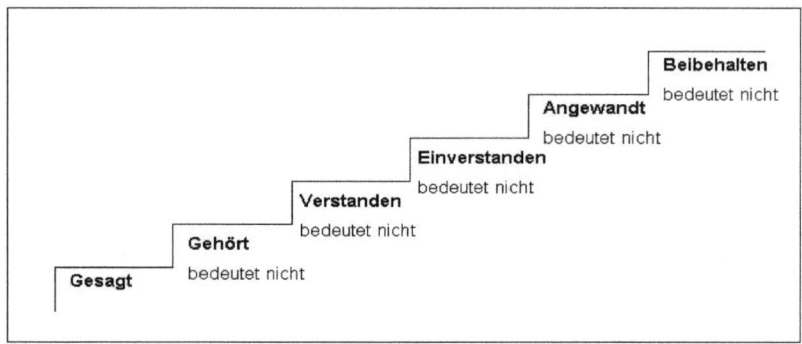

Abb. 2.1-1: Stufenfolge von Kommunikation und Handeln (nach Frey 1991, verändert in Heiland 2002, 138). Veränderungen der Akzeptanz können erkannt werden, indem es zu einer Dimensionsverschiebung in der Stufenfolge von Kommunikation und Handeln kommt. Während die ersten vier Dimensionen innerhalb eines dreijährigen Projekts messbar sind, benötigt die Untersuchung der fünften und sechsten Dimension eine längerfristige Analyse.

Der Mensch verfügt in der heutigen Zeit über ein allgemeines Wissen bezüglich Umweltgefahren und -schutz. Dies spiegelt sich jedoch unzulänglich im alltäglichen Verhalten wider (Franzen 1995, 133; Hines et al. 1986/7; Diekmann & Franzen 1996), so dass sich die Menschen nach wie vor nicht umweltgerecht verhalten. Das Phänomen wird von Bolscho (1995) als "Einstellungs-Verhaltens-Inkonsistenz" bezeichnet. In der Umweltsoziologie und Umweltpsychologie werden die Bezüge zwischen dem Wissen und Bewerten von Umweltaspekten, der eigenen Betroffenheit und der Bereitschaft zum umweltgerechten Handeln erforscht (z. B. Kaufmann-Hayoz & Di Giulio 1996). Die einzelne Person steht stark im Zentrum der Analyse.

Die Theorie der geplanten Handlungen von Fishbein & Ajzen (1975) liefert Grundlagen, die es erlauben, ausbleibendes oder erfolgendes umweltgerechtes Verhalten zu prognostizieren. Fishbein & Ajzen (1975) ermittelten, dass weder mit Vorstellungen noch mit Gefühlen, sondern am ehesten mit Handlungsabsichten auf das zukünftige Verhalten zu schließen ist. Ein Modell von Fuhrer & Wölfing (1996, 223) stellt auf dieser Theorie aufbauend die erkannten Prozesse zwischen dem Umweltbewusstsein und dem Umwelthandeln dar. Das Modell basiert auf dem Schwartz`schen Norm-Aktivitäts-Modell (Schwartz & Howard 1981) und zeigt, dass Umweltprobleme von Menschen nicht direkt erfasst werden (Abb. 2.1-2).

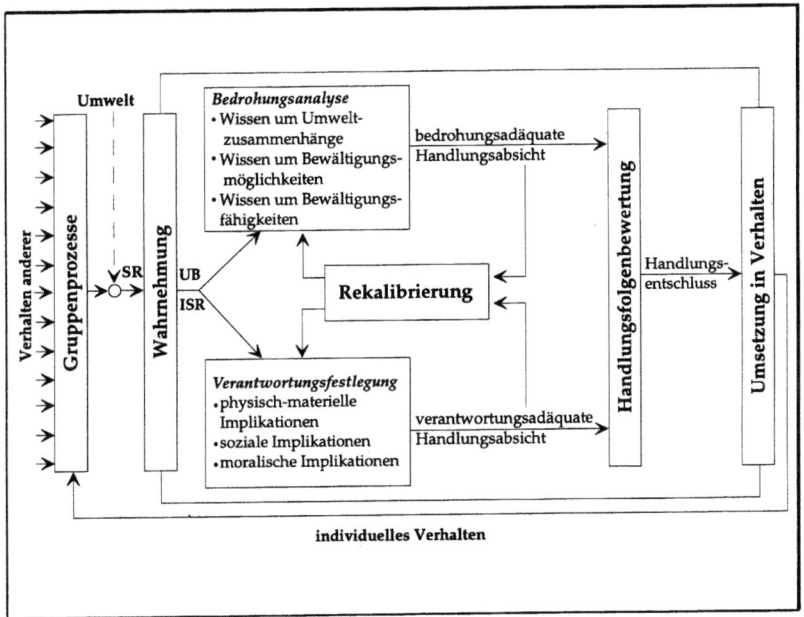

Abb. 2.1-2: Modell umweltverantwortlichen Handelns (Fuhrer & Wölfing 1996, 223). Das Modell basiert auf einer modifizierten Variante des Schwartz'schen Norm-Aktivitäts-Modells (Schwartz & Howard 1981). Das Umweltbewusstsein (UB) entspricht den individuellen, sozialen Repräsentationen (ISR). Diese umfassen die kollektiven Vorstellungen einer sozialen Gruppe hinsichtlich Wissen, Werte und Intentionen (= soziale Repräsentationen SR), die das Individuum in seine eigenen Vorstellungen integriert hat. Dargestellt werden die Prozesse zwischen dem Umweltbewusstsein und dem Umwelthandeln. Das Modell zeigt eine indirekte Erfassung von Umweltproblemen durch den Menschen.

Die für das umweltgerechte Handeln bedeutenden Faktoren können allgemein in drei Bereiche eingeteilt werden (vgl. Tanner & Foppa 1996, 245, 266; Heiland 2000, 248):
1. Faktoren der Wahrnehmung,
2. Faktoren der Einbindung in das soziale Umfeld,
3. Faktoren des Eigeninteresses.

Faktoren der Wahrnehmung. Bei der Wahrnehmung von Umweltproblemen neigt der Mensch zu reduktionistischen Hypothesebildungen, da er die Komplexität des Umweltsystems nicht erfassen kann (Dörner 1996, 488; Tanner & Foppa 1996, 250). Ursache und Wirkung sind bei Umweltproblemen oft räumlich und zeitlich verschoben. Einige Umweltprobleme wie zum Beispiel die Schwermetallbelastungen eines Bodens können mit den Sinnen des Menschen nicht erfasst werden. Zeitgesetze werden nicht erkannt, so dass Ursache-Wirkungs-Zusammenhänge nicht erstellt werden können (Tanner & Foppa 1996; Dörner 1996, 488; Jaeger 1994, 150; Fuhrer 1995, 99). Durch die selektive Wahrnehmung von Umweltproblemen entstehen unterschiedliche und fehlerhafte Lösungsansätze (Jaeger 1994, 420ff). Eine daraus resultierende Verunsicherung des Individuums führt zu einer Handlungsunsicherheit, das umweltgerechte Handeln bleibt aus. Ebenso führt die Simplifizierung dazu, dass Menschen sich nicht bedroht fühlen (vgl. "Bedrohungsanalyse" in Abb. 2.1-2; BfN 1995, 54f). Aktuell konnten Frick et al. (2004) feststellen, dass das Wissen über Umweltsysteme weniger effektiv für ein verändertes Verhalten wirkt als das konkrete Wissen über mögliche Handlungsalternativen und deren Wirkungen.

Faktoren der Einbindung in das soziale Umfeld. Ebenso entscheidend sind für das umweltgerechte Handeln Aspekte des sozialen Umfelds (Heiland 2000). Das individuelle Umweltbewusstsein bildet sich im sozialen Diskurs heraus. Es wird durch die jeweiligen Bezugssysteme der Person (Johnson & Covello 1987; Kruse et al. 1990, 96) und die persönlichen Normen (Fuhrer 1995, 62, 99) definiert. Das soziale System beeinflusst das Individuum, weil es ihm die Interpretation von Umweltqualität vermittelt (Fuhrer 1995, 98; Granovetter 1992). Es formt sich daraus das individuelle Umweltbewusstsein (vgl. Abb. 2.1-2). Der Mensch neigt zum Abschieben seiner Verantwortung für Umweltprobleme (s. "Verantwortungsfestlegung" in Abb. 2.1-2; s. a. Mosler 1995). Das Verdrängen der eigenen Verantwortung ist möglich, weil immer mehrere Menschen Verantwortung für ein Umweltproblem tragen. Die Bereitschaft zur Verhaltensänderung folgt erst, wenn Verantwortungsbewusstsein und persönliche Betroffenheit bei Menschen erreicht werden (BfN 1995, 54f). Handlungshindernisse ergeben sich durch soziale und ökonomische Strukturen (Tanner & Foppa 1996, 245; Hirsch 1993), weil bei der Prioritätensetzung die Umweltziele mit sozialen und ökonomischen Zielen konkurrieren (Diekmann & Franzen 1996). Umweltgerechtes Handeln ist daher erst möglich, wenn es im entscheidenden Moment in den Sinn kommt (Tanner & Foppa 1996, 246) und eine Handlungsmöglichkeit besteht (Fietkau & Kessel 1981). Das "commons dilemma" (nach Hardin 1995) beschreibt, wie schließlich Verantwortung übernehmende Menschen für ihr umweltgerechtes Handeln Nachteile tragen und gleichzeitig keinen Erfolg haben, weil andere Menschen nicht genauso handeln. Dies führt zur Frustration und zum zukünftigen Ausbleiben des eigenen umweltgerechten Handelns.

Faktoren des Eigeninteresses. Im Zentrum der Entscheidungsfindung steht der egoistisch motivierte, persönliche Nutzen (Tanner & Foppa 1996, 245f). Problematisch ist die Assoziation von Umweltschutz mit dem Verlust von Lebensqualität sowie zusätzlicher Arbeitsbelastung. Umwelthandeln zeigt sich als Nebenwirkung des Alltagshandelns, welches Behaglichkeit und Bequemlichkeit sucht (Gloor et al. 2001). Kurzfristige Nachteile der eigenen Handlungen werden wahrgenommen, langfristige Wohlfahrtsgewinne dagegen nicht (Jaeger 1994, 420ff).

2.2 Transdisziplinarität als Lösung?

Mitwirkungsverfahren transdisziplinärer Projekte wirken sich auf die Wahrnehmung von Umweltproblemen, das soziale Umfeld und den persönlichen Nutzen aus.

Die Effektivität einzelner partizipativer Instrumente wurde außerhalb transdisziplinärer Projekte betrachtet:
- Die "Spieltheorie" empfehlen Diekmann & Jaeger (1996, 20). Da das Handeln des Einzelnen sehr dem Einzelnen schadet und für die Gesellschaft keinen Gewinn bringt, muss das kooperative Handeln angewendet werden. Das gemeinsame Handeln – wie in einem Spiel – ist weitaus effektiver und bringt für den Einzelnen weniger Nachteile mit sich.
- Das Aktivieren einzelner Personen über eine ausreichende Anzahl überzeugender, umweltfreundlich gesinnter Personen schlagen Mosler et al. (1996, 257) mit einem Modell vor. Positive Effekte bezüglich des Ausmaßes des Umwelthandelns werden durch soziale Kontakte und umweltfreundliche Netzwerke erzielt (s. a. Diekmann

& Franzen 1996, 150). Mit der Motivation von Kleingruppen (vorgeschlagen von Fuhrer & Wölfing 1996) könnte begonnen werden.
- Fuhrer et al. (1995, 61) beschreiben die im Gegensatz zu Medieninformationen bessere Wirkung der interpersonalen Interaktion von Angesicht zu Angesicht (face-to-face) auf das Umweltbewusstsein. Medien werden stärker für das Umweltwissen angenommen (Fuhrer 1995, 61; Fuhrer & Wölfing 1996, 222). Die interpersonale Interaktion dagegen hat eine gute Wirkung auf das Umweltbewusstsein. Während Medien häufig für die Vermittlung von Umweltaspekten genutzt werden, wird die interpersonale Interaktion vernachlässigt und sollte mehr Beachtung finden.
- Durch eine Verschiebung der Handlungskompetenzen vom Staat zu den einzelnen Individuen/Akteuren wird die Verantwortung rekalibrierungsresistent, kann also nur schwer verdrängt werden (Ernste 1996, 213ff; Fuhrer & Wölfing 1996, 233). Auch beim Mobilitätsverhalten wird der Faktor „persönliche Verpflichtung zum Handeln" als relevant erkannt (Jaeggi et al. 1996).
- Visuelle Kommunikationsmittel (vorgeschlagen von Thomas 1996, 453) sind wegen der relevanten emotionalen Wirkung der Bildkommunikation für das ökologische Handeln sehr relevant (Brechbühl et al. 1995; Thomas 1996, 453). Die Bildkommunikation entfaltet in Kleingruppen und sozialen Netzwerken ihr ganzes Potential (Fuhrer & Wölfing 1996, 232). Computerspiele z. B. (vorgeschlagen von Dörner 1996, 511ff) machen die Zusammenhänge von komplexen Ökosystemen begreiflich und haben eine große Wirkung auf die Steigerung der Akzeptanz von Umweltaspekten.

Diese Einzelmaßnahmen einer partizipativ angelegten Öffentlichkeitsarbeit werden in transdisziplinären Projekten kombiniert angewendet. Daher könnten transdisziplinäre Projekte ideal sein, um Akzeptanz von Naturschutzanliegen zu erzielen und das umweltgerechte Handeln zu fördern. Burger & Kamber (2001, 10) zählen zu den Anspruchsgruppen, die in einem transdisziplinärem Forschungsprojekt partizipieren sollen, die vom Forschungsprojekt Betroffenen, die „ ... jenseits der Grenzen der Wissenschaft anzusiedeln sind ...", aber „ ... nicht unbedingt mit jenen der Projektanten übereinstimmen müssen." Bezüglich der Partizipationsmethoden, mit denen diese Anspruchsgruppen einbezogen werden, gibt es keine Vorgaben.

2.2.1 Partizipation zur Akzeptanzschaffung

Der partizipative Ansatz geht von der Hypothese aus, dass durch die Mitwirkung der Entscheidungsträger und Betroffenen in einem Entscheidungs- und Umsetzungsprozess die Akzeptanz eines Vorhabens gesteigert werden kann.

Die Zustimmung zum Ansatz, Akzeptanz durch Mitwirkung zu erreichen (Schreiber 1988; Jahn 2000, 67; Bassand & Rossel 2000) ist breit:

- Die Partizipation ist nach Nelson (2000, 160) nötig, damit subjektive Präferenzen im Entscheidungsfindungsprozess mit einbezogen werden können.
- Zucchi & Junker (2000, 159) betonen, dass der Lernerfolg im Umweltschutz umso größer ist, je aktiver sich die Menschen mit dem Sachverhalt auseinandersetzen können.
- Wirksame Umweltpolitik kann nur mit staatlichen und gesellschaftlichen Akteuren gestaltet werden, die kraft ihres gesetzlichen Auftrages und/oder ihrer Ressourcen die Maßnahmen zur Gewässergestaltung vorbereiten und zum Teil selbst Entscheidungen treffen (Gurtner-Zimmermann & Eder 2001, 36).
- Güsewell & Dürrenberger (1996, 23) erachten den vermehrten Einbezug von Laien in die Landschaftsbewertung als eine Lösung zur Akzeptanzsteigerung.
- Schon in den 70er und 80er Jahren hatten Wagenschein (1999), Janssen (1984) und Fingerle (1984) erkannt, dass Menschen im Umweltschutz nicht mit Bildern und Symbolen, sondern den konkreten Gegenständen konfrontiert werden müssen, um mithilfe der persönlichen Erfahrung eine innere Anteilnahme zu entwickeln.

Fragen zum Verhältnis von Akzeptanz und Partizipation werden zunehmend diskutiert (BfN 1998; SRU 1996), vereinzelt praxisorientiert behandelt (Kaule et al. 1994; Luz 1994; Reichmann 1997; Ullrich 1999) und systematisch aufgearbeitet (Heiland 2000). Bisherige transdisziplinäre Projekte führten Befragungen zur Bevölkerungsakzeptanz durch, ohne dass die Befragten am Projekt partizipierten (z. B. Eder 1999, Gloor et al. 2001), oder sie konzentrierten sich auf die Analyse der Wirkung einzelner Maßnahmen der Öffentlichkeitsarbeit. In einigen Fällen wurde zwar die Partizipation verwirklicht, aber deren Erfahrung lediglich in Form von Erfahrungsberichten weitergegeben, wie z. B. in der Ise-Niederung (Borggräfe et al. 1999) oder beim IBA (Internationale Bauausstellung) Emscherpark-Programm (Tjallingii 2000). Im Bereich der Politikanalyse existieren Studien v. a. aus den Niederlanden, bei denen mit qualitativen Methoden die Wirkung von Kooperationsprojekten auf die beteiligten Akteure erfasst wurde (z. B. Glasbergen 1998).

2.2.2 Partizipationsforschung

In Planungs- und Managementaufgaben des Umweltbereichs sowie der internationalen Zusammenarbeit werden die Formen der Mitwirkung in drei Beteiligungsformen unterschieden (vgl. Gerber 2003): Information, Kooperation und Partizipation (Tab. 2.2.2-1).
Üblich ist die Einteilung nach Selle (1997, 41), nach der die Information die Voraussetzung für die Partizipation und Kooperation darstellt und die Partizipation im weiteren Sinne wie in Tab. 2.2.2-1 definiert wird, im engeren Sinne aber die Kooperation meint (Abb. 2.2.2-1).

Tab. 2.2.2-1: Die drei Beteiligungsformen Information, Partizipation und Kooperation (eigene Zusammenstellung nach Bischoff et al. 2001 und Luz & Weiland 2001). Im Gegensatz zu anderen Definitionen (z. B. Selle 1996) wird hier zwischen Partizipation und Kooperation getrennt.

Information:	Bei der Information besteht ein deutliches Informationsgefälle zwischen Sender und Empfänger. Die Empfänger der Informationen erhalten keine Gelegenheit, sich ihrerseits zu äußern.
Partizipation:	In partizipativen Planungsverfahren informiert eine leitende Behörde über den Planungsstand. Die betroffene und/oder interessierte Öffentlichkeit kann sich dazu äußern. Offen ist, wie viel von den Vorschlägen der Betroffenen und Beteiligten auf Seiten der Behörden aufgegriffen wird.
Kooperation:	Bei der Kooperation sind die Mitwirkenden weitgehend gleichberechtigt. Zur Konkretisierung einer Fragestellung werden Fachwissen und Interessen der Beteiligten berücksichtigt. Der Willen zur Kommunikation wird dabei vorausgesetzt. Kooperative Verfahren werden angewendet, wenn die Interessen breiterer Bevölkerungskreise einbezogen werden sollen.

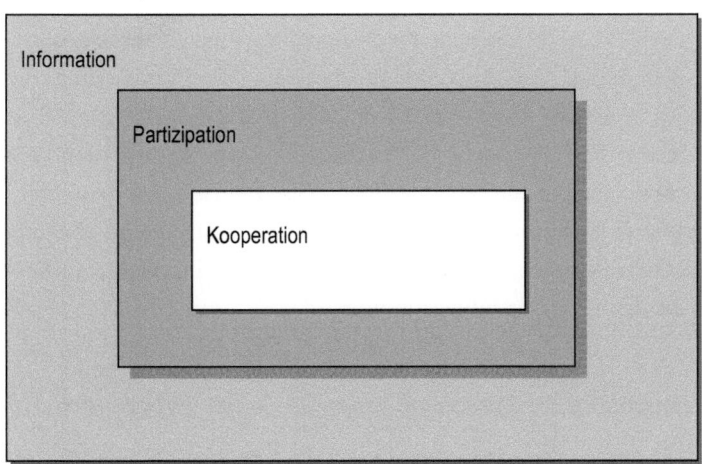

Abb. 2.2.2-1: Der Bezug unter den drei Beteiligungsformen des Kommunikationsprozesses (Selle 1997, 41). Die Partizipation im weiteren Sinne beinhaltet auch die Möglichkeit zur Meinungsäußerung, bei der jedoch die Entscheidungsgewalt nicht abgegeben wird, im engeren Sinne meint die Partizipation kooperative Verfahren, bei denen die Entscheidungsgewalt von den Betroffenen und/oder Akteuren geteilt wird.

Des Weiteren unterscheidet man zwischen den formellen und informellen Beteiligungsverfahren (Luz & Weiland 2001). In der Landschafts- und Umweltplanung wurden formelle Beteiligungsverfahren in den 70er Jahren eingeführt. Neben der Beteiligung von Betroffenen und anerkannten Natur- und Umweltschutzverbänden wird in formellen Beteiligungsverfahren die Öffentlichkeit durch das Auflegen von Plänen, durch Bekanntmachungen oder durch die Verteilung von Informationsmaterial über einen Planungsstand informiert. Die anerkannten Verbände und Betroffenen können Stellungnahmen abgeben. Bei formellen Beteiligungsverfahren sind also partizipative, aber keine kooperativen Beteiligungsformen enthalten (nach Luz & Weiland 2001). Informelle Beteiligungsverfahren werden in der Landschaftsplanung seit den 70er Jahren durchgeführt. Es sind Beteiligungsverfahren, die auf freiwilliger Basis durchgeführt werden und verstärkt die Öffentlichkeit einbeziehen, um später anfallenden Akzeptanzproblemen vorzubeugen. Neben der Information und Partizipation besteht hier auch die Möglichkeit zur Kooperation.

Die in der Theorie noch relativ leicht einzuordnenden Beteiligungsformen müssen in der Praxis sehr viel differenzierter betrachtet werden. Ein- und dieselbe Beteiligungsform kann in den unterschiedlichen Projekten und sogar je nach Projektphase sehr unterschiedlich angewendet werden. Von der Art und Weise der Anwendung aber auch der Einpassung in den Kontext des Projektes hängt es ab, welchen Erfolg die Beteiligungsform im Projekt erzielt und ob sie zur Partizipation oder Kooperation gezählt werden kann (s. a. Kohl et al. 2002). Die Begriffe Partizipation und Kooperation als auch die Begriffe der jeweiligen Instrumente können sehr unterschiedlich ausgelegt werden, was wiederum zu einer unklaren Fassung des Begriffs der Transdisziplinarität führt.

2.2.3 Verwendung der Partizipationsbegriffe in der vorliegenden Arbeit

In der vorliegenden Untersuchung werden in Anlehnung an Selle (1997, 41) mit dem Begriff Partizipation die unkonventionellen Methoden bezeichnet, die außerhalb der formellen Beteiligungsformen liegen und somit nicht gesetzlich vorgeschrieben sind. Bei einem partizipativ angelegten Projekt sollen Betroffene und/oder Akteure möglichst frühzeitig in die Planung einbezogen werden. Die betroffenen Akteure können

Einfluss auf die Entscheidungsprozesse des Projektes nehmen. Das Entscheidungsgefälle zwischen entscheidender Behörde bzw. Projektleitung und den partizipierenden Bürgern wird aber nicht aufgehoben, sondern bleibt bestehen.

Die Begriffe Partizipation und Beteiligung werden nach Kachel (2001), Renn & Oppermann (1995), Becher & Luksch (1998) sowie Bischoff et al. (2001) synonym verwendet. Den beiden Begriffen gleichgesetzt wird in dieser Studie zusätzlich die „Mitwirkung". Für die Instrumente der Partizipation und Kooperation werden synonym die Begriffe Partizipationsformen, -instrumente und -verfahren, Beteiligungsformen und -instrumente sowie Mitwirkungsformen und -instrumente verwendet.

2.2.4 Pro und Contra der Partizipation und Kooperation im Umwelt- und Naturschutz

Das Einbeziehen von Bürgern und Anspruchsgruppen in die politische Entscheidungsfindung ist nicht nur legitim, sondern auch streng demokratisch (Barber 1984, Dryzek 1990). Aber schon auf der basistheoretischen Ebene gibt es seit den 60er Jahren Kritik an der Glorifizierung der Partizipation und Kooperation von Bürgern und Anspruchsgruppen (Gurtner-Zimmermann 1994, 26).

- **Argument der politischen Kultur:** Je nach politischer Kultur werden partizipative und kooperative Ansätze gut aufgenommen oder spielen keine Rolle (Glasbergen 1998, 33ff).
- **Argument der Demokratie:** Wie viele Studien zeigen, kommt in der Regel nur ein kleiner Kern der Bürger zur Partizipation (O´Riordan 1977). Die beteiligten Bürger und in den Gremien vertretenen Anspruchsgruppen sind dabei nicht repräsentativ für die Gesellschaft (Glasbergen 1998, 33ff).
- **Argument der Macht:** Die reelle Politik besteht nicht aus gleichberechtigten Anspruchsgruppen, sondern Machtkonstrukten, so dass die von den Anspruchsgruppen erarbeitete Lösung immer ein Abbild der Machtverhältnisse sein wird (Glasbergen 1998, 33ff). Die Bürgerpartizipation ist abhängig davon, wie gut die Bürger

organisiert sind. Nur die gut organisierten Bürger schaffen es, sich erfolgreich einzubringen (Benveniste 1989).
- **Argument der Effizienz:** Der Partizipationsprozess bedarf viel Zeit und Energie. Es stellt sich jedes Mal die Frage, ob Aufwand und Ertrag im Verhältnis stehen. Auch die Vorschläge der Partizipierenden sind oft nicht praktikabel oder mit einem immensen Kosten- und Zeitaufwand verbunden.
- **Argument der Legitimation:** Die Partizipation legitimiert letztendlich eine getroffene Entscheidung, egal, welcher Art sie ist, während in der Planung die Legitimität einer Entscheidung sich aus der Glaubwürdigkeit ableitet (Benveniste 1989, 46).

Für die Mitwirkung von Bürgern und Anspruchsgruppen sprechen:
- **Normatives Argument:** In demokratischen Gesellschaften haben die Bürger das Recht, im politischen Entscheidungsprozess mitzuwirken und über die Basis für Regierungsentscheide informiert zu werden (Fiorino 1990). Der Einsatz von Beteiligungsformen erzeugt eine stabilere und legitimere Politik (Glasbergen 1998, 29ff).
- **Substanzielles Argument:** Das relevante Wissen für politische Entscheide ist nicht limitiert auf das Wissen der Verwaltung. Das Wissen von Wissenschaftlern und anderen Experten z. B. spezifischer Umwelttechniken kann zusammengetragen werden. Die Öffentlichkeit kann einen substanziellen Beitrag zur Risikoeinschätzung abgeben, noch nicht berücksichtigte Aspekte einbringen und einen Beitrag zur sozialen, ethischen und politischen Bewertung des Diskussionsgegenstands liefern (Fiorino 1990; Glasbergen 1998, 29ff).
- **Instrumentalistisches Argument:** Die Bürgerpartizipation mag zu geringeren Konflikten und höherer Akzeptanz führen und Vertrauen in die Regierung sowie Expertenentscheide fördern (Stern & Fineberg 1996, 23ff). Risiken können besser gehandhabt werden (Glasbergen 1998, 29ff).
- **Argument der Langfristigkeit:** Die Zusammenarbeit aller Betroffenen ermutigt diejenigen zu umweltbezogenem Lernen und

schafft längerfristig tragbare Lösungen (Glasbergen 1998, 29ff; Müller et al. 2000).

Zur Entkräftung der oben aufgeführten Gegenargumente führt Glasbergen (1998, 35ff) an, dass letztlich mit einer Partizipation von Bürgern und Anspruchsgruppen mehr Demokratie erreicht wird als ohne, auch wenn die in den Gremien vertretenen Personen nicht als repräsentativ für ihre Gesellschaft gelten können. Zusätzlich ist zu bedenken, dass selbst wenn die unter den Anspruchsgruppen vorhandenen Machtstrukturen sich in den Problemlösungen widerspiegeln, die Kooperation doch zu einer graduellen Veränderung der sonst unzugänglichen Rahmen- und Machtbedingungen führen kann. Die Verwaltung reagiert viel auf Angebote der Wirtschaft, von welcher hauptsächlich die Gelder kommen. Um hier ein Gegengewicht zur Macht der Wirtschaft zu schaffen und die Gelder nicht nur nach den Interessen der Wirtschaftsverbände einzusetzen, können kooperative Bürgerforen sinnvoll sein. Zudem zeigen die 70er bis 90er Jahre, dass allseits tragbare und effektive Lösungen mit Kooperationen gefunden werden können. Ein Abwägen erbrachter Lösungsvorschläge nach dem Kriterium der Glaubwürdigkeit und der Legitimität kann immer noch erfolgen. Insgesamt erscheint die Anwendung von partizipativen und kooperativen Beteiligungsformen daher als sinnvoll.

2.2.5 Prämissen für die erfolgreiche Kooperation

Bei einer erfolgreichen Kooperation werden aus sogenannten Win-Loose-Situationen Problemlösungen hervorgebracht. Als Produkt ergibt sich idealer Weise ein Kompromiss, in dem jede Partei ihre Interessen vertreten sieht, sich also für jeden eine bessere Position ergibt. Dabei dürfen Konflikte nicht verbannt werden, sondern müssen konstruktiv genutzt werden. Voraussetzungen erfolgreicher Kooperation sind:

- Ein gewisser Problemlösungsdruck liegt vor. Es besteht der Druck, an der momentanen Situation etwas ändern zu müssen (Brown 2002, 28).

- Die Beteiligten sind der Überzeugung, die freiwillige Partizipation und der damit einhergehende Dialog führe zu mehr Gewinn denn Verlust (Glasbergen 1995, 12f).
- Die Parteien merken in der Selbstbetrachtung, dass ihr Anliegen nur gemeinsam mit den anderen Parteien realisierbar ist (Glasbergen 1995, 12f).
- Ein neues Rollenverständnis wird abgesteckt und angenommen (Müller et al. 2000). Dabei nehmen die Beteiligten nicht die Rollen aus ihrer eigenen Struktur mit, sondern treten als Gleichberechtigte auf. Diese Klärung muss vor allem zwischen Wissenschaft und Praxis erfolgen (Tress et al. 2001; Böcher 2002, 69). Bei dem neuen Rollenverständnis geht es um einen gegenseitigen Wissensaustausch und Lernprozess (Glasbergen 1998, 252).
- Offenheit und Flexibilität für Veränderungen werden von den Betroffenen als auch den verantwortlichen Behörden gezeigt (Schenk 2000, IX).
- Nachhaltigkeit wird als relatives, nicht als absolutes Konzept betrachtet (Brown 2002, 28).
- Sowohl kooperierende als auch konfrontierende Elemente kommen in der Kommunikation zur Anwendung (Glasbergen 1995, 12f). Dabei gilt das Grundprinzip der Fairness (Glasbergen 1998, 252).
- Eine ganze Palette akzeptanzsteigernder Faktoren kommt bei der Umsetzung von Natur- und Landschaftsschutzmaßnahmen zum Einsatz, da ein einzelner veränderter Faktor nicht genügt (Schenk 2000, IX).
- Es wird genügend Zeit für den Aufbau einer Vertrauensbasis, für die Konsensfindung und für Verhaltensänderungen zur Verfügung gestellt (Müller et al. 2000). Darüber hinaus gibt es Zeitlimite, die festlegen, wann welche Teilentscheidungen getroffen sein müssen (Brown 2002, 28).
- Eine außenstehende Instanz ist in der Lage, die Projektteilnehmer zur Einhaltung der Abmachungen anzuhalten (Schenk 2000, 27).
- Sozialkompetenzen stellen die Grundlage für ein erfolgreiches Projektmanagement, Einfühlungsvermögen, Kompromissbereitschaft, Moderationsfähigkeiten und Konfliktlösungsfähigkeiten dar.

Die Sozialkompetenzen können nicht bei allen Teilnehmern als vorhanden erwartet werden. Der Erwerb der Sozialkompetenzen wird daher als Teil des Forschungsprozesses verstanden. Um einen Lernerfolg zu erzielen, wird das Thema verbalisiert (Müller et al. 2000; Tress et al. 2001).

- Es existieren realistische Einschätzungen der Möglichkeiten innerhalb des transdisziplinären Partizipationsprozesses über die notwendige Flexibilität beim Projektablauf, die materiell und finanziell nötigen Ressourcen, den Einbezug von Konflikten, die nur teilweise mögliche Erfüllung der eigenen Interessen, die nicht mögliche Erarbeitung wissenschaftlich hochwertiger monodisziplinärer Daten und die notwendige Bereitschaft zur Kommunikation (Müller et al. 2000).
- Aktivitäten werden gemeinsam festgelegt und erledigt, damit nicht einseitige Geber und Nehmer im Projekt entstehen. Eine Dokumentation legt fest, wer was liefert und klärt, ob die Verhältnisse als ausgewogen angesehen werden (Müller et al. 2000).
- Es existieren für alle Beteiligten gemeinsame Erfolgserlebnisse, die Frustration vermeiden. Durch Kommunikation wird sichergestellt, dass bei Zwischenresultaten die Projektteilnehmer noch für sich einen Gewinn erkennen können und weiterhin ein Konsens bezüglich Zielausrichtung und Lösungsweg besteht. Ist dies nicht der Fall, werden Zielsetzung und Lösungsweg neu debattiert (Ernste 1998, 58; Müller et al. 2000).

Negativ wirkt es sich aus, wenn unter den Projektbeteiligten ein Konkurrenzdenken auftritt, im Gegensatz zur Spieltheorie nach Diekmann & Jaeger (1996, 20). In diesem Fall können nur halbe Lösungen erzielt werden, andere Projektbeteiligte wollen aber für diese halben Lösungen keine Opfer mehr bringen, so dass der Trend zur Lösungsfindung stark abwärts geht (s. a. Ernste 1998, 59).

Ist ein Kooperationsprozess erfolgreich, so ist ...
1. zum einen bei den Projektbeteiligten ein gegenseitiger Lernprozess, d.h. ein Lernen voneinander, ermöglicht worden, die vorherige Unbestimmtheit als auch die Komplexität konnten im gewünschten Umfang geklärt werden.
2. zum anderen ein Erfolg des Aushandelns erzielt worden, die ausgehandelten Lösungen finden einen breiten Konsens und haben eine erhöhte Wahrscheinlichkeit, weiter verfolgt zu werden (Glasbergen 1998, 254).

Gemeinsam mögen die beiden Aspekte zur Akzeptanzerhöhung in der betroffenen Thematik führen.

2.2.6 Modellgrundlage

In ihrem Modell zur Partizipation erläutern Fishbein & Ajzen (1975, 412ff), wann der Prozess der Wahrnehmung und Bewusstseinsbildung zu einer Veränderung des umweltgerechten Verhaltens führt, nachdem die Partizipation als Instrument eingesetzt wurde (Abb. 2.2.6-1).

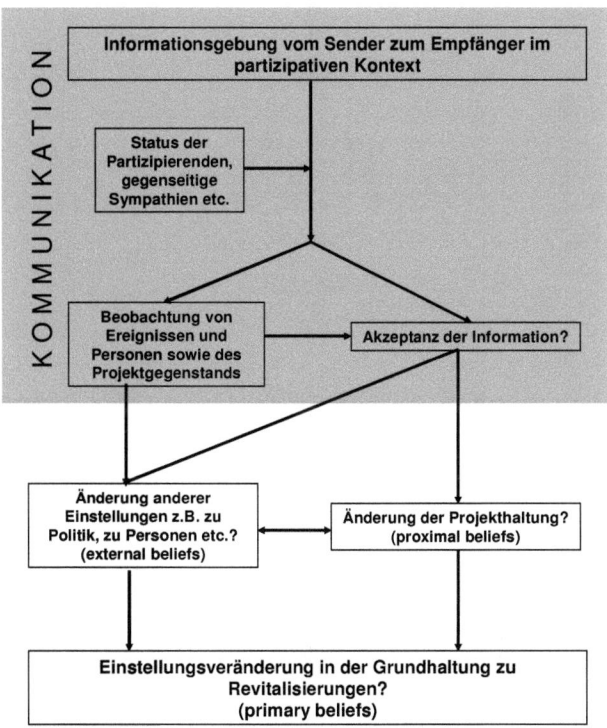

Abb. 2.2.6-1: Prozess der Einstellungsänderung im Kontext aktiver Partizipation (nach FISHBEIN & AJZEN 1975, 413; stark verändert). Nach gegebener Information vom Sender zum Empfänger wirken sich äussere Rahmenbedingungen wie die Rollenverhältnisse der Projektbeteiligten, gegenseitige Sympathien etc. als auch die Beobachtungen an den Projektereignissen und Projektbeteiligten auf die Akzeptanz der Information aus. Des Weiteren sind die Einstellungen zu externen Sachverhalten (z. B. zu Politik, Wirtschaft, Lebensphilosophie) beim Empfänger von Bedeutung, bevor es zu einer veränderten Projekthaltung kommt. Erst dann kann sich die Grundhaltung wandeln, in diesem Fall zu Revitalisierungen.

Es wird deutlich, dass neben dem zentralen Komplex der Kommunikation auch die Grundwerte der Projektbeteiligten dahingehend wichtig sind, ob es letztlich zu einer Einstellungsänderung im partizipativen Revitalisierungsprojekt kommt. Konflikte können nach Krömker (2002, 96) auf vier verschiedenen Ebenen angesiedelt sein und sind umso schwieriger zu lösen, je grundlegender die betroffene Ebene ist (Abb. 2.2.6-2).

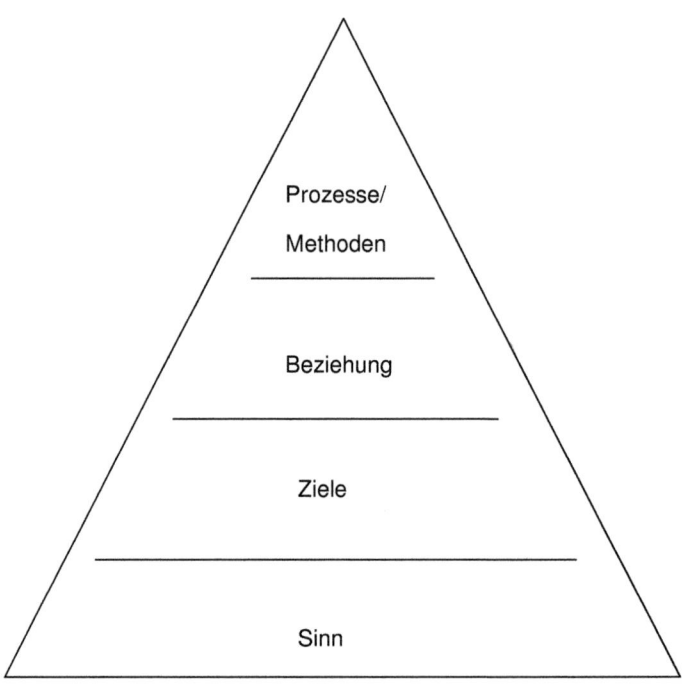

Abb. 2.2.6-2: Mehr-Ebenen-Konflikt-Modell (Krömker 2002, 96). Konflikte sind umso schwieriger zu lösen, je grundlegender die betroffene Ebene ist. Auf der Ebene der Prozesse und Methoden können Konflikte mit Partizipation ausgeräumt werden. Bei fundamentalen Konflikten auf der Zielebene selber wird jedoch eine einseitige Entscheidung vom mächtigeren Kontrahent durchgesetzt. Sinnkonflikte auf der Ebene von Grundwerten und Normen können überhaupt nicht über die Anwendung von Partizipationsverfahren gelöst werden.

Während Konflikte zwischen den Projektbeteiligten auf der Ebene der Prozesse und Methoden mit Mitwirkungsverfahren ausgeräumt werden können, sind Zielkonflikte wie sie in Naturschutzprojekten im Allgemeinen vorliegen, nicht mit Beteiligungsverfahren zu lösen, solange nicht eine prinzipielle Akzeptanz der Ziele vorliegt. Bei fundamentalen Zielkonflikten wird eine einseitige Entscheidung vom mächtigeren Kontrahenten durchgesetzt. Sinnkonflikte können laut Krömker (2002, 96f) auch nicht mit einer gegenseitigen Anerkennung der Sichtweisen über die Anwendung von Partizipationsverfahren mit einer Lösung rechnen.

2.3 Akteure und Politikbetroffene

Das Stellimatten-Projekt tangiert sowohl Entscheidungsträger, die direkt im Projekt mitwirken oder im Bezugsraum der Wieseebene agieren, als auch Betroffenen-Gruppen, Nutzer des Naherholungsgebietes Landschaftspark Wiese (Passanten, Landwirte und Wasserversorger), die gleichzeitig auch Entscheidungsträger sein können (z. B. Wasserversorger IWB). Knoepfel & Bussmann (1997) unterscheiden zwischen Politikbetroffenen und gesellschaftlichen sowie institutionellen Akteuren:

- **Politikbetroffene** sind „Personen, die direkt oder indirekt positiv oder negativ vom Versuch betroffen sind, das angegangene gesellschaftliche Problem im Rahmen der öffentlichen Politik in bestimmter Weise zu lösen" (Knoepfel & Bussmann 1997, 63).
- **Akteure** sind „Personen, die kraft eigener Ressourcen und spezieller Aufgabenstellung berufen oder in der Lage sind, auf einzelne oder mehrere Entscheidungsprozesse inhaltlich Einfluss zu nehmen." Dies können sowohl Organe, Interessensgruppen, Einzeladressaten oder Verwaltungspersonen sein (Knoepfel & Bussmann 1997, 63).
- **Gesellschaftliche Akteure** setzen sich aus Politikadressaten und Politikbetroffenen, aber auch Vertreterorganisationen zusammen, deren Einbezug in die öffentliche Politik in der Regel nicht obligatorisch sondern freiwillig geschieht.
- **Institutionelle Akteure** stellen behördliche Akteure dar, die durch ihr Pflichtenheft gehalten sind, zu einem durch interne Verfahrensregeln bestimmten Zeitpunkt unter Einsatz der ihnen eigenen Ressourcen und nach Maßgabe ihrer gesetzlich festgelegten Aufgaben in Politikformulierungs- und Umsetzungsprozessen zu intervenieren" (Knoepfel & Bussmann 1997, 64).

Die Gesamtheit der Akteure wird auch als Politiknetzwerk, Politikraum oder Arena bezeichnet (Knoepfel & Bussmann 1997, 64). Im Naturschutzprojekt Stellimatten nehmen die Akteure und Politikbetroffenen das Projekt auf Basis ihrer individuellen Normen und Werte wahr, geprägt durch ihr soziales Umfeld. Der Spielraum für

Projektentscheidungen wird durch zu vertretende Interessen und gegebene Handlungshindernisse der Entscheidungsträger begrenzt.

2.3.1 Die Eingliederung des Menschen in sein soziales Umfeld

Aus der sozialen Umgebung können Menschen Unterstützung bekommen. Dieses „soziale Kapital", wie es auch nach Bourdieu (1983) genannt wird, bildet die Voraussetzung für ein funktionierendes Gemeinwesen. Mit dem Bezug von sozialer Unterstützung bilden und nutzen die Menschen ihre „sozialen Netzwerke". Bei kollektiven Akteuren, welche Verbände, Behörden oder Unternehmen repräsentieren (Heiland 2000), kommen diese Netzwerke im Rahmen ihrer Arbeit zum Tragen. Im positiven Sinne können Innovationsnetzwerke neue Errungenschaften vorantreiben, im negativen Sinne handelt es sich um Seilschaften und sogenannten Klüngel. Von den Strukturen der Netzwerke hängen zum einen die politische Steuerbarkeit und zum anderen die Reaktionsmöglichkeiten der einzelnen Akteure ab (Jansen 1999, 11). Soziales Kapital kann von Netzwerkteilnehmern – sei es ein einzelner Akteur oder eine ganze Institution oder Gruppe – aus ihren Netzwerken entnommen werden. Die vier zentralsten Komponenten sozialen Kapitals sind (Burt 1992; Portes & Sensenbrenner 1993):

1. **Gruppensolidaritäten**, die auf engen und häufigen Beziehungen mit hoher Überlappung und gegenseitiger Wechselbeziehung basieren, zum Tragen kommend in abgegrenzten Gruppen. Gefahren sind die starke soziale Kontrolle der Gruppenmitglieder, die Polarisierung verfeindeter Gruppen und die Schwierigkeit, sich Neuem zu öffnen, was die Innovationsforschung von Grabher (1990) belegt.
2. Vertrauen in die Geltung **universalistischer Normen**, wozu auch das Recht gehört, welches zu einer Verhaltenssicherheit bei dem Umgang mit Fremden führt.
3. **Informationskanäle, sogenannte „weak ties"** (Granovetter 1973), die die Voraussetzung dafür sind, dass sich universalistische Normen überhaupt bilden können. Informationskanäle haben eine große Bedeutung für die Positionierung einer Person in einer Gesellschaft.

4. **Strukturelle Autonomie** (Burt 1982, 1992) besitzt ein Netzwerkteilnehmer, wenn er über eine gute Position für den Informationsprozess verfügt, über knappe Ressourcen verfügt und nicht koordinationsfähige Akteure gegeneinander ausspielen kann. Es kann sich jedoch auch eine Front der anderen Akteure gegen den Netzwerkteilnehmer mit der strukturellen Autonomie aufbauen.

Zur Charakterisierung von sozialen Netzwerken sind diverse Netzwerktypisierungen vorgenommen worden. Die verschiedenen Netzwerktypen bedürfen unterschiedlicher Strategien im Netzwerkmanagement bzw. Projektmanagement auf der darunter liegenden Ebene.

2.3.2 Politische Netzwerke als übergeordnete Systeme

Politiknetzwerke werden von Coleman & Skogstad (1990, 26) definiert als „ … properties that characterize the relationships among a particular set of actors that forms around an issue of importance to the policy community." Eine sinnvolle Typisierung der Politiknetzwerke hat Lindquist (1991) vorgenommen.

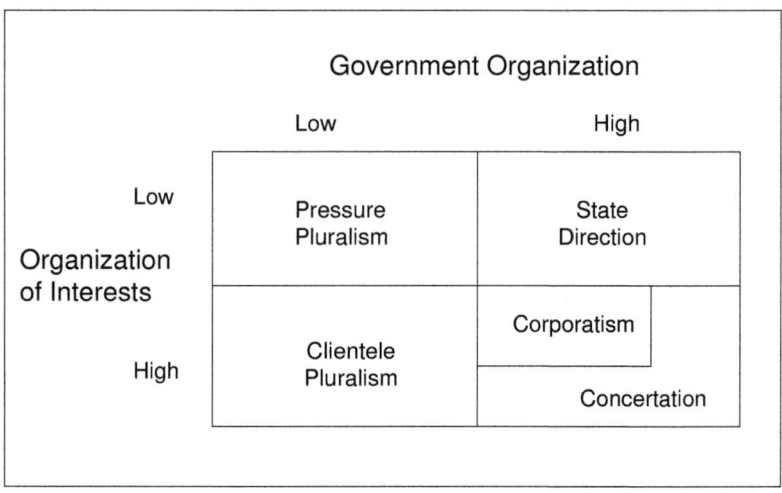

Abb. 2.3.2-1: Verschiedene Konfigurationen von Politiknetzwerken (LINDQUIST 1991, 8). Die Politiknetzwerke werden von LINDQUIST nach dem Organisationsgrad von Staat und gesellschaftlichen Gruppen typisiert. Während im staatsdominierten Netzwerk (State Direction) die Behörden unabhängig von den gesellschaftlichen Gruppierungen die Richtung der Landschaftsplanung vorgeben, basieren das kooperativ ausgelegte Netzwerk (Corporatism) und das Netzwerk der Vereinigung (Concertation) auf einer intensiven Zusammenarbeit von Behörden und gesellschaftlichen Gruppierungen.

Die Klassifizierung von Lindquist (1991) richtet sich nach dem Organisationsgrad des Staates auf der einen Seite und dem Organisationsgrad der gesellschaftlichen Interessensgruppen auf der anderen Seite (Abb. 2.3.2-1).

- Während im pluralistischen **Politiknetzwerk (Pressure Pluralism)** bei beidseitig niedrigem Organisationsgrad jeder gegen jeden kämpft, ...
- bilden sich im Falle des **Klientenpluralismus (Clientele Pluralism)** einzelne gut organisierte Interessenverbände, denen der Staat wenig entgegenzubringen hat.
- Ganz anders ist es im **staatsdominierten Netzwerk (State Direction),** in dem die Interessen der gesellschaftlichen Gruppen nur schwach oder diffus repräsentiert werden und der gut organisierte

Staat unabhängig von den gesellschaftlichen Interessen die Richtung vorgibt.
- In den **kooperativ ausgelegten Netzwerken (Corporatism)** stehen sich der Staat und die Vertreter öffentlicher Interessen als gleich starke Partner gegenüber. Die unterschiedlichen Interessen der gesellschaftlichen Akteure werden stark berücksichtigt und es bildet sich ein inhaltlich und personell breit abgestütztes Netzwerk. Der Staat hat die Aufgabe, eine für alle akzeptable Lösung zu finden.
- Noch einen Schritt weiter geht das **Politiknetzwerk der Vereinigung (Concertation)** von Staat und gesellschaftlichen Interessenvertretern. In diesem Netzwerk ist jede Seite auf die andere angewiesen, so dass eine Kooperation notwendig ist. Verantwortlich für eine neue Richtungsgebung in dieser Art von Politik sind oft gesellschaftliche Gruppen, die Ideen einbringen. Sind die Anliegen legitim und auf breiter Basis abgestützt, werden sie weiterverfolgt.

Eine ähnliche Klassifizierung nimmt Ernste (1998) vor, der die Politiknetzwerke nach der direkten bzw. indirekten Steuerung durch den Staat oder der Selbststeuerung unterteilt. Er stellt die Form der Selbststeuerung – welche dem Netzwerk der Vereinigung von Lindquist (1991) entspricht – in Frage. Seiner Meinung nach sind diese Politiknetzwerke nicht gegen Missbrauch und falsche Anwendungen gewappnet.

Die Form des übergeordneten Politiknetzwerks bestimmt die weitere Wirkung eines transdisziplinären Projektes mit partizipativem Ansatz, wie auch im Stellimatten-Projekt festgestellt wird. Auch wird der einzelne Akteur vom politischen Netzwerk, in das er eingebunden ist, beeinflusst, so dass die Akzeptanz des Projektes davon bestimmt wird.

2.4 Relevante Faktoren der Akzeptanz in partizipativ angelegten Projekten des Natur- und Umweltschutzes

Erste Akzeptanzstudien konnten Faktoren eliminieren, die sich in partizipativen Verfahren positiv oder negativ auf die Akzeptanz eines Naturschutzanliegens auswirkten.

Generelle Faktoren, die sich auf die Akzeptanz auswirken:
- Eine vorangegangene schlechte Erfahrung führt zur generellen Ablehnung eines Naturschutzanliegens, da eine Stereotypenausbildung in den Köpfen erfolgt ist. In der Regel bezieht sich die schlechte Erfahrung auf den Aspekt einer fehlgeleiteten Kommunikation (Stoll 1999).
- Die Kommunikation stellt nach Stolls Analyse (1999) den Schlüsselfaktor für die Akzeptanz des Naturschutzanliegens dar. Oft verläuft die Kommunikation in Naturschutzprojekten sehr problematisch.
- Als zweiten Schlüsselfaktor identifizierte Stoll (1999) die selektive Wahrnehmung der Naturschutzanliegen.
- Echte Partizipation tritt erst dann ein, wenn jeder Projektbeteiligte von seiner Position etwas abweicht hin zu einem Kompromiss (Schenk 2000, 77f).

Faktoren für kollektive Akteure:
- Zentral ist für das Lösen von Interessenkonflikten, dass ein breiter Konsens herrscht über die anzustrebenden Ziele (Bellmann 2000, 79).
- Die Freiheitseinengung stellt einen Indikator für abnehmende Akzeptanz dar. Die eigene Nutzung des Akteurs darf in seiner Wahrnehmung nicht beengt werden, da sonst Reaktanz auftritt. Abhilfe kann bei diesem emotionalen Aspekt nur das kooperative Vorgehen bieten (Stoll 1999, 482).
- Tritt einmal die Reaktanz ein, so ist es schwierig, diese Meinung noch zu revidieren. Vor allem ist dies nicht möglich, wenn die betroffene Person unter sozialen Druck gesetzt wird (Schenk 2000, 76).
- Die Informationen sollten dementsprechend an den Einschränkungen kollektiver Akteure orientiert sein. Theoretische Informationen bewirken eher einen Verlust an Glaubwürdigkeit (Schenk 2000, 72ff).
- Bezugsgruppen, die sich auf eine Ablehnung geeinigt haben und einen Zwang zum Gruppenkonsens auferlegen, können in sozialen Netzwerken zu Kommunikationsbarrieren führen (Stoll 1999).

Faktoren für die Akzeptanz seitens der Bürger:
- Stoll (1999, 481) erkannte die räumliche Nähe als ein Indikator. Je weiter die Bevölkerung vom Naturschutzgebiet entfernt war, desto eher wurde dieses akzeptiert. Es entstand eine raumorientierte Betroffenheit als ein emotionaler Aspekt.
- Ein weiterer Indikator ist die Freiheitseinengung (s. a. bei Akteuren) (Stoll 1999, 482). Die Nutzung des Raumes durch die Bürger darf nicht beengt werden, da sonst auf der emotionalen Ebene Reaktanz auftritt.
- Als kultureller Aspekt ist die Ablehnung von „Unordentlichem" von Seiten der Bevölkerung zu nennen (Stoll 1999, 483).
- Die Informationsgebung sollte am Bürger orientiert sein und nicht wissenschaftliche Details enthalten (Schenk 2000, 72ff).

2.5 Wissenschaftstheoretische Nische der originären Arbeit

Die Partizipation der Bevölkerung aber auch der Akteure in Naturschutzprojekten ist umstritten und unterliegt Prämissen der Kooperation, die selten eingehalten werden können. Dennoch wird der Weg des partizipativen Ansatzes in der Praxis zunehmend eingeschlagen, weil es die Komplexität der Probleme erfordert. Die gesellschaftlichen Wirkungen partizipativ angelegter Projekte im Naturschutz sind jedoch bis heute nur ansatzweise erforscht. Eine sozialwissenschaftliche Begleitanalyse erfasst daher die gesellschaftlichen Auswirkungen des transdisziplinären Auenrevitalisierungsprojekts Stellimatten. Sie ermittelt, welche Gruppen ihre Akzeptanz zu Naturschutzanliegen aufgrund welcher Faktoren wechseln konnten bzw. welche Auswirkung dies auf den weiteren Bezugraum hat. Die für diese Studie zur Verfügung stehenden theoretischen Grundlagen entstammen verschiedenster Disziplinen. Faktoren der Umweltwahrnehmung und Erklärungen für umweltgerechtes Verhalten werden in der Umweltsoziologie und Umweltpsychologie geliefert und sind in den Modellen von Fuhrer & Wölfing (1996) oder auch Heiland (2000) zusammengefasst. Die Netzwerktheorien bieten differenzierte Erklärungsansätze für relevante Handlungshindernisse bei korporativen Akteuren. Die Wirkung des partizipativen Ansatzes auf die Grundeinstellungen und Verhaltensweisen der Partizipierenden fassen Fishbein & Ajzen (1975) in ihrem Modell zusammen. Aufgeführte Einzelkompartimente des Modells müssen allerdings mit differenzierenden Faktoren aus der Umweltpsychologie und der Netzwerkanalyse ausgefüllt werden.

2.6 Stand der Forschung im Arbeitsgebiet

Die Naturschutzfachstelle der Stadtgärtnerei und Friedhöfe Basel-Stadt erarbeitete 1997 ein Naturschutzkonzept für Basel-Stadt, das die Wieseebene zu einer für den Naturschutz vorrangigen Zone erklärt (Zemp et al. 1996). Scherle et al. (1994) entwickelten zuvor für den Gewässerlauf der Wiese ein Leitbild, welches einen Kompromiss zwischen dem potentiell natürlichen Zustand des Flusses, dem kulturhistorischen Zustand der Aue und dem Realisierbarem darstellt. In dem Landschaftsentwicklungskonzept Riehen von Klöti & Schneider (1995) werden konkrete Vorschläge für die weitere Planung in der Wieseebene gemacht, die dem Stellimatten-Projekt zugute kommen. Vorgeschlagen werden unter anderem die Renaturierung des Wieselaufs und die Erarbeitung einer breit abgestützten Akzeptanz für die Revitalisierungsmaßnahmen. Speziell für das Gebiet der Stellimatten wird vorgeschlagen, diesem durch Aufwertung und Neustrukturierung eine neue Bestimmung zu geben. Den Stellimatten wird ein hohes Entwicklungspotential zugesprochen, wenn der Anteil der naturnahen Flächen erhöht werden kann. Zur Erarbeitung der breit abgestützten Akzeptanz von Revitalisierungsarbeiten wird der Aufbau von Informationstafeln und Führungen im Wiesebereich und den Stellimatten empfohlen. Des Weiteren entwickeln Schwarze & Sieber (1998) Leitideen für die Wieseebene, in denen die Vorschläge von Klöti & Schneider (1995) aufgegriffen werden. In trinationaler Zusammenarbeit Frankreich-Deutschland-Schweiz wird schließlich zwischen Behörden und Interessenvertretern aller Sparten eine Richtplanung für den „Landschaftspark Wiese" erarbeitet (Schwarze et al. 2001). Dieser Richtplan gibt das amtlich verbindliche Leitbild für die Entwicklung und Planung der Wieseebene vor.

Geoökologische Voruntersuchungen zu Revitalisierungen von Feuchtgebieten sprechen zudem für das Vorantreiben der Revitalisierungspläne. Angaben zur früheren Wässerwirtschaft in den Stellimatten und Karten der Umgebung finden sich bei Schneider & Ernst (1999). Vom Geographischen Institut der Universität Basel werden Boden- und Vegetationsentwicklungen bei einer Umnutzung der Grundwasseranreicherungsgebiete von Hybridpappelwäldern in Riedflächen untersucht (Kohl 1996, Schmid 1998, Geissbühler 1998). Es können keine negativen Folgen solch einer Umgestaltung erkannt werden. Siegrist (1997, 67f) findet schließlich in der Wässerstelle Stellimatten Ansätze zu einem naturnahen Auenwald, womit die Wässerstelle sich als Versuchsfläche für ein Revitalisierungsprojekt anbietet. Resultate von Rüetschi (2004) zeigen, dass der Boden in der Lage sein sollte, das Wiesewasser genügend für eine Grundwasseranreicherung zu reinigen, während vom Geologisch-

Paläontologischen Institut der Universität Basel die Entwicklung eines Grundwassermodells vorangetrieben wird, um das Fliessverhalten des Grundwassers bei Revitalisierungen in der unteren Wieseebene prognostizieren zu können (Zechner 1996, Huggenberger 2001).

Die Akzeptanz von Auenrevitalisierungen wird – bezogen auf geplante Maßnahmen – am Hochrhein und der Birs erfragt (Eder & Gurtner-Zimmermann 1999). Es wird deutlich, dass die Akzeptanz von Gewässerrevitalisierungen in der Basler Region relativ groß ist, dass aber für die Passanten die Nutzungsmöglichkeiten der Gewässer nicht eingeschränkt werden dürfen (Küry 1998; Gloor et al. 2001). Auch bei den Entscheidungsträgern stehen die gesellschaftlichen Nutzungsmöglichkeiten solcher Revitalisierungsmaßnahmen gegenüber dem ökologischen Potenzial oft im Vordergrund (Gurtner-Zimmermann 1999b). Dies ist ein generelles Problem in der Praxis nachhaltiger Stadtentwicklung (vgl. Schneider-Sliwa & Leser 1997). Unterschiedliche Naturbilder selbst innerhalb der Akteursgruppen des städtischen Naturschutzes stellen Küry & Ritter (1997) und Küry (1999b) fest. Auf diesen Studien aufbauend werden von Küry (1999a) Schlussfolgerungen zu den kommunikativen Aufgaben privater Gewässerorganisationen im Gewässerschutz der Region gezogen.

Netzwerkanalysen werden ansatzweise für das internationale Rheinprogramm „Lachs 2000" durchgeführt (Gurtner-Zimmermann 1998). Zudem existiert eine Abhandlung über umweltpolitische Grundlagen der Gewässerrenaturierung in der Schweiz (Gurtner-Zimmermann 1999a). Gurtner-Zimmermann & Eder (2001) können einen Fortschritt bei der Hochrheinrenaturierung feststellen durch die Bildung eines tragfähigen Netzwerkes bei gleichzeitiger Einbettung der Teilprojekte in ein übergeordnetes Großprojekt. Eine Netzwerkanalyse des Akteursnetzwerkes in der Wieseebene steht jedoch noch aus.

3 Arbeitsgebiet

3.1 Gewässerrevitalisierungsplanung im Raum Basel

Die Flüsse der Agglomeration Basel sind heute gänzlich begradigt und von ihrer Aue entkoppelt. Nach einer Häufung von katastrophalen Hochwässern herrschte Ende des 19. Jahrhunderts in Mitteleuropa ein gesellschaftlicher Konsens, dass Flüsse die Errungenschaften der industriellen Entwicklung gefährden und einzig die ihnen zugeteilten Funktionen erfüllen sollten. Aus der Sicht des damaligen Grund- und Hochwasserschutzes wurde die fast vollständige Entkopplung der Flüsse von den Flussauen und den darunter liegenden Grundwasserkörpern begrüßt. Das Fliessgewässersystem wurde im Unterhalt einfach und kontrollierbar und für verschiedenste Aktivitäten zugänglich (Huggenberger 2001, 64). Einher ging mit der Entkoppelung des Flusses von seiner Aue auch der Verlust an Vielfalt natürlicher Lebensräume, der notwendigen Dynamik und eines ästhetischen Reizes dieses Gebietes für die Naherholung (s. a. Kohl 1999a, 1999b).

Um eine Verbesserung dieser anerkannten Defizite herbei zu führen, wird heute die Gewässerrevitalisierungsplanung im Raum Basel vorangetrieben. Im Kanton Basel-Stadt (97 km^2) konzentrierten sich bis 1999 die Aufwertungsmaßnahmen auf Uferumgestaltungen am Dorenbach, beim Schaffhauserrheinweg am Rhein (Eder & Gurtner-Zimmermann 1999, Gurtner-Zimmermann & Eder 2001), am Wieselauf (Huggenberger 2001) und am Birslauf (Küry & Zschokke 2000, Küry 2001) (Abb. 3.1-1).

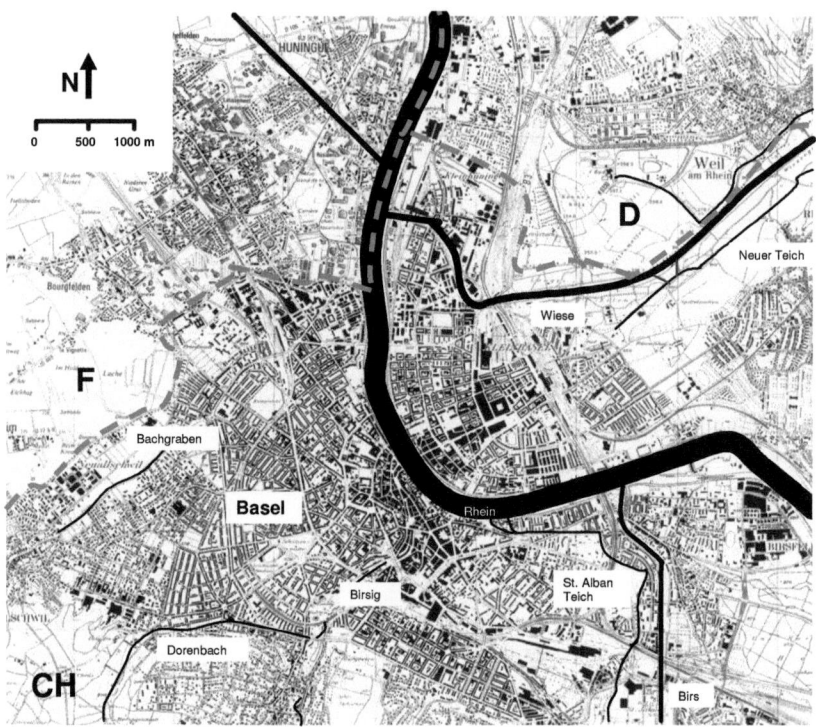

Abb. 3.1-1: Der Kanton Basel-Stadt und seine Flussläufe. Revitalisiert wurden neben Abschnitten des Rheins auch Abschnitte an den Flussläufen der Wiese, der Birs und des Dorenbachs. Kartengrundlage: TK 1:25'000, Blatt 2505, Ausgabe 1997. © Grundbuch und Vermessungsamt Basel-Stadt. Reproduziert mit Bewilligung der kantonalen Vermessungsämter BS und BL vom 06.02.2006. Alle Rechte vorbehalten.

Am Schaffhauserrheinweg wurden neben einer Trockenmauer Kies- und Flachufer mit Buhnen angelegt und zwei Zugangsrampen zur besseren Erreichbarkeit des Ufers gebaut. Ebenfalls wurde ein Renaturierungsvorschlag für die Mündung der Birs in den Rhein konzipiert. Der Anstoß kam aus Naturschutzkreisen, wo man für den Mündungsbereich ökologische Ausgleichsmaßnahmen im Gegenzug zur Kraftwerksausbauung forderte. Die Ideen wurden 1993/4 vom Bundesamt für Umwelt, Wald und Landschaft (BUWAL) als Beitrag zum Programm „Rhein 2000" konzipiert. In der Umsetzung waren in den Projekten neben der Christoph-Merian-Stiftung, dem Tiefbauamt und der

Naturschutzfachstelle des Kantons auch gesellschaftliche Gruppierungen durch Gespräche involviert, wie etwa der Basler Naturschutz, der Fischereiverband, ein Quartiersverein, eine Arbeitsgemeinschaft Renaturierung Hochrhein. Die beiden Renaturierungsprojekte wurden durch den Kanton Basel-Stadt geleitet und umgesetzt. Auch am Flusslauf der Birs selber wurden von Seiten des Kantons und anliegender Gemeinden Schwellen durch große Steine zugunsten der Fauna ersetzt.

Ein Beispielprojekt für Partizipation und Kooperation der Bevölkerung an der Stadtplanung schuf die Stadt Basel 1997 mit der „Werkstadt Basel". Der Regierungsrat lud die Bewohner des Kantons Basel-Stadt zu Innovations-werkstätten ein, welche sich mit der Stadtentwicklung Basels auseinandersetzten. Einige Projektideen der Innovationswerkstätten konnten sofort umgesetzt werden, andere wurden in Konsenskonferenzen bearbeitet. Konkrete Maßnahmenpakete entstanden schließlich als Resultat moderierter Verhandlungen (s. a. Blumer 2001). Neben der Aufwertung der Quartiere und der Innenstadt, der Schaffung von Wohnraum, Verbesserung der Quartiersvertretungen forderten die Basler Bürger die weitere Aufwertung der Rheinufer in der Stadt (Wiener 2001).

In den Jahren 1999 bis 2000 erarbeitete der Kanton Basel-Stadt in Zusammenarbeit mit der Gemeinde Riehen und den Wasserversorgern Industrielle Werke von Basel ein Fliessgewässerkonzept für den Kanton Basel-Stadt, welches die ökologischen Defizite der kantonalen Fliessgewässer erfasst und den Handlungsbedarf in Form von Maßnahmen aufzeigt (Kaiser et al. 2000). Das Fliessgewässerkonzept wurde im November 2000 vorgelegt und stellt eine behördenverbindliche Vorlage dar.

Der schweizerische Teil der Flussebene der Wiese ist momentan Gegenstand intensiver Revitalisierungsbemühungen. Neben der Renaturierung des Flusslaufs soll sich in der Wieseebene erstmals auch der Wiederherstellung von Feuchtflächen gewidmet werden. Eine flächenhafte Revitalisierung von Auengebieten wurde im Stadtkanton aufgrund der Widerstände von verschiedenen Nutzergruppen bisher nicht versucht (Wüthrich & Siegrist 1999).

3.2 Die Wiese – grenzüberschreitender Fluss der Region Basel

Die Wiese entspringt am Feldberg im Schwarzwald der BRD bei 1448 m üNN (Abb. 3.2-1). Als kiesführender Vorgebirgsfluss mit rasch anschwellenden Hochwässern kann die Wiese in ihrem Flussbett in niederschlagsarmen Sommern zeitweise trocken fallen. Der Fluss fließt im Schwarzwald durch mehrere 100 m tiefe Kerbtäler und geht dann beim Austritt aus dem Grundgebirge bei Hausen als Folge des Gesteinswechsels in bis zu 1500 m breite Sohlentäler über (Nolzen 2000, 39, 47). Tektonisch bedingt fließt die Wiese zunächst in SSW-Richtung, um dann bei Schopfheim nach Westen abzubiegen entlang einer Störungszone an der abgesenkten Dinkelbergscholle.

Kurz vor Basel verlässt der Fluss sein Tal und betritt die weite Rheintalebene. Das geringe Gefälle und der Schotteruntergrund ermöglichten dem Fluss bis 1850 einen verwilderten Abfluss, der einem braided river glich (Abb. 3.2-2).

Auf schweizerischem Boden durchfließt die Wiese 4 km lang eine nahezu unverbaute Flussebene. Auf der Niederterrasse südlich der Wiese liegt die schweizerische Gemeinde Riehen, auf der nördlichen Niederterrasse die deutsche Gemeinde Weil am Rhein (Abb. 3.2-1). Noch in der Eiszeit floss die Wiese über den Bereich des Dinkelbergs in südliche Richtung, während der Rhein in der heutigen unteren Wieseebene seine Schotter aufschüttete (Nolzen 2000, 47). In bis zu 12 km mächtigen Schwemmdecken aus unterschiedlichen Schotterschichten von Wiese- und Rheinkies wird das Ringen der beiden Flüsse um diese Ebene deutlich. Die Wiese mündet nun nach einem Lauf von 82 km auf Basler Gebiet in den Rhein (Bruckner et al. 1972, 11, Küry 2002, 201).

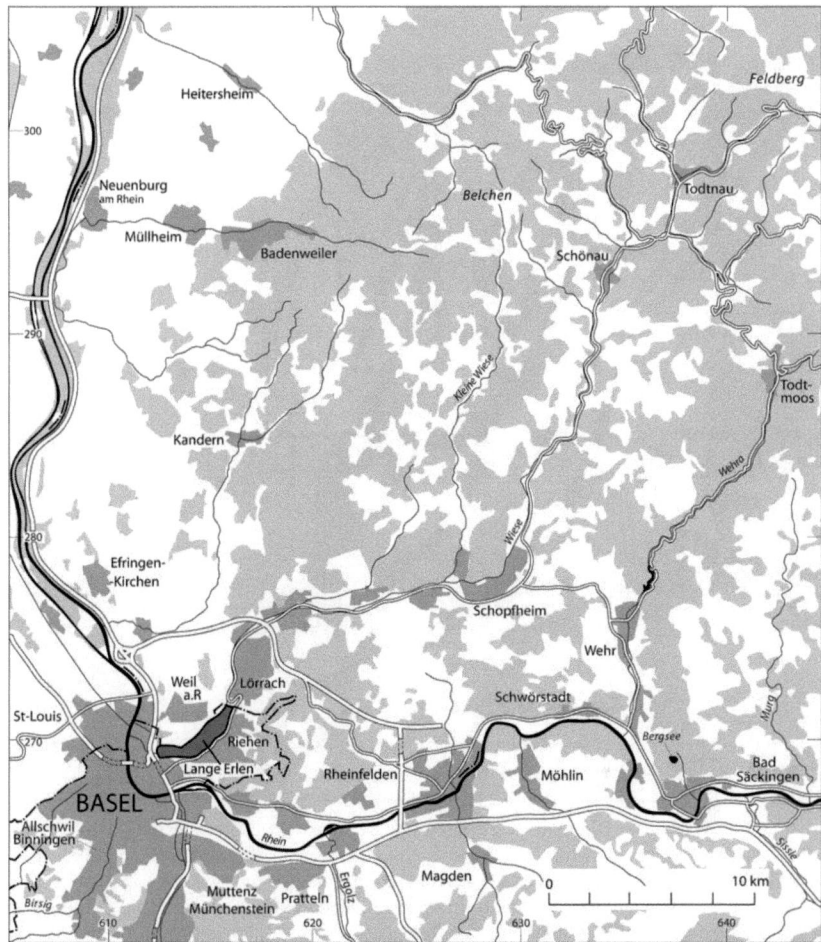

Abb. 3.2-1: Übersicht über den Lauf der Wiese vom Feldberg zur Mündung in den Rhein. Tektonisch bedingt verläuft der Fluss zunächst in SSW-Richtung durch den Schwarzwald und knickt dann bei Schopfheim in westliche Richtung ab. Im Unterlauf liegt das Naherholungsgebiet „Lange Erlen". Kartenzeichnung: Leena Baumann, Geographisches Institut Basel.

Abb. 3.2-2: Wiese bei Riehen, Basel, nach einem Plan von Emanuel Büchel 1643, aus Wüthrich & Siegrist (1999, 40). Reinzeichnung: Leena Baumann, Geographisches Institut Basel. Die Wiese glich zu dieser Zeit einem verwilderten Fluss. Zwischen den immer wieder wechselnden Wasserläufen konnten sich Vegetationsinseln etablieren, die periodisch bei Hochwasser überflutet wurden.

Zunehmender Nutzungsdruck und gravierende Hochwasser im 19. Jahrhundert forderten die Eindämmung des Flusslaufs. Ab 1850 begann man, die Wiese zu begradigen und in ein trapezförmiges, betoniertes Flussbett zwischen zwei Dämme zu legen (Golder 1991). Als Folge der Korrektion ist in der schweizerischen Flussebene aus den ehemals großen Erlenbruchwaldbeständen teilweise Auenwald geworden. In dem Basler Naherholungsgebiet „Lange Erlen" (s. Abb. 3.2-1) findet sich noch gelegentlich Erlenbruchwald mit den typischen Baumarten alnus glutinosa

(Schwarzerle), populus nigra (Schwarzpappel) und verschiedenen Salix-Arten (Weiden). Auf der Niederterrasse herrscht inzwischen die Siedlung vor.

Als wichtigstes Naherholungsgebiet der Stadt Basel wird die Wieseebene aber nicht nur von den Naherholungssuchenden, sondern auch für die Land- und Forstwirtschaft, für Familiengärten, Sportanlagen und einen Tierpark genutzt (Abb. 3.2-3). Zur Versorgung der Riehener Mühle wird vom Fluss Wasser in den „Mühleteich" – einem Gewerbe- und Bewässerungskanal – abgeleitet (Klöti & Schneider 1995, 19).

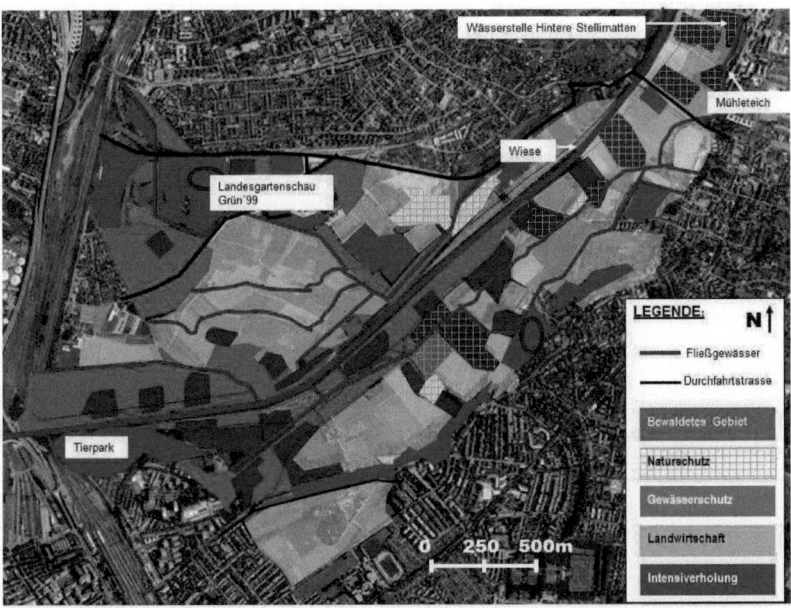

Abb. 3.2-3: Nutzungskarte des Landschaftsparks Wiese (mit Signaturen versehene Fläche). Umgeben von Siedlungs- und Verkehrsflächen stellt der Landschaftspark Wiese ein Gebiet aus Grünlandbewirtschaftung, Ackerflächen und forstwirtschaftlichen Flächen dar. Die Waldareale werden zum großen Teil für die Trinkwasseranreicherung genutzt. Für die Freizeitnutzung stehen vereinzelt Sportplätze, ein Tierpark und das Areal der Landesgartenschau im Nordwesten des Naherholungsgebietes zur Verfügung. Kartengrundlage: © Symplan Map/SwissFoto AG. Nutzungskartierung des Richtplans Landschaftspark Wiese (Schwarze et al. 2001). Eigene Darstellung.

Bedeutendste Nutzung ist in diesem Gebiet die Förderung des Grundwassers zur Speisung der städtischen Trinkwasserversorgung. Zur Anreicherung des Grundwassers wird Flusswasser in bewaldeten Wässerstellen versickert. Zwischen 1912 und 1964 wurde dazu Wiesewasser benutzt. Danach wurde aus Mengen- und Qualitätsgründen vorfiltriertes Rheinwasser verwendet (Wüthrich et al. 2001, 97), welches unterirdisch herangepumpt wird. Die Nutzung des Gebiets für die Wasserversorgung hatte eine Manipulation des Grundwasserspiegels zur Folge. Daher ist vielerorts ein Übergang vom Auenwald zum Eichen-Hainbuchenwald festzustellen.

3.3 Die Planung des Landschaftsparks Wiese

In den 60er Jahren kamen in den Planungsbehörden Ideen auf, die Wieseebene einer Auenlandschaft wieder näher zu bringen. Diese Ideen versandeten jedoch wieder. Erst 1996 wird der Gedanke aufgegriffen, nachdem von Naturschutzverbänden Forderungen kamen, die Wieseebene zur Naturschutz-Vorrangfläche zu erklären und hier ein Musterbeispiel eines modernen Erholungsraumes gemäss der Konvention von Rio zu schaffen. Die Naturschutzfachstelle der Stadtgärtnerei und Friedhöfe Basel-Stadt erarbeitet 1997 ein Naturschutzkonzept für Basel-Stadt, welches die Wieseebene zu einer für den Naturschutz vorrangigen Zone erklärt (Zemp et al. 1996). Es beginnt daraufhin 1997/1998 im Untersuchungsgebiet die deutsch-schweizerische Planung für einen „Landschaftspark Wiese" von 600 ha Größe. Sowohl bei der Richt- und Entwicklungsplanung des Landschaftsparks Wiese als auch beim späteren Stellimatten-Projekt (Abb. 3.2-3) werden verschiedenste Beteiligungsformen eingesetzt, um die Betroffenen besser einzubeziehen.

Für die binationale Richt- (CH) und Entwicklungsplanung (D) des Landschaftsparks Wiese lädt das Hochbau- und Planungsamt, Hauptabteilung Planung, des Kantons Basel-Stadt im Juni 1998 rund 100 Schlüsselpersonen und Interessierte ein und ersucht die Teilnehmenden, zuvor formulierte Leitideen (Schwarze & Sieber 1998) für den Landschaftspark Wiese zu prüfen und sich dazu zu äußern. Eingeladen werden Vertreter aus Behörden, Universität, Verbänden und Bürgerinitiativen sowie Privatpersonen.

Der auf den Leitideen aufbauende Entwurf eines Landschaftsrichtplans/ -entwicklungsplans „Landschaftspark Wiese" wird in einer 14-köpfigen Arbeitsgruppe konkretisiert. Die paritätisch zusammengesetzte Arbeitsgruppe setzt sich aus Kantons- und Gemeindevertretern, den Flächeneigentümern, einem Vertreter der Industriellen Werke Basel (IWB), die als Wasserversorger das größte Grundeigentum des Gebiets verwalten, einem Vertreter der Nutzer des Gebiets (Tierpark Lange Erlen), aus drei Delegierten der anerkannten Naturschutzverbände und dem für den Richtplan beauftragten Planer zusammen. In dieser Arbeitsgruppe werden die Entwürfe in einem transparent gehaltenen Prozess überarbeitet bzw. beschlossen.

Weitere Veranstaltungsrunden finden im Herbst 1998 und Februar 1999 statt, in denen die Zusammenführung von Behörden und den anderen Schlüsselpersonen erfolgt. Es wird der laufende Planungsfortschritt dargelegt und zur Diskussion gestellt. Im Sommer 1999 findet eine Vernehmlassung über den Entwurf statt, deren Ergebnis in der Arbeitsgruppe verwertet wird. Zudem wird im Sommer 1999 an der Weiler Gartenschau Grün'99 die Planung in Form einer Ausstellung dem Publikum nahe gebracht.

Ganz gemäß den Vorgaben eines formellen Beteiligungsverfahrens werden die Entwürfe ausgelegt beziehungsweise an Interessierte verteilt. Im Sommer 2000 folgt die öffentliche Planauflage, welche nach Überarbeitung des Entwurfs zur Fertigstellung des behördenverbindlichen Landschaftsrichtplans (CH) bzw. Landschaftsentwicklungsplans (D) im Frühjahr 2001 führt (Schwarze et al. 2001). Die Erarbeitung der Richt- und Entwicklungsplanung vom Landschaftspark Wiese muss als moderierte, partizipative Planung verstanden werden, in der gleichberechtigte Partner zu einem Konsens finden.

Über die formelle Beteiligung hinaus wird die Planung an mehreren Ausstellungen präsentiert und eine Postkarte aufgelegt, mit der mitgeteilt werden kann, was an der Planung gefällt oder nicht gefällt. Diese Befragungskarte bietet für die breite Öffentlichkeit die Möglichkeit der Mitwirkung. Leider gibt es relativ wenig Rücklauf.

Noch vor Abschluss der Richtplanung starten erste Pilotprojekte auf Initiative der Basler Behörden und Universität, um die Machbarkeit der Revitalisierungen in der Wieseebene zu überprüfen. Im Jahr 1999 beginnt das erste Pilotprojekt in der Wieseebene: die Renaturierung des Wieselaufs. Die Idee, nördlich des Tierparks die Uferverbauung zugunsten von Kiesinseln zu entfernen, kommt vom Geologisch-Paläontologischen Institut und dem Tiefbauamt Basel-Stadt. Unter der Leitung des Tiefbauamtes wird die sogenannte Wiesekommission als Kooperationsorgan einberufen. In ihr sind neben dem Baudepartement Basel-Stadt, der Gemeinde Riehen und dem Geologisch-Paläontologischen Institut der Universität auch der Naturschutzverband Pro Natura, der Gewässerschutzverband Nordwestschweiz und ein Ingenieurbüro vertreten. Eine Bürgerbeteiligung findet nicht statt. Im Verlauf des Pilotprojekts werden bei Hochwässern bakteriologische Belastungen des Grundwasserkörpers festgestellt, der zur Trinkwassergewinnung genutzt wird. Ob dies an der Flussrevitalisierung liegt oder nicht, bleibt ungeklärt. Die in der Nähe stehenden Brunnen müssen nach den Bauarbeiten wegen schneller Fliesswege öfter abgestellt werden, was zu einem vorläufigen Abschluss des Projektes im Jahr 2000 führt.

Zwei Institute der Universität Basel initiieren parallel ein Pilotprojekt zur Überprüfung der Machbarkeit von flächenhaften Auenrevitalisierungen – das Stellimatten-Projekt.

3.4 Das Stellimatten-Projekt

Im Zeitraum Januar 2000 bis Dezember 2002 wird in den Stellimatten die Machbarkeit von Auenrevitalisierungen in der Wieseebene untersucht (Kohl 2001, Wüthrich et al. 1999). Die Wässerstelle Stellimatten (Abb. 3.4-1), die einst für das Rheinwasserfiltrat als Vertikalfilter funktionierte, zeigt im Projektzeitraum ein Durchflusssystem, bei dem das natürliche Wiesewasser durch Bestände von Weiden, Erlen, Schilf, Seggen etc. fließen kann. Sie fungiert als naturnah gestaltete, auenähnliche Pflanzenfilteranlage, die das Wiesewasser vorreinigt, damit das Grundwasser nicht durch das qualitativ schlechtere Wiesewasser gefährdet wird. Die Umgestaltung der Vegetation und sukzessive Entwicklung eines auenwaldähnlichen Lebensraumes werden durch den Sturm „Lothar" beschleunigt, der Ende 1999 den Grossteil der zuvor vorhandenen Hybridpappeln dieser Wässerstelle umwirft (vgl. Warken 2001).

Abb. 3.4-1: Die Wässerstelle Stellimatten. Diese Wässerstelle zeigt schon bei Projektbeginn auenwaldähnliche Vegetation, die im Durchflusssystem das eingeleitete Wiesewasser vorreinigen und sich zu einem auenwaldähnlichen Wirkungsgefüge sukzessive weiterentwickeln soll. Die Wässerstelle eignet sich daher als Versuchsfläche für das Pilotprojekt Stellimatten. Foto: Jessica Knall.

Am Einlauf zur Wässerstelle wird ein elektronisches Überwachungssystem installiert, welches das eingeleitete Wasser bezüglich Trübung und UV-Extinktion kontinuierlich überprüft und bei Überschreiten bestimmter Grenzwerte automatisch die Wasserzufuhr in die Wässerstelle stoppt. Damit soll verhindert werden, dass das Grundwasser bakteriologisch oder durch Schadstoffe der Wiese belastet wird. Es besteht die Sorge, Wiesewasser könne bei einer Auenrevitalisierung das Grundwasser kontaminieren. Beim Durchlauf durch die Wässerstelle wird das Oberflächenwasser auf diverse Wasserqualitätsparameter untersucht, um festzustellen, wie sich die Wasserqualität verändert. Ebenso werden das

Grundwasser und die nahe gelegenen Trinkwasserbrunnen auf die Wasserqualitätsparameter untersucht, womit Informationen zur Dynamik der Grundwasserzirkulation und zur Gefährdung der Trinkwasserbrunnen durch die Einleitung von Wiesewasser in die Wässerstelle gewonnen werden (s. Wüthrich et al. 1999).

Informelle Beteiligung im Pilotprojekt Stellimatten. Es handelt sich beim Stellimatten-Projekt um ein transdisziplinäres Projekt der Stiftung Mensch-Gesellschaft-Umwelt (MGU). Die Projektleitung untersteht dem Geographischen und dem Geologisch-Paläontologischen Institut der Universität Basel. Im Steuerteam (s. Kap. 1.2) sind zusätzlich die Wasserversorger der Stadt als Eigentümer des Gebietes, das Baudepartement Basel-Stadt, die Naturschutzfachstellen von Basel und Riehen, das Forstamt und das Forschungsinstitut für biologischen Landbau vertreten. Weitere Betroffene sind neben den Wasserversorgern die Naherholungsuchenden und der ansässige Landwirt im Stellimatten-Gebiet. Seine Wiesen umgeben die umgewandelte Wässerstelle. Für die Freizeitbesucher wird erstmals die Wässerstelle mit einem Holzbohlenpfad begehbar gemacht. Informationstafeln dienen der Information über Auen im Allgemeinen und das Projekt im Speziellen und werden ergänzt mit den neuesten Forschungsresultaten aus dem Stellimatten-Projekt (Abb. 3.4-2). Der ansässige Landwirt wird seit der Planung und Umsetzung einer Ausweitung der Wasserfläche auf sein umliegendes Pachtland durch bilaterale Gespräche und Verhandlungen einbezogen.

Abb. 3.4-2: Die Wässerstelle „Hintere Stellimatten" mit dem Auenpfad. Der Auenpfad führt die Besucher mit Informationstafeln durch das Projektgebiet. Neben Informationen zu Auenlandschaften im Allgemeinen liefern die Tafeln auch Hintergründe des Projekts sowie die neuesten Forschungsresultate. Foto: Jessica Knall.

Der transdisziplinäre Charakter des Projekts zeigt sich darin, dass verschiedenste Formen nicht nur der Information und Partizipation, sondern auch der Kooperation im Projekt enthalten sind (Tab. 3.4-1). Das Projekt bedient sich der informellen Beteiligungsverfahren.

Tab. 3.4-1: Beteiligungsformen im transdisziplinären Stellimatten-Projekt. Neben informativen und partizipativen Instrumenten werden auch kooperative Verfahren angewendet. Eigene Zusammenstellung.

Information	<ul><li>Auenpfad mit Informationstafeln im Projektgebiet</li><li>Ausgabe von Broschüren</li><li>Presseartikel</li><li>Führungen durch das Gebiet</li><li>Ausstellung zur Wieseebene</li><li>Flugblatteinwürfe in die Briefkästen der Anwohner</li><li>Informationsvorträge zum Projekt</li><li>Informationssendungen über den neusten Stand des Projektes</li><li>Projekt-Homepage</li></ul>
Partizipation	<ul><li>Befragungen der Mitglieder der Arbeitsgruppe zur Richtplanung des Landschaftsparks Wiese</li><li>Passantenbefragungen in der Wieseebene</li><li>Qualitative Interviews mit Projektbeteiligten der Arbeitsgruppe</li></ul>
Kooperation	<ul><li>Arbeitskreissitzungen mit erweitertem Projektteam aus Behördenvertretern, wissenschaftlichen Instituten, Flächeneigentümern und Hauptnutzern alle 3-6 Monate</li><li>Bilaterale Verhandlungen (z. B. mit ansässigem Landwirt)</li><li>Runde Tische für Teilprobleme (z. B. gemeinsame Erarbeitung einer Kosten-Nutzen-Analyse) mit einzelnen Mitgliedern des „Steuerteams"</li></ul>

Die Berücksichtigung aller Einzelmeinungen ist aufgrund der Menge der betroffenen Personen (inkl. Verbandsvertretern und Bürgerinitiativen etc. insgesamt 130 Interessenvertreter) in der Objektplanung nicht möglich. Daher sind im Steuerteam nur die am stärksten betroffenen Institutionen vertreten. Mit den jeweiligen Vertretern werden kooperative Beteiligungsverfahren angewandt. Die Wünsche und Vorstellungen der Passanten aber auch der weiteren Akteure im Landschaftspark Wiese werden über schriftliche Befragungen ermittelt.

Bei den Passantenbefragungen in den Langen Erlen können:
- Meinungen und Wünsche zu Revitalisierungen im Landschaftspark Wiese angegeben werden.
- Interessierte ihre Adressen angeben, um bei Informationsveranstaltungen angeschrieben zu werden und bei Feldarbeiten aktiv mithelfen zu können.

Wünsche und Meinungen zu weiteren Revitalisierungen von Seiten der anderen Akteure und der Passanten in der Wieseebene sollen nach Durchführung des Pilotprojektes in die weitere Planung des Landschaftsparks Wiese einbezogen werden.

4 Landschaftsökologische Betrachtung

4.1 Landschaftsökologische Betrachtung des Pilotprojekts Stellimatten

Ausgangspunkt der vorliegenden Studie ist ein integrativer, landschaftsökologischer Forschungsansatz, welcher üblicherweise neben dem Geo- und Biosystem auch das Anthroposystem betrachtet (Abb. 4.1-1, vgl. Leser & Schneider-Sliwa 1999a). In diesem Fall wird schwerpunktmäßig auf das anthropogene Wirkungssystem der Landschaftsplanung in der Wieseebene Bezug genommen. „Der Mensch ist mit der sogenannten ‚Umwelt', die zugleich Lebens- und Wirtschaftsraum repräsentiert, unauflösbar verbunden – er bewegt sich in ihr und zehrt von ihren Ressourcen" (Leser 2002, 3), was zu einer hohen Komplexität des Wirkungssystems führt. Eine landschaftsökologische Betrachtung des Stellimatten-Projekts erfordert auf Basis der Theorie der Landschaftsökologie folgende Abklärungen:

- **Gesamtanalyse des Umlandes auch bei Revitalisierungen kleiner Abschnitte.** Im Umland des Revitalisierungsprojektes sind die Umlandnutzung inklusive der Intensität der Landwirtschaft und des Forstes, das Abflussregime und die Wasserqualität des Gewässers, vorhandene Auenrestflächen und Vernetzungsstrukturen sowie mögliche Ersatzstandorte zu erkunden, was in der Wieseebene mehrfach geleistet wurde (vgl. Kap. 2.6). Das Projektgebiet liegt auf schweizerischem Boden, ist zudem in die binationale Richt- bzw. Entwicklungsplanung eingebunden und von der aus deutschem Gebiet erfolgenden Wasserzufuhr abhängig. Die sozialwissenschaftlichen Untersuchungen binden daher sowohl schweizerische als auch deutsche Akteure des Netzwerks zur Gewässerrevitalisierungsplanung der Wieseebene mit ein. Bei den Passantenbefragungen machen die deutschen Naherholungssuchenden im Stellimatten-Gebiet knapp die Hälfte aller Befragten aus.

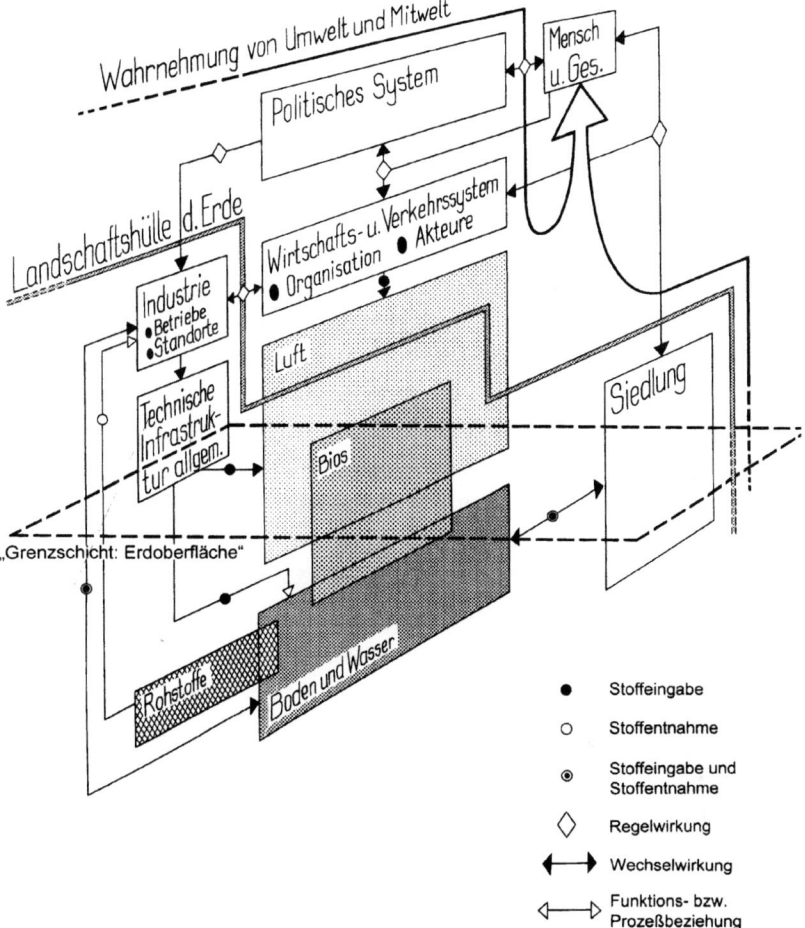

Abb. 4.1-1: Geographisch-integrative Betrachtung des vernetzten Mensch-Umwelt-Systems (Leser & Schneider-Sliwa 1999a, 119). Die Geographisch-integrative Betrachtung entspricht der der Landschaftsökologie, welche die Ökosysteme der Bioökologie, der Geoökologie und der Humanökologie einbezieht (vgl. Leser 2003). Das landschaftsökologische Grundmodell kann für die Schnittstelle von Geoökosystem, Bioökosystem und Anthropoökosystem genutzt werden.

- **Beachtung der räumlichen und zeitlichen Dimension, also der Dynamik, des Systems.** Das System des Stellimatten-Projekts besitzt eine dynamische Komponente und ist in der Gegenwart durch vergangene Entwicklungen geprägt. Der Hochwasserschutz erfordert ein kontrolliertes Überfluten von Flächen außerhalb der Dämme der Wiese, was durch technische Bauten zu lösen und anthropogen zu steuern ist. Das abwechselnde Überfluten und Trockenfallen von Auenflächen muss bei einer Feuchtgebietsrevitalisierung als geoökologischer Schlüsselprozess verstanden werden. Diesem Aspekt wird in der Umsetzung des Pilotprojektes Stellimatten nachgekommen, indem abwechselnd die Wässerstelle mit Wiesewasser überflutet und trocken fallen gelassen wird. Für die soziologische Betrachtung des Projektes spielt die Erstellung des Richtplans Landschaftspark Wiese eine große Rolle. Es wurde während der Richtplanung ein erstes Akteursnetzwerk gebildet, sich auf gemeinsame Ziele geeinigt und der weiteren Entwicklung der Wieseebene eine Richtung gegeben. Im Vordergrund steht nun unter anderem die zeitliche Dynamik der Akzeptanzveränderungen für Revitalisierungen, welche im Projekt durch Vorher-Nacher-Befragungen aufgegriffen wird.
- **Sich selbst regulierendes Wirkungssystem schaffen.** Bezogen auf Revitalisierungsprojekte sind durch Initialpflanzungen und die einsetzende Sukzession naturnahe Vegetationsbestände zu schaffen. Ein Mechanismus der Selbstregulierung ist die Selbstreinigung von Auenflächen, deren Wirkung im Projekt getestet wird. Auf der anthropogenen Ebene wird die Konstellation des Akteursnetzwerkes betrachtet. Herauszufinden ist, ob bestehende Strukturen des Netzwerkes für eine effiziente Revitalisierungsumsetzung in der Wieseebene geeignet sind bzw. wie sich strukturelle Hindernisse regulieren lassen.

4.2 Einbindung des Stellimatten-Projekts in den raumplanerischen Überbau des Dreiländerecks

Um von der Idee zu einer erfolgreichen Umsetzung zu gelangen, muss in der Umweltpolitik der Schweiz oft mit einem langwierigen Verfahren gerechnet werden (Bussmann et al. 1997). Die föderalistischen Strukturen verlangen, dass bundespolitische Richtlinien zunächst von den Kantonen ratifiziert werden, bevor es in den Kommunen zum Vollzug kommen kann. Innerhalb der Kommune kann es des Weiteren noch zu enormen Verzögerungen kommen, da umweltpolitische Maßnahmen zunächst einer Akzeptanz in der Bevölkerung bedürfen (Heiland 2000) und schließlich nicht mehr im Alleingang der staatlichen Entscheidungsträger umzusetzen sind, sondern Mitwirkende der Gesellschaft brauchen (Gurtner-Zimmermann 1999, Bussmann et al. 1997). Jaeger (1994, 149) weist darauf hin, dass die Durchführung von Umweltmaßnahmen zudem von finanziellen Spielräumen, der politischen Akzeptanz als auch von politischen Interessensabwägungen geprägt wird.

Der Schutz der Lebensgrundlagen, die haushälterische Nutzung des Bodens sowie der natürlichen Ressourcen und die Gestaltung der Siedlungen nach den Bedürfnissen der Bevölkerung sind bereits seit 1979 in den Zielen und Grundsätzen des schweizerischen Raumplanungsgesetzes als Elemente des Nachhaltigkeitskonzeptes verankert. Die Grenzlage veranlasste zudem die Stadt Basel, schon in den 70er Jahren grenzüberschreitende Planungen mit den Umlandgemeinden in Angriff zu nehmen. Diese wurden in den letzten Jahren sehr intensiviert. Die Gewässerrevitalisierungsplanung ist in diesen Kontext eingebettet.

Für die Raumabgrenzungen im Jahr 2006 der Trinationalen Agglomeration Basel (TAB), der Regio TriRhena, ehemals Regio Basiliensis, und der EuroRegion Oberrhein existieren die Koordinationsinstitutionen Trinationales Umweltzentrum (TRUZ), Koordinationsstelle Regio Basiliensis, Regiorat, Interreg-Programme und die Oberrheinkonferenz, die die grenzüberschreitende Zusammenarbeit hinsichtlich der Gewässerrevitalisierungsplanung abstecken (Abb. 4.2-1).

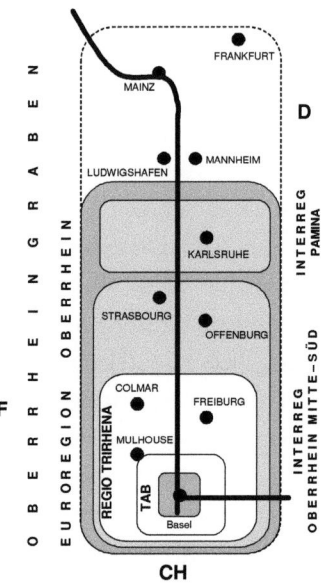

Abb. 4.2-1: Euroregion Oberrhein (HAEFLIGER 2003, 176; leicht verändert). Deutlich werden die Grenzlage der Stadt Basel und die schematischen Raumabgrenzungen der Planungseinheiten. Die Lage der Stadt im Dreiländereck erfordert eine grenzüberschreitende Zusammenarbeit. Trotz vielerlei Bemühungen stellen die nationalen Grenzen auch heute noch in der Raumplanung gewisse Hindernisse dar.

Die **Raumordnungscharta Oberrhein 21** legt die gegenseitige, grenzüberschreitende Unterrichtung über Planungs- und Umweltschutzvorhaben fest.

Das **Entwicklungskonzept der TAB** wurde als Interreg-Projekt bearbeitet und formulierte ein städtebauliches Leitbild für die Gesamtagglomeration als auch ein Leitbild Natur und Landschaft zur Sicherung und Schaffung zusammenhängender Frei- und Grünräume.

Mit dem **Integrierten Rheinprogramm** zur Bildung von Hochwasserretentionszonen im Oberlauf des Rheins sollen Ersatzstandorte fluviatiler Flora und Fauna geschaffen und miteinander vernetzt werden.

In diesem Sinne erschuf auch das TRUZ das **Biotopverbundkonzept Regiobogen** für die Agglomeration Basel (vgl. Schwarze et al. 2001, Anhang).

Genauere gesetzliche Rahmenbedingungen, die sich landschaftsbestimmend für den Kanton Basel-Stadt und das Land Baden-Württemberg auswirken, erläutert der Richtplan Landschaftspark Wiese (Schwarze et al. 2001, 7). Das Baudepartement des Kantons Basel-Stadt hat zusammenfassend folgenden Hauptgrundsatz zur Partizipation Betroffener formuliert:

„Wir beziehen bei wichtigen politischen Zukunftsfragen, insbesondere jenen der Stadtentwicklung, mit neuen Instrumenten der Partizipation die Wirtschaft, die Nichtregierungsorganisationen und die Bevölkerung in die Entscheidfindung ein. Nachhaltige Entwicklung hat nur dann Bestand, wenn sie auf Konsens unter den betroffenen Akteuren beruht." (Baudepartement und Wirtschafts- und Sozialdepartement Basel-Stadt 2001, 25)

4.3 Nutzungskonflikte in der schweizerischen Wieseebene

Das Leitbild der unteren Wieseebene ist mit der Richt- bzw. Entwicklungsplanung des Landschaftsparks Wiese und seinen Leitlinien (Schwarze & Sieber 1998, Schwarze et al. 2001) festgelegt worden und sieht eine naturnähere Gestaltung des Flussraumes unter Beibehaltung bestehender Nutzungen vor. Hier treten jedoch Nutzungskonflikte auf:

- **Naherholung:** Es wird von Freizeitnutzern in der Regel ein ästhetisch ansprechendes Gebiet gefordert, was nicht unbedingt mit dem ökologisch sinnvollsten Zustand der Landschaft übereinstimmt. Wildnis kann auf Ablehnung stoßen. Eine Ausgrenzung der Bevölkerung ist dagegen nicht erwünscht. Die Tatsache, dass die Freizeitnutzer Natur aber stören oder gar zerstören können, erfordert eine Besucherlenkung und gegebenenfalls einen partiellen Ausschluss der Freizeitnutzer von besonders empfindlichen Bereichen, wie z. B. Grundwasserschutzzonen.
- **Landwirtschaft:** Die Existenz der landwirtschaftlichen Betriebe der Wieseebene muss gewährleistet sein. Die Landwirte besitzen eine innere Verbundenheit mit ihren Flächen und wollen diese nicht aus

der Nutzung herausnehmen. Hier müssen günstige Alternativen angeboten werden, um Teilflächen für den Naturschutz aus der traditionellen Nutzung herauszunehmen. Die geringe Rentabilität der Parzellen und schon bestehende Auflagen zum Schutze des Grundwassers können dabei hilfreich sein.

- **Wassernutzung:** Die Trinkwasserversorgung der Stadt Basel geschieht zu 45 Prozent über die Nutzung des Grundwassers in der schweizerischen Wieseebene. Wenn Überflutungen der ehemaligen Aue zugelassen werden, ist die Erhaltung der Grundwasserqualität bei der heutigen Qualität der Oberflächengewässer schwierig. Es besteht ein Zielkonflikt zwischen dem Grundwasserschutz und dem Natur- und Landschaftsschutz. Laut dem Leitbild sind Revitalisierungen der Wieseebene nur unter Gewährleistung des Grundwasserschutzes durchzuführen. Dies ist sozioökonomisch für die Bevölkerung von Basel notwendig.
- **Forst:** Bisher stehen in den Langen Erlen vorwiegend Hybridpappelwälder. Hybridpappeln kommen mit den Überflutungsbedingungen der Wässerstellen zurecht und sind schnellwüchsig. Dank hohem Lichtdurchlass ist eine gut entwickelte Boden- und Strauchvegetation unter den Pappeln zu verzeichnen. Allerdings sind diese Bäume nicht standortheimisch, so dass sich ein Biodiversitätsproblem ergibt. Pappeln sind sturmgefährdet und können beim Umstürzen große Löcher in den Boden reißen, so dass die Reinigung des Oberflächenwassers eingeschränkt wird, was sich wiederum auf die Qualität des Grund- und Trinkwassers auswirkt. Pappelbestände sind aus Sicht der Forstökonomie vermarktbar aber dennoch wenig rentabel, was für eine forstwirtschaftliche Umnutzung der Wälder spricht.

Mögliche Kompromisse zur Behebung dieser Nutzungskonflikte sind:
- **Besucherlenkung:** Das Wegenetz sollte an die geo- und bioökologischen Verhältnisse angepasst und besonders gefährdete Gebiete vor den Freizeitnutzern geschützt werden. Aus Akzeptanzgründen sollte man Freizeitnutzer auch am Naturerlebnis Teil haben lassen.

- Die **Akzeptanz der Landwirte** ist durch kooperative Ansätze in der Zusammenarbeit und ständige Kommunikation und Information zu erzielen. Flächenstillegungen oder Umnutzungen zur "Ökowiese" sowie Abgeltungen durch Direktzahlungen sind mögliche Alternativen, wobei die Umnutzungen zur Ökowiese aus sozialen und psychologischen Gründen vorgezogen werden sollten.
- **Die Unsicherheit vor bakteriologischer Verschlechterung des Grundwassers** ist zu beseitigen, indem Pilotprojekte initiiert werden, die mit kleinen, reversiblen Schritten vorgehen. Die Selbstreinigungskraft der Auen sollte zur Verhinderung bakteriologischer Belastung des Grundwassers genutzt werden.
- **Eine moderne, extensive Waldwirtschaft** wird mit standortheimischem Baumbestand erreicht. Die Information der Bevölkerung ist nötig, um eine Akzeptanzsteigerung der neuen, "wilden" Waldbestände zu erzielen.

Für die Nutzungskonflikte gilt es, in Koordinationsprojekten Lösungsmöglichkeiten zu finden und umzusetzen (vgl. Schwarze et al. 2001). Das Stellimatten-Projekt stellt solch eine Koordinationsaufgabe dar.

4.4 Der Raumbezug des Projekts für die landschaftsökologische Betrachtung

Das Stellimatten-Projekt steht sowohl räumlich als auch institutionell-politisch in einem Bezug zur gesamten schweizerischen Wieseebene. Der soziopolitische Bezugsraum des Stellimatten-Projekts ist die von den Behörden zugrunde gelegte Planungseinheit Landschaftspark Wiese, die einen Teil einer geoökologischen Raumeinheit, der Aue der Wiese, darstellt (Abb. 3.2-1, 3.2-2, 3.2-3). Der anthropogene Bezugsraum ist die Planungseinheit, während naturräumlich das Einzugsgebiet der Wiese den Bezugsraum für das Stellimatten-Projekt darstellt.

Das Stellimatten-Projekt bezieht sich naturräumlich zunächst nur auf einen Teil des Landschaftsparks Wiese – das Gebiet um die Wässerstelle Hintere Stellimatten. Es besteht allerdings ein Zusammenhang zu der darüber liegenden Wiesenaue auf Lörracher Gebiet bis hin zum Quellfluss am Feldberg. So wird das auenähnliche Wirkungsgefüge der Stellimatten durch Stoffeinträge im Mühleteich, der durch Lörracher Gebiet fließt, beeinflusst. Ebenfalls beeinflussen Pegelabsenkungen des Mühleteichs durch die in Deutschland sitzende Wuhrgenossenschaft das Projekt. Noch stärker ist der Zusammenhang zu der flussabwärts gelegenen Wieseaue. Prozesse der Wiesewasserinfiltration in der Wässerstelle Hintere Stellimatten beeinflussen das Grundwasser der unteren Wieseebene und damit alle übrigen Wässerstellen der IWB, die unterhalb der Hinteren Stellimatten liegen. Aus Sicht des Naturschutzes stellt der Landschaftspark Wiese zudem einen wichtigen Korridor für durch die Agglomeration wandernde Tier- und Pflanzenarten dar (vgl. Lenzin-Hunziker et al. 2001).

Auch das gesellschaftliche Funktionssystem der Landschaftsplanung der Wieseebene stellt kein nach außen abgeschlossenes System dar. Die im Landschaftspark Wiese agierenden Personen besitzen untereinander Kontakte, die nicht die Landschaftsplanung der Wieseebene betreffen. Über andere Themenbereiche spinnt sich das Netzwerk zu weiteren Institutionen in der Schweiz und in Deutschland weiter. Anwohner, die auf deutschem und schweizerischem Gebiet direkt an den Hinteren Stellimatten wohnen, werden als Betroffene mittels der Passantenbefragungen einbezogen. Persönliche Kontakte der Freizeitnutzer, Anwohner und Akteure werden nicht in der Studie erfasst. Es ist dennoch klar, dass die Erfahrungen der direkt Betroffenen an das persönliche soziale Umfeld weitergegeben werden. Auch stellen die Langen Erlen ein bedeutendes Naherholungsgebiet der gesamten Regio Basiliensis dar. Somit werden sämtliche Einwohner der Regio vom Projekt tangiert. Die Planung und Umsetzung des Projektes beeinflusst das gesamte Akteursnetzwerk der Gewässerrevitalisierungsplanung der Regio Basiliensis und wirkt sich damit für die weitere Gestaltung des gesamten Bezugsraumes Landschaftspark Wiese aus. Die Planungseinheit des Landschaftspark Wiese steht in einem funktionalen Zusammenhang mit der gesamten Agglomeration Basel, die die übergeordnete Planungseinheit darstellt.

4.5 Die Landschaftsökologie und der Regelkreis

Das anthropogene Wirkungssystem dieser Studie ist in drei Ebenen zu unterteilen (Abb. 4.5-1). Die erste Ebene ist die des Individuums, welches von seinem eigenen sozialen Umfeld, der eigenen Wahrnehmung und dem Umweltbewusstsein ausgehend sich für ein bestimmtes Verhalten entscheidet. Auf der zweiten Ebene finden sich sogenannte kollektive Akteure, die Interessen eines Kollektivs zu vertreten haben, wie z. B. die Institutionenvertreter im Steuerteam des Stellimatten-Projekts. Diesen sind auch gesamte Interessensgruppen gleichzusetzen. Die dritte Ebene beinhaltet das gesellschaftliche Funktionssystem, auch soziales Netzwerk genannt (vgl. Kap. 2.3), im vorliegenden Fall das Netzwerk der Landschaftsplanung in der unteren Wieseebene. Die Strukturen des Netzwerks verändern sich über die Zeit, was wiederum eine Auswirkung auf das Verhalten des Einzelnen hat.

Die Studie beinhaltet punktuelle und flächenhafte Aufnahmen des anthropogenen Wirkungssystems (Abb. 4.5-1). Flächenhaft wird die Akzeptanz aller Akteure in der Landschaftsplanung der Wieseebene vor als auch nach dem Projekt aufgenommen (Vorher-Nachher-Befragung der Akteure). Bei den Passanten wird eine flächenhafte Erhebung der Akzeptanz über repräsentative Stichproben durchgeführt (Passantenbefragungen: Vollerhebungen bei den Stellimatten und im Kontrollgebiet Eglisee). Die Netzwerkstruktur des Akteursnetzwerkes der unteren Wieseebene wird in schriftlichen Befragungen flächenhaft erfasst, Hintergründe zur Zusammenarbeit in der Landschaftsplanung und speziell im Stellimatten-Projekt werden über Leitfadeninterviews punktuell ermittelt.

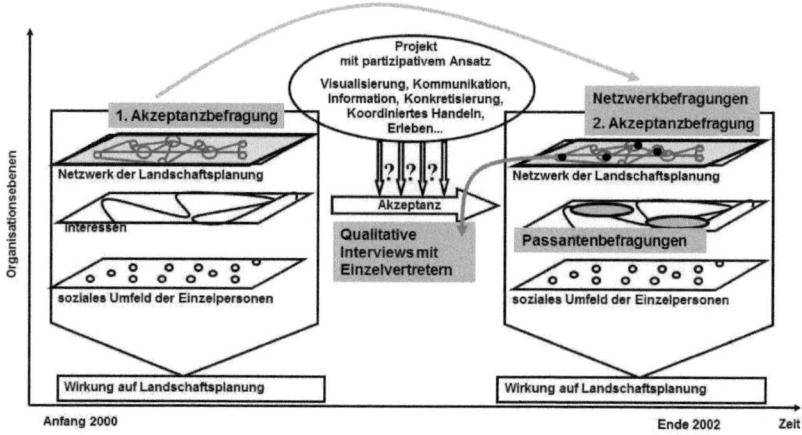

Abb. 4.5-1: Die drei Ebenen des anthropogenen Wirkungssystems. Das Individuum entscheidet sich ausgehend von seinem eigenen sozialen Umfeld, der eigenen Wahrnehmung und dem Umweltbewusstsein für ein bestimmtes Verhalten. Auf der zweiten Ebene finden sich Akteure, die Interessen eines Kollektivs zu vertreten haben. Die dritte Ebene beinhaltet das soziale Netzwerk. Flächenhafte Aufnahmen sind schwarz umrandet gekennzeichnet, die schwarzen Punkte sind punktuelle Aufnahmen der Studie. Auf allen drei Ebenen finden im Verlauf der Zeit bis Ende 2002 Beeinflussungen durch das Pilotprojekt Stellimatten statt. Eigene Darstellung.

Es wird ein Regelkreis aufgebaut (nach Schwartz & Howard 1981, Leser 1997, Mosimann 1984). Er stellt die Elemente dar, die sich im Stellimatten-Projekt auf die Akzeptanz und die daraus resultierende Handlungsbereitschaft für Revitalisierungen in der Wieseebene auswirken (Abb. 4.5-2). Der Regelkreis dient als Arbeitsmodell und wird im Laufe der Forschung inhaltlich gefüllt.

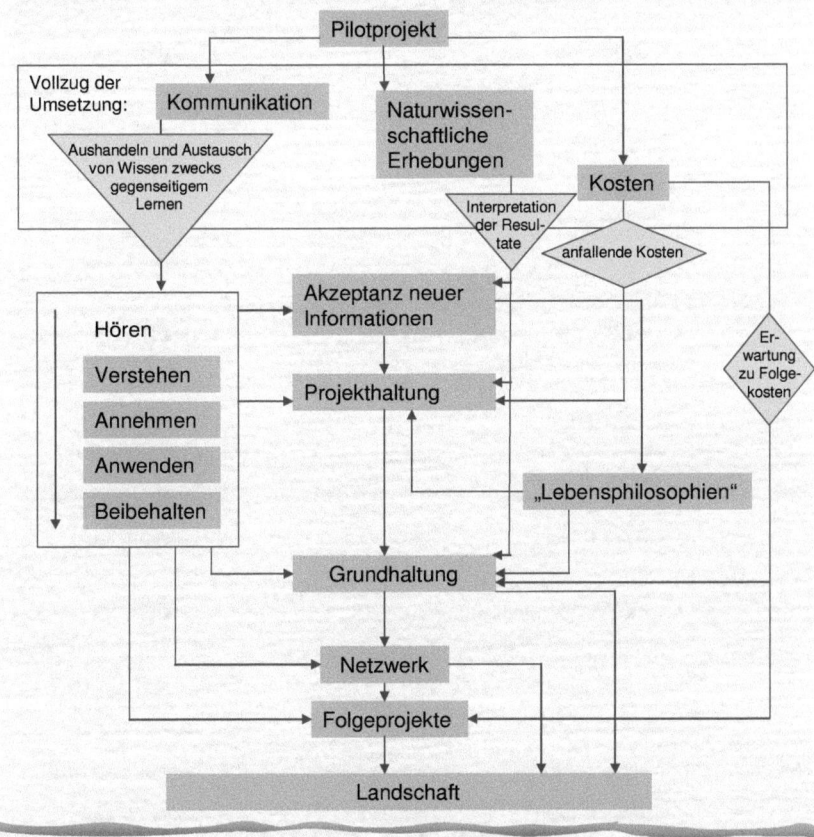

Abb. 4.5-2: Regelkreis projektinterner Faktoren, die sich auf die Akzeptanz der Revitalisierungen auswirken. Der Regelkreis nimmt Bezug auf die Modelle von Fishbein & Ajzen (1975) und Heiland (2000) und wird nach Erkenntnissen des Projektes erweitert. Eigene Darstellung.

Das Stellimatten-Projekt wirkt auf die Akzeptanz von Revitalisierungen über drei Säulen:
1. die ökologischen Auswirkungen – naturwissenschaftliche Daten und Zusammenhänge, welche während des Projekts erfasst werden,
2. die ökonomischen Auswirkungen – anfallende Kosten des jetzigen Projektes und absehbare Kosten einer Weiterführung,
3. die sozialen Auswirkungen – Kommunikation und Netzwerkbildung zwischen Entscheidungsträgern, Agierenden und Betroffenen.

Im Zentrum dieser Studie stehen die gesellschaftlichen Auswirkungen des Projektes, für welche die Kommunikation unter den Akteuren und Betroffenen ausschlaggebend ist. Auf Basis der Fairness stellen das Aushandeln zwischen den Akteuren und der Austausch von Wissen zwecks gegenseitigem Lernen die Schlüsselprozesse dar (Glasbergen 1998). Je nach Qualität der Kommunikation werden gegebene Informationen nicht nur gehört, sondern auch verstanden, angenommen, angewendet oder sogar beibehalten (Heiland 2000). Somit wirkt sich die Qualität der Kommunikation ganz entscheidend darauf aus, ob eine Information akzeptiert wird oder nicht. Zusammen mit den geoökologischen Erkenntnissen ergibt sich eine veränderte Projekthaltung, die auch über eine Veränderung externer Einstellungen beeinflusst werden kann. Erst, wenn sowohl die Projekthaltung als auch die Grundwerte einer Person im Einklang mit dem Naturschutzanliegen stehen, wird das Naturschutzanliegen auch grundsätzlich vertreten. Erst dann werden auch Folgeprojekte, die nach und nach die Landschaft verändern, von der akzeptanzsteigernden Wirkung des Pilotprojektes profitieren können. Kann dieser Stand nicht erreicht werden, wird das Pilotprojekt naturräumlich zunächst nur auf das Projektgebiet selber und seine unmittelbare Umgebung Auswirkungen haben.

5 Arbeitsmethodik und Datenaufbereitung

5.1 Überblick über das methodische Vorgehen

"Ein grundlegendes Problem in der Akzeptanzforschung ist das weitgehende Fehlen von Literatur zum methodischen Vorgehen. Folglich liegen kaum Vergleichsdaten und geeignete Untersuchungsmethoden vor. [...] Dies ist umso problematischer, da die Akzeptanz von geplanten Maßnahmen als eine der wichtigsten Grundvoraussetzungen für eine Realisierung angesehen werden muss." (Luz 1994, 46)

Dieses Zitat zeigt zwar auch heute noch die Kernproblematik der Akzeptanzforschung auf, doch bietet die Literatur inzwischen Hinweise für sinnvolle Methodikansätze, denen diese Studie nachkommt. Bei Endruweit (1986, 88) wird die Akzeptanzforschung als *"eine Form praxisorientierter Einstellungsuntersuchung"* verstanden. Empfohlen wird die Durchführung eines Feldexperiments als Modellversuch (Endruweit 1986; Fishbein & Ajzen 1975; Mosler 2000). Die Individuen sollen die Möglichkeit besitzen, sich mithilfe von Befragungen Gehör bei den Entscheidungsträgern zu verschaffen. Scholz (2000, 232, Internet), Müller et al. (2000) und Konold (2001) führen schon seit einigen Jahren mit Erfolg Einzelfalluntersuchungen (definiert in Klöti & Widmer 1997, 187ff) durch. Eine methodische Sukzession hin zur perfektionierten Einzelfalluntersuchung im Themenbereich Umweltpolitik und Wasser auch in Nord- und Mittelamerika erkennt Mumme (2003). Projekte mit partizipativem Charakter sind zu unterschiedlich angelegt, als dass sie sich für Vergleiche eignen. Eine Generalisierung der Ergebnisse ist hierbei nicht angestrebt, allerdings können Empfehlungen für weitere Projekte gegeben werden. Die Adäquatheit der Aussagen muss dann – wie auch in dieser Studie – mit weiteren Fallstudien abgeklärt werden.

Der Zeitraum von drei Jahren erlaubt in dieser Studie eine suboptimale Akzeptanzanalyse, bei der davon ausgegangen wird, dass die Veränderung der Einstellung gegenüber dem Naturschutzanliegen schon in den Jahren des Pilotprojektes durch eine stetige Einstellungsänderung zu messen ist und nicht erst im Nachhinein eine sprunghafte Änderung erfolgt (Abb. 5.1-1).

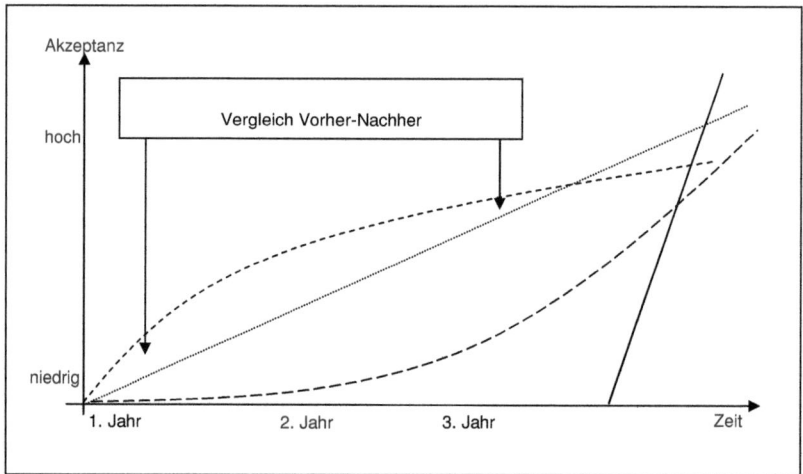

Abb. 5.1-1: Annahme des stetigen Anstiegs der Akzeptanz. Es wird davon ausgegangen, dass eine Einstellungsveränderung nicht sprunghaft nach Abschluss des Pilotprojekts einsetzt (durchgezogene Linie), sondern ein gewisser Anstieg der Befürwortung schon während des Projektzeitraums zu messen ist (alle anderen Kurven mit möglichem Verlauf). Eigene Darstellung.

Zur konkreten Erfassung des Anthroposystems in der Wieseebene werden in einer Einzelfalluntersuchung die in Kap. 4 (s. Abb. 4.5-1) erwähnten gesellschaftlichen Ebenen des Individuums, der kollektiven Akteure bzw. Interessenvertreter und der gesellschaftlichen Funktionssysteme mit quantitativen und qualitativen Methoden erhoben (s. a. Kap. 5.2, 5.3, 5.4). Sinn des methodischen Pluralismus ist es, das gesamte Funktionssystem zu erfassen und Nachteile einer Methode mit den Vorteilen der anderen Methode abzuschwächen (nach Gutscher et al. 1996, 75) (Tab. 5.1-1).

Tab. 5.1-1: Methodenübersicht. Über quantitative und qualitative Methoden der Sozialwissenschaften werden die verschiedenen Ebenen des anthropogenen Systems im Landschaftspark Wiese erfasst, um Nachteile einer Methode mit den Vorteilen der anderen Methoden auszugleichen. Beispielsweise wird nicht nur die flächenhafte Erhebung der Akteursmeinungen angestrebt. Die punktuelle Befragung einzelner Akteure mit problemzentrierten Experteninterviews ermöglicht ein tieferes Eindringen in die Hintergründe der vorherrschenden Revitalisierungsmeinungen und ihrer Konfliktfelder. Eigene Darstellung.

Befragte Gruppe	Angewandte Methoden	Charakter	Gesellschaftliche Ebene
Akteure des LP Wiese (inkl. Projektakteure)	<ul><li>schriftlich-standardisierte Vorher-Nachher-Befragung zur Revitalisierungsakzeptanz</li><li>schriftlich-standardisierte Befragung zur Netzwerkzusammenarbeit</li></ul>	quantitativ flächenhaft	Netzwerk
Akteure des Stellimatten-Projekts	<ul><li>problemzentrierte Experteninterviews</li><li>teilnehmende Beobachtung</li></ul>	qualitativ punktuell	Individuen als kollektive Akteure
Passanten im Stellimatten-Gebiet	<ul><li>schriftlich-standardisierte Passantenbefragung zur Revitalisierungsakzeptanz</li></ul>	quantitativ flächenhaft	Individuen als Interessenvertreter
Passanten im weiteren LP Wiese	<ul><li>schriftlich-standardisierte Passantenbefragung einer Kontrollgruppe zur Revitalisierungsakzeptanz</li></ul>	quantitativ punktuell	Individuen als Interessenvertreter

5.2 Erfassen der Akzeptanz von Revitalisierungen seitens der Freizeitnutzer

5.2.1 Untersuchungskonzept

Das Befragungskonzept für die Freizeitnutzer stützt sich auf ein theoretisches Zusammenhangsmodell von Gloor & Meier 2001, welches von der Annahme verschiedener Einflussfaktoren (Soziodemographie, Nutzungsverhalten sowie Natur- und Umweltverständnis) ausgeht, die auf die Beurteilung der Revitalisierungen wirken können. Im Gegensatz zu der Birs-Befragung von Gloor & Meier wird nicht das Natur- und Umweltverhältnis der Freizeitnutzer ermittelt, sondern ein Vergleich zwischen Personen gezogen, die ein Revitalisierungsprojekt erleben und solchen, die dieses nicht erleben. Soziodemographische Einflussgrößen sind die Variablen Alter, Geschlecht und Bildung. Einflussgrößen des Nutzungsverhaltens sind das von den Besuchern angegebene Tätigkeitsspektrum, die Besuchshäufigkeit, Umweltschutzverbandszugehörigkeit und der Wohnort. Der Parameter eines stattgefundenen Naturschutzprojekt-Erlebnisses wird mit der Variablen des Besuchs des Auenpfads Stellimatten gleichgesetzt. Dieser Besuch beinhaltet sowohl die Information über Revitalisierungen und das Stellimatten-Projekt im Speziellen als auch das Visualisieren eines naturnahen Auenwaldgefüges und das Miterleben der sukzessiven Entwicklung darin.

Als Erhebungsmethode wird eine Kombination aus Passantenbefragung und schriftlicher Befragung gewählt, die schon Hull & Stewart 1992 und Gloor & Meier 2001 erfolgreich angewendet haben. Die Passantenbefragung fand in unmittelbarer Nähe der Auenrevitalisierung, am Auenpfad in den Stellimatten, statt. Dies bot den großen Vorteil, jene Leute direkt ansprechen zu können, die zumindest einmal, nämlich zum Befragungszeitpunkt, meist jedoch mehrmals die Stellimatten passierten und den Ort der Revitalisierung aus der eigenen Anschauung kannten.

Um zu verhindern, dass entweder eine große Zahl von Interviewerinnen bereitgestellt werden musste oder aber nicht alle Passanten angesprochen werden konnten (Vor- und Nachteile dieser Methode beschreiben Friedrichs & Wolf 1990), wurde die Passantenbefragung mit der Methode der schriftlichen Befragung kombiniert. Dieses Vorgehen erlaubt es, sämtliche vorbeikommenden Personen im Sinne einer Vollerhebung anzusprechen. Nicht an der Befragung teilnehmende Passanten wurden zur Berechnung der Rücklaufquote der Befragung gezählt. Mit der gleichen Vorgehensweise wie im Stellimatten-Gebiet wurde eine Befragung im Egliseeholz der Langen Erlen durchgeführt. Die hier Befragten bildeten die Kontrollgruppe zu den "Informierten" des Stellimatten-Projekts.

5.2.2 Durchführung der Befragung

Es wird zunächst ein Pretest mit 15 zufällig ausgewählten Personen durchgeführt. Der Pretest (28. April 2001) diente der Feststellung, ob die Fragen verständlich sind und die Verteilung der Antworten befriedigend ist.

Die Hauptbefragung in den Stellimatten fand in der Woche vom 09. Juni bis 15. Juni 2001 und für das Referenzgebiet Eglisee in der Woche vom 23. Juni bis 29. Juni 2001 statt. Befragt wurde durchgehend von morgens 8.00 Uhr bis abends 19.00 Uhr. Das Wetter war am Wochenende der Stellimatten-Befragung regnerisch, unter der Woche trocken und warm. Im Kontrollgebiet wurde bei trocken-heissem Wetter befragt.

Die bereitgestellte Infrastruktur der Befragung bestand aus einem Tisch am Auenpfad Stellimatten bzw. im Referenzgebiet, mit daran gestellten Stühlen und verschiedenen Lesebrillen. Zwei Helfer waren in zwei Schichten vor Ort, die Leiterin war ständig präsent. In der Schulung der Helfer waren zuvor die Inhalte des Projekts vorgestellt, die Absicht der Untersuchung erläutert und darauf hingewiesen worden, dass gegenüber Befragten im Gelände Urteile und Bewertungen zum Sachverhalt bestimmt abzulehnen sind. Die Helfer füllten probeweise selber Fragebögen aus, Fragen dazu wurden besprochen.

Aufgabe des Teams war es, die Freizeitnutzer des Gebiets zur Teilnahme an der Befragung zu motivieren, Ihnen die Fragebögen auszuhändigen, für Hilfestellungen bereit zu sein und die Fragebögen im Nachhinein auf Vollständigkeit zu überprüfen. Nicht befragt wurden Kinder und Jugendliche unter 16 Jahren. Mehrfach vorbeikommende Passanten wurden nur einmal befragt bzw. nur einmal als „Ablehnende" notiert.

Die Fragebögen bestanden fast ausschließlich aus geschlossenen Fragen, da diese ein einfaches und schnelles Beantworten der Fragebögen ermöglichten und bei den Passanten beliebter sind (Gloor & Meier 2001, 27). Einige wenige offene Fragen gaben die Möglichkeit für Bemerkungen zum Sachverhalt (s. a. Anhang I, II).
Die Objektivität der Befragung wurde durch die Standardisierung erreicht. Die Reliabilität war durch Kontrollfragen gegeben. Entsprechend der Projektprämisse, das Pilotprojekt werde bei festgestellter Kontamination des Grundwassers sofort abgebrochen, wurden keine Zukunftsvarianten, die eine Grundwasserkontamination beinhalten, auf ihre Akzeptanz überprüft, sondern lediglich Varianten, die auch behördlicherseits im Falle eines Projekterfolgs zugelassen werden könnten. Zwecks Validierung der Befragung erfolgten schließlich eine Hypothesenüberprüfung und die Einbettung der Resultate in die Theoriekonstrukte.

5.2.3 Datenverarbeitung

Die statistische Auswertung in Form von Mittelwertvergleichen, Nichtparametrischen Tests und Varianzanalysen erfolgte mit Hilfe des Statistikprogramms SPSS 10.0 für Windows, Diagramme wurden mit Microsoft Excel für XP Professional erstellt. Es wurde ermittelt, ob ein Zusammenhang zwischen der Beurteilung der Projektmaßnahmen (abhängige Variable) und der Soziodemographie, dem Nutzungsverhalten oder dem Informationsstand und Naturerlebnis (unabhängige Variable) besteht.

5.3 Die Netzwerkanalyse

5.3.1 Gegenstand der Netzwerkanalyse

Fuhrer (1995, 96) und Baettig (2000) machen darauf aufmerksam, dass für die Erfassung eines Politiknetzwerkes noch immer ein Theoriendefizit besteht. Dennoch ist die Netzwerkerfassung in einem transdisziplinären Naturschutzprojekt sinnvoll. Güsewell & Dürrenberger erkannten (1996, 25), dass bei Akteuren eine Bewertung von Sachverhalten des Umwelt- und

Naturschutzes nicht personen-, sondern rollenspezifisch vorgenommen wird. Die Untersuchung eines Netzwerks bietet die Möglichkeit, Zwänge und Hintergründe des Verhaltens der Akteure besser zu bewerten und die Realitätssicht der Akteure sowie divergente Positionen darzustellen (Kraus 1991, Nohria & Eccles 1992). Die dabei deutlich werdenden Zielkonflikte machen nach Loibl (2000, 134) zusätzlich eine Aussage über die Konflikte der entsprechenden Institutionen. Bekannt ist auch die Abhängigkeit der Kooperationsprobleme von den strukturellen Bedingungen der jeweiligen institutionellen Regeln und sozialen Normen (Diekmann & Jaeger 1996, 20). Es ist insgesamt möglich, die landschaftsökologische Relevanz der jeweiligen Institution zu erfassen und damit eine Aussage über die Relevanz ihrer Einstellung zu Revitalisierungen in der Flussebene zu machen.

Der schriftlichen, flächenhaften Akteursbefragung folgten mit ausgewählten Interessenvertretern problemorientierte Experteninterviews mit Leitfadencharakter, um Aussagen über die Qualität der Zusammenarbeit zu erhalten. Sowohl in den problemzentrierten Interviews (vgl. Witzel 1989) als auch in den Experteninterviews (vgl. Meuser & Nagel 1991) wird auf die subjektiven Sichtweisen des Interviewpartners eingegangen. Die unterschiedlichen Perspektiven werden dabei stärker berücksichtigt und analysiert als in standardisierten Verfahren (s. a. Stoll 1999).

5.3.2 Schriftliche Umfrage zu Netzwerkverbindungen

Zur Erfassung des Akteursnetzwerks "Landschaftsplanung in der Wieseebene" wurde eine deskriptive Netzwerkanalyse durchgeführt (nach Balthasar 1997, 176). Die Abgrenzung des Netzwerks zur `Landschaftsplanung in der Wieseebene´ erfolgte nach dem Schneeballverfahren von Knoke & Kuklinski (1982). Dieses Vorgehen erlaubt es, die Grundstrukturen des Netzwerks nachzuzeichnen ohne durch Informationsstränge zu passiven Institutionen unübersichtlich zu werden. Die aktiven Netzwerkteilnehmer wurden schriftlich zu den Strukturen der Zusammenarbeit in der Landschaftsplanung befragt. Dabei handelte es sich um sogenannte Schlüsselakteure („key actors" s. a. Loibl 2000, 134; Scholz & Marks 2001), welche die Haltung einer Institution am besten

repräsentieren. Es wurden Grundstrukturen, Ursachen für die Ausgestaltung des Netzwerks und Strukturbewertungen seitens der Akteure erfasst (s. Fragebogen und Konzept des Fragebogens im Anhang).
Nach der Konzeption der schriftlichen Netzwerkbefragung wurde ein Pretest mit fünf Akteuren durchgeführt, die wenig bis sehr viele Kontakte im Netzwerk hatten. Der Pretest am 17. Oktober bis 27. November 2001 diente der Feststellung, ob die Fragen verständlich, die angegebenen Kategorien sinnvoll gewählt und die zentralen Institutionen des Netzwerkes in der ersten Befragung vertreten sind. Die schriftliche Befragung erfolgte zwischen dem 19. Dezember 2000 und 16. März 2001. Sie bezog sich auf den Zeitraum vom 01. Juni 2000 bis 30. November 2000.
Eine Objektivität der schriftlichen Befragung wurde durch die Standardisierung der Fragen erreicht. Die Wiederholbarkeit dieser Analyse ist nicht gegeben, da sich im Projekt Veränderungen ergeben, die zu anderen Netzwerkkonstellationen führen können. Rein theoretisch ist die Reliabilität der Netzwerkanalytik jedoch gegeben (vgl. Widmer & Binder 1997, 220ff).

5.3.3 Leitfadeninterviews zum Netzwerk

Nachdem die Netzwerkstrukturen nachgezeichnet worden sind, wurden für die Interpretation des Netzwerks zentrale Institutionen ausgewählt und mit deren Schlüsselakteuren qualitative Befragungen in Form eines problemzentrierten Experteninterviews durchgeführt:

1. Geographisches Institut der Universität Basel, Abt. Physiogeographie und Landschaftsökologie.
2. Geologisch-Paläontologisches Institut Basel und Kantonsgeologie.
3. Geographisches Institut Basel, Abt. Humangeographie.
4. Industrielle Werke Basel (zwei Vertreter), Baudepartement Basel-Stadt.
5. Amt für Umwelt und Energie, Baudepartement Basel-Stadt.
6. Naturschutzfachstelle Basel-Stadt, Baudepartement Basel-Stadt.
7. Hochbau- und Planungsamt, Hauptabt. Planung, Baudepartement Basel-Stadt.
8. Tiefbauamt, Baudepartement Basel-Stadt.

9. Gemeinde Riehen, Naturschutzbeauftragter.
10. Landwirt im Gebiet Stellimatten.

Die Evaluatorin stand nach der Theorie des Symbolischen Interaktionismus von Blumer (1976) in einer Interaktion zu den Beobachteten. Gleichzeitig gehörte sie zu den Akteuren im Projekt. Daher konnte das Netzwerk nur subjektiv von ihr gedeutet werden, was bei Netzwerkanalysen die Regel ist (vgl. Widmer & Binder 1997, 214ff; Kraus 1991).

Interviewt wurde bezüglich folgender Themen (siehe Leitfaden im Anhang):
- Informationsfluss im Projekt Stellimatten.
- Zusammenarbeit mit Projektbeteiligten.
- Relevante politische, institutionelle und strukturelle Gegebenheiten im Netzwerk.
- im Projekt ausgelöste Lernprozesse.
- Auswirkungen des Projekts auf die Landschaftsplanung in der Wieseebene
- Zukunft der Landschaftsplanung in der Wieseebene.
- Kosten-Nutzen-Relationen der Auenrevitalisierungen.
- Optimierungsvorschläge für Folgeprojekte.

Der Leitfaden des Interviews wurde den Befragten vorher zugesandt, so dass diese sich darauf vorbereiten konnten (vgl. Widmer & Binder 1997, 227f). Die Interviews wurden mit Einverständnis der Befragten mit einem Tonband aufgenommen. Da die Akteure unter anderem über die Zusammenarbeit der letzten Jahre im Pilotprojekt Stellimatten Auskunft geben sollten, handelte es sich bei den Interviews um ein ex post-Vorgehen.

Hier müssen methodische Probleme beachtet werden (vgl. Kickert et al. 1997, 173):
1. **Unsicherheit, ob Akteure wirklich ihre Emotionen über Vergangenes ehrlich darlegen**: Allein schon in Hinsicht auf ein weiteres Bestehen des Netzwerkes musste damit gerechnet werden,

dass sich die Akteure nicht frei äußern. Das Interview wurde eventuell genutzt, um eigene Probleme und Lösungen verkaufen zu können.

2. **Problem der Analyse: Wessen Urteil wird wie stark bewertet?** Es musste entschieden werden, wie verschiedene Aussagen zu gewichten sind. Ist die Aussage eines bedeutenden Netzwerkteilnehmers stärker zu gewichten als die eines weniger bedeutenden Teilnehmers? Sind Aussagen der Projektleitung anders zu bewerten als die der übrigen Steuerteammitglieder?

Abhilfe für diese Probleme bot die Untersuchung der Reliabilität, d. h. der Prozesscharakter der Verbindungen wurde angeschaut (nach Kickert et al. 1997, 174f):

- **Offenheit der Akteure:** Die Angaben der Interviewpartner wurden verglichen und auf Übereinstimmungen überprüft.
- **Demokratische Legitimität:** Die zugrunde liegenden Interessen der Interviewpartner wurden bei der Interpretation der Aussagen mit einbezogen. Die standardisierte Befragung lieferte Angaben darüber, welche Bedeutung den Angaben des jeweiligen Interviewpartners aufgrund seiner Bedeutung im Netzwerk zugemessen werden musste.

Eine Absicherung der Kontextbezogenheit der Resultate muss bei der qualitativen Netzwerkanalytik abgelehnt werden, da es darum geht, subjektive Sichtweisen zu erfassen. Eine teilweise Verifizierung war dennoch durch die Dokumentenanalyse möglich. Hierbei wurden Sitzungsprotokolle, der Schriftverkehr zwischen den Projektbeteiligten und Notizen der Autorin zu Art, Verlauf und Thematik von Konfliktthemen innerhalb von Sitzungen als auch von mündlichen Informationen gegenüber der Autorin herangezogen. Möglich war zudem eine kommunikative Validierung der qualitativen Interviews, bei der die Antworten durch Kontrollfragen innerhalb eines Interviews oder bei verschiedenen Experten auf Stimmigkeit und Gültigkeit überprüft wurden (s. a. Widmer & Binder 1997, 220ff). Desweiteren wurde zur Validierung der Interviewdeutung eine externe Person herangezogen, die die

Kernaussagen der Interviews aus Ihrer Sicht zu Protokoll gab. Diese Person war sowohl gebiets- als auch fachfremd, so dass Vorurteile ausgeschlossen werden konnten. Die Interpretation dieser Person wurde mit der eigenen verglichen.

5.3.4 Datenaufbereitung beider Befragungen

Die Fragebögen wurden in Form von Soziogrammen ausgewertet, die Relationsintensitäten mit verschieden häufigen Kontakten dargestellt. Pfeile zeigen die Richtungen der Relationen an. Dabei wurden im Soziogramm zum Informationsfluss die Kategorien des Fragebogens Auskünfte, Daten, Unterlagen und Beratung, Vernehmlassung, Mitbericht zusammengefasst. Dieses Soziogramm zeigt die weak ties (Granovetter 1973), also die Informationskanäle des Netzwerks auf. Das Soziogramm zum Austausch von Materialien und Arbeitsleistungen fasst die Kategorien Geräte, Materialien, Maschinen und handwerkliche Leistungen zusammen. Gruppen, die sich durch ähnliche Außenbeziehungen auszeichnen, Cliquen, die untereinander starke Beziehungen zeigen, und sogenannte strong ties, die die besonders intensiven Verbindungen in abgegrenzten Gruppen darstellen, wurden per Anschauung der Soziogramme ausfindig gemacht (nach Granovetter 1973/1974 und Jansen 1999).

Die Experteninterviews mit Leitfadencharakter, wurden nach Mayrings "qualitativer Inhaltsanalyse" (2002) ausgewertet:
1. **Zusammenfassung der Interviews**: eine Generalisierung erfolgt nach Absprache mit den Befragten.
2. **Explikation:** Klären fraglicher Begriffe/Sätze.
3. **Strukturierung:** Ordnen und filtern je nach Antwortkategorien und Ordnungskriterien in Absprache mit den Interviewten.
4. **Validierung** durch den Vergleich mit der Interpretation einer externen Person.
(Details siehe Mayring 2002)

5.4 Erfassung der Akzeptanz von Revitalisierungen seitens der Akteure

5.4.1 Konzept der Akteursbefragungen

Das Befragungskonzept der Akteursbefragungen zur Revitalisierungsakzeptanz stützt sich auf das Zusammenhangsmodell von Fishbein & Ajzen (1975, 411, s. Abb. 2.2.6-1). Die Vorher-Nachher-Befragung (s. Anhang) erlaubt die Ermittlung einer Einstellungsveränderung durch den Vergleich zweier Befragungen vor und nach der Projektdurchführung. Es wurde eine Vollerhebung angestrebt (s. Atteslander 2000), da über die Hintergründe der Meinungen schon die qualitativen Interviews Auskunft gaben (s. Kap. 5.3.3).

Befragt wurden sämtliche im oder für den Landschaftspark Wiese tätigen Personen und Institutionen – insgesamt 130 Angeschriebene, von denen sich 79 als reelle Netzwerkteilnehmer herausstellten. Nach Knoepfel et al. (1997) werden diese Personen als gesellschaftliche und institutionelle Akteure zusammengefasst (vgl. Kap. 2.3), auch wenn sie zum Teil gleichzeitig Betroffene darstellen, wie z. B. die Wasserversorger und die Landwirte.

Die Befragten waren:
- Die Mitglieder des Steuerteam des MGU-Forschungsprojekts „Machbarkeit, Kosten und Nutzen von Revitalisierungen in intensiv genutzten, ehemaligen Auenlandschaften".
- Das Gremium der inzwischen abgeschlossenen Richtplanung Landschaftspark Wiese (ca. 100 Verbandsvertreter, Behördenvertreter, Privatpersonen, Vertreter von Bürgerinitiativen etc.).
- Die Landwirte des Landschaftspark Wiese, sowohl auf der deutschen als auch auf der schweizerischen Seite.
- Fischereiverbände der unteren Wiese.
- Deutsche Behörden und Pächter des Stellimatten-Gebiets (z. B. Restaurantbesitzer und Baumschulenbetreiber), die im Gebiet des Landschaftspark Wiese agieren, aber an der Richtplanung Landschaftspark Wiese nicht beteiligt waren.

Die Befragten wurden nach ihrer Institution, der nationalen Zuständigkeit, dem Interessengebiet und dem Dienstbereich von der Befragenden zugeordnet. Diese Zuordnungen wurden mit den zurückgekommenen, anonym gehaltenen Fragebögen verglichen, um eine Rücklaufanalyse zu erstellen. Da die Zuordnungen nicht immer mit den Angaben der Befragten übereinstimmten – viele Befragte gaben mehrere Interessenbereiche an, die sie vertreten – wurde die Rücklaufquote kleiner Gruppen mangels Aussagekraft nicht berechnet. Um die Vorher-Befragung mit der Nachher-Befragung vergleichen zu können, wurde im Fragebogen um die Angabe eines Codes gebeten. So konnte jeder Fragebogen der ersten Runde dem der zweiten Runde zugeordnet und eine Veränderung der Stichprobe festgestellt werden.

5.4.2 Durchführung der Vorher-Nachher-Befragung

Nach der Konzeption der Vorher-Nachher-Befragung wurde ein Pretest mit fünf Personen durchgeführt. Der Pretest im April 2000 sollte feststellen, ob die Fragen verständlich und die Rating-Stufen befriedigend sind. Zwischen dem 15. Mai und 15. August 2000 fand die erste Befragung statt, die zweite zwischen dem 15. Mai und 15. August 2002.

Den Befragten wurde der Fragebogen mit einer Karte der Raumabgrenzung des Planungsgebiets Landschaftspark Wiese, dem Stellimatten-Gebiet und der Wässerstelle `Hintere Stellimatte´ inklusive frankierten Rückumschlag zugesandt (s. Anhang). Das Stellimatten-Projekt wurde im Fragebogen den Befragten mit wenigen, möglichst nicht lenkenden Sätzen vorgestellt. Die Fragen zu den Revitalisierungsideen im Allgemeinen und den konkreten Projektmaßnahmen waren meist geschlossener Art, wurden aber gerade zur Erfragung von Hintergründen mit offenen Fragen kombiniert. Fragen, die nach einer Befürwortung oder Ablehnung der Maßnahmen fragten, wurden mit sechs Rating-Stufen ausgestattet, was sich nach dem Pretest als die sinnvollste Lösung erwies (keine Häufung der Antworten in der Mitte bei fünf Rating-Stufen und keine Kreuze zwischen zwei Kästchen, wie es im Pretest bei vier Rating-Stufen passiert ist) und auch von Bortz (1984, 123ff) für diese Art Fragen empfohlen wird. Die Reliabilität der Befragung wurde durch Kontrollfragen abgesichert.

5.4.3 Auswertungsverfahren

Die Auswertung erfolgte mit Hilfe des Tabellenkalkulationsprogramms Microsoft Excel für XP Professional, die statistische Prüfung mit Nichtparametrischen Tests mit dem Statistikprogramm SPSS 10.0 für Windows. Es wurde ermittelt, ob ein Zusammenhang zwischen der Beurteilung der Projektmaßnahmen bzw. der Revitalisierungsideen im Allgemeinen (abhängige Variable) und dem zu vertretenden Interesse, der nationalen Zuständigkeit, dem Typ der Dienststelle oder dem Zeitraum, in dem in der Wieseebene gearbeitet wurde (unabhängige Variablen) besteht.

6 Die Akzeptanz unter den Passanten

Bei einer Rücklaufquote von 39 Prozent zeigten die insgesamt 2168 angefragten Passanten des Landschaftsparks Wiese ein reges Interesse an den dort geplanten und laufenden Aktivitäten (Tab. 6-1). Es kann sogar von Begeisterung gesprochen werden, die dem Befragungsteam entgegenschlug. Die Passanten waren erfreut, dass ihre Meinung zu laufenden und geplanten Projekten sowie zu der allgemeinen „Planungsphilosophie" gefragt ist.

Tab. 6-1: Rücklauf der Passantenbefragung. Die geringere Rücklaufquote im Egliseeholz ist auf die vielen Fahrradfahrer und Jogger zurückzuführen, die alle angesprochen wurden, in der Regel aber schnell weiter fuhren bzw. liefen und nicht an der Befragung teilnahmen.

	Anzahl Passanten im Befragungszeitraum (= 1 Woche)	an Befragung teilgenommen
Stellimatten (Anzahl Pers.)	650	287
(Rücklaufquote)		44 %
Egliseeholz (Anzahl Pers.)	1518	562
(Rücklaufquote)		37 %
Gesamt (Anzahl Pers.)	2168	849
(Rücklaufquote)		39 %

Bei der Interpretation der Ergebnisse muss beachtet werden, dass die beiden Gruppen, die in den Stellimatten befragte Gruppe der Projektkenner und die im Egliseeholz befragte Kontrollgruppe, unterschiedliche Merkmale aufweisen, die zum Teil einen entscheidenden Einfluss auf die Akzeptanz haben (vgl. Kap. 6.2, 6.4). Die Kontrollgruppe verfügt über ein höheres Bildungsniveau, ein geringeres Durchschnittsalter und eine stärkere Präsenz von Fahrradfahrern (Abb. 6-1, 6-2, 6-3). Die Unterschiede zwischen den beiden Gruppen ergeben sich aus verschiedenen Einzugsgebieten. Das Egliseeholz wird im Gegensatz zu dem in Riehen liegenden Stellimatten-Gebiet stärker von Berufspendlern der Basler Chemie durchfahren.

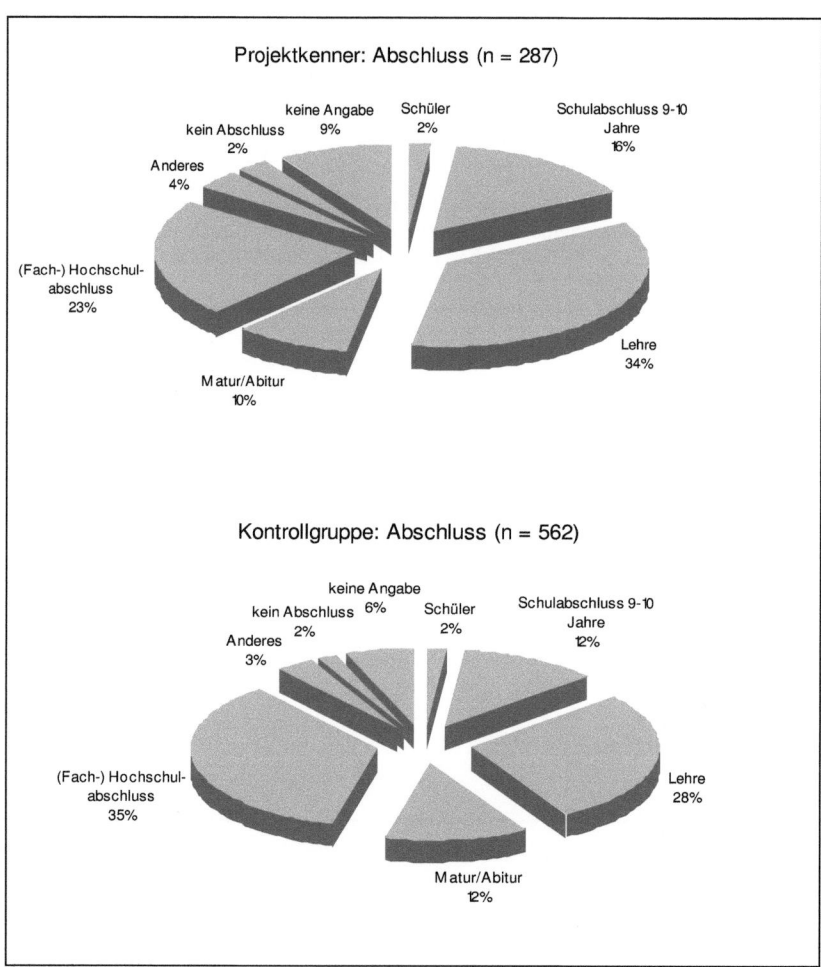

Abb. 6-1: Schul- und Berufsabschlüsse der Gruppe der Projektkenner im Vergleich zu der Kontrollgruppe. Der höhere Anteil an Fachhochschul- und Hochschulabgängern in der Kontrollgruppe ist mit der Nutzung des Eglisee-Gebiets durch die Berufstätigen der nahe gelegenen Basler Chemie zu begründen.

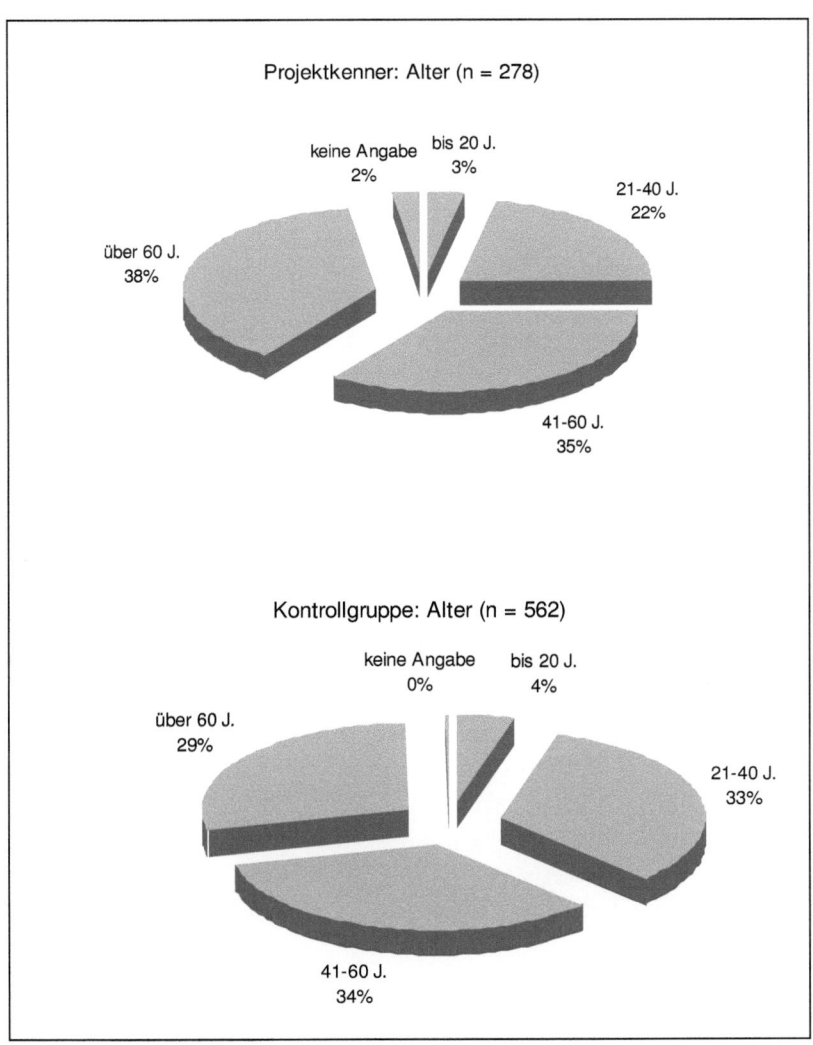

Abb. 6-2: Altersgruppen der Projektkenner im Vergleich zu der Kontrollgruppe. Im Eglisee-Gebiet sind mehr Familien mit Kindern als auch junge Berufstätige der Basler Chemie anzutreffen.

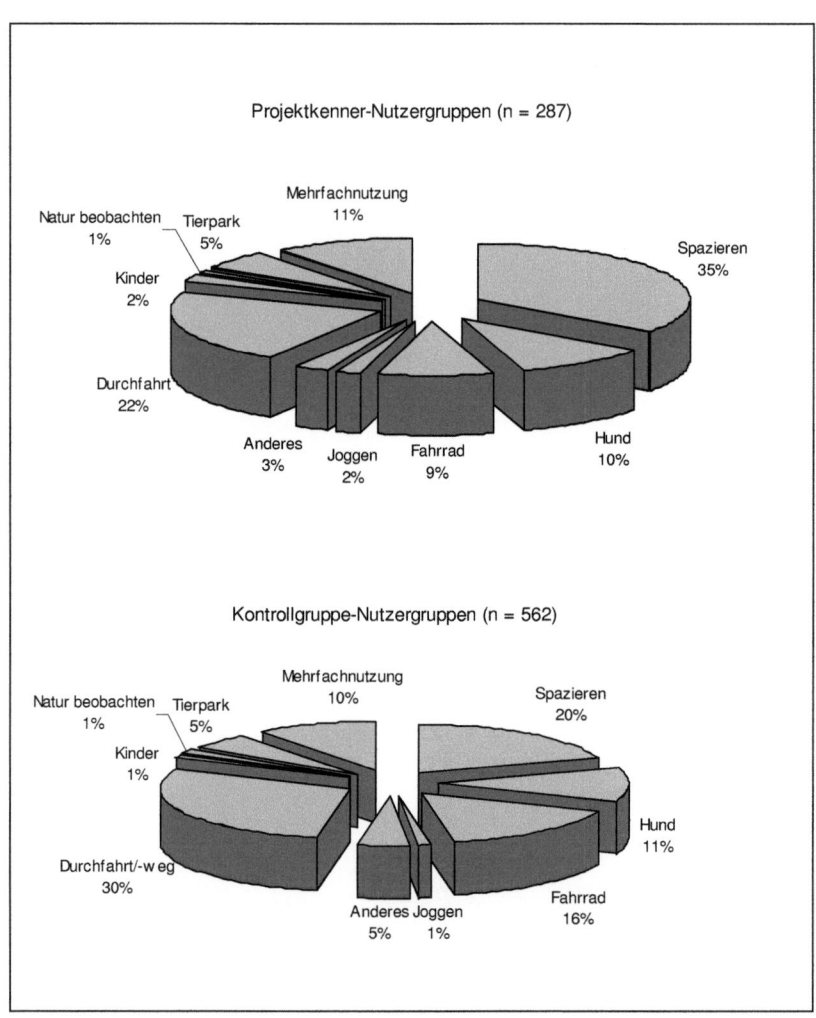

Abb. 6-3: Nutzergruppen der Gruppe der Projektkenner im Vergleich zu der Kontrollgruppe. Im Eglisee-Gebiet sind mit dem Fahrrad durchfahrende Berufstätige der Basler Chemie anzutreffen. Dafür werden die Stellimatten eher zum Spazieren genutzt.

6.1 Allgemeine Wünsche zum Landschaftspark Wiese

In beiden Befragungsgebieten können die Wünsche und Bedürfnisse der Passanten folgendermaßen zusammengefasst werden: Es wird sowohl „reine" Natur als auch die Möglichkeit zum unbeeinträchtigten Nutzen – in Form vom Genießen der Natur – gesucht. Beide Qualitäten, die Ruhe in der Natur und die Ursprünglichkeit der Natur, werden von den Passanten in den Langen Erlen als solche wahrgenommen (Abb. 6.1-1). Der Begriff „Lange Erlen" wird dabei im Fragebogen den umgangssprachlichen Gepflogenheiten folgend als Synonym für den gesamten Landschaftspark Wiese gebraucht.

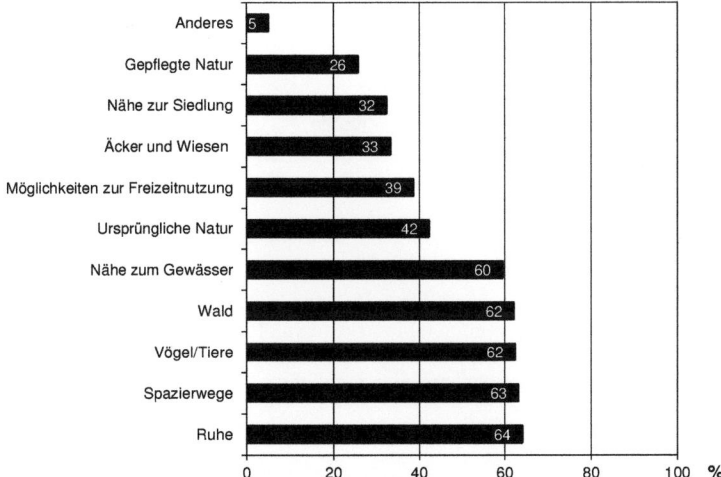

Abb. 6.1-1: Den Passanten gefallende Aspekte im Landschaftspark Wiese (Mehrfachnennungen möglich; im Fragebogen angegebene Merkmale wurden im Pretest durch offene Fragen ermittelt). Die Elemente der Natur wie Vögel, Tiere, Wald und das Gewässer gefallen im Zusammenhang mit der Ruhe, die sie vermitteln und den Spazierwegen, die das Gebiet für die Naherholung nutzen lassen. Der jetzige Zustand des Landschaftsparks Wiese wird von vielen Passanten wie ursprüngliche Natur empfunden – nicht so sehr wie gepflegte Natur.

Der jetzige Zustand des Landschaftsparks Wiese ist ausreichend, um den Passanten das Gefühl zu geben, sie finden hier die Reinheit der Natur. Hinsichtlich der Gestaltung des Gebiets geben 62 Prozent der Passanten an, keine Wünsche zu haben. Als störend werden Beeinträchtigungen durch andere Nutzergruppen wie z. B. die Hunde und deren Kot, das rücksichtslose Fahren der Fahrradfahrer und die Radwege empfunden (Abb. 6.1-2).

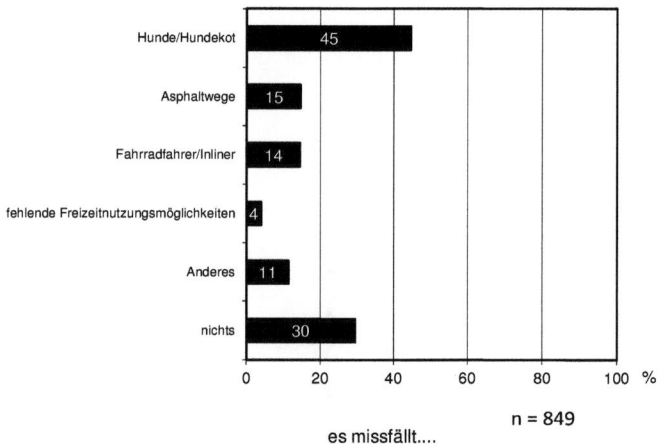

Abb. 6.1-2: Den Passanten missfallende Aspekte im Landschaftspark Wiese. Die hier angegebenen Kategorien wurden im Pretest durch offene Fragen ermittelt. Vor allem stört die Beeinträchtigung der Passanten durch andere Nutzergruppen wie Hundehalter und Fahrradfahrer (Mehrfachnennungen möglich).

Bei zwei kleineren Passantenstichproben in der Wieseebene wurden in einer Diplomarbeit des Geographischen Instituts Basel (Gerber 2003) im Rahmen der vorliegenden Studie differenzierter Störfaktoren ermittelt, die die Passanten in einer mündlichen Befragung mit offenen Fragen angaben. Die Angaben zu den Langen Erlen zeigen ebenfalls die im Vordergrund stehenden Konflikte zwischen den Nutzergruppen der Passanten auf (Tab. 6.1-1).

Tab. 6.1-1: Für Passanten störende Elemente des Landschaftsparks Wiese (verändert nach GERBER 2003, 92). Auch hier stellen freilaufende Hunde, Abfall und Fahrradfahrer für viele Passanten ein Ärgernis dar. Die Nutzungskonflikte stehen klar im Vordergrund, während ein Defizit an naturnahen Elementen im Landschaftspark seltener bemängelt wird (Mehrfachnennungen möglich).

Störfaktoren in den Langen Erlen	Anzahl Nennungen (n = 82)
Freilaufende Hunde bzw. herumliegender Hundekot	40
Abfall am Wieseufer bzw. überquellende Abfalleimer und Robidogs (Abfallbehälter für Hundekot)	40
Fahrradfahrer, Inlineskater/Kickboarder auf ungeteerten Wegen	16
Fehlende Sicherheit	6
Lärm	6
Wilde Feuerstellen am Wieseufer	2
Geruch des Wiesewassers	2
Kanalisierung der Wiese	2
Fahrradfahrverbote	1
Parkplatz	1
Einheitliches Besucherspektrum	1
Zu wenig Parkplätze	1

Die in der vorliegenden Studie ermittelten Wünsche für die weitere Gestaltung des Landschaftsparks Wiese beziehen sich auf die Schaffung von mehr unberührter Natur oder skizzieren Möglichkeiten zur Behebung der Beeinträchtigung des persönlichen Genusses durch die anderen Nutzer, z. B. durch die bessere Trennung von Wegen (Abb. 6.1-3). Das Aufstellen von weiteren Robidogs (Abfallbehälter für Hundekot) wird häufig bei „anderen Wünschen" angegeben.

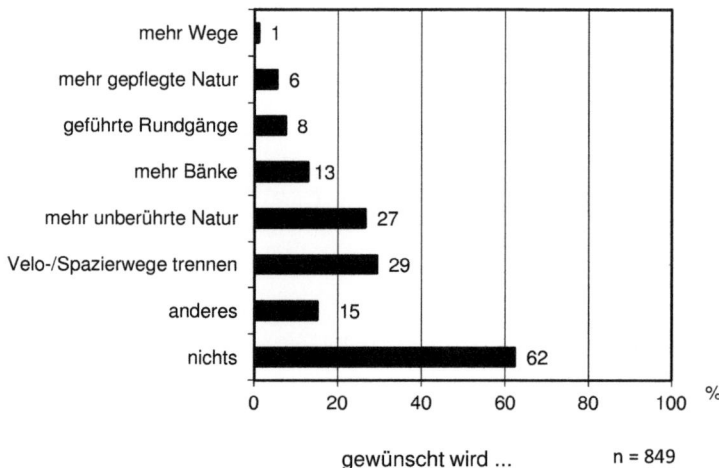

Abb. 6.1-3: Wünsche der Passanten für die Gestaltung des Landschaftsparks Wiese. Auch hier tritt in den Vordergrund, dass sowohl die unberührte Natur als auch die Eindämmung der Konflikte zwischen den Nutzergruppen von den Passanten des Landschaftsparks Wiese gewünscht werden (Mehrfachnennungen möglich).

Wird in der Befragung das „Angebot" der „Revitalisierungen in der Wieseebene" gegeben, treten die Passanten aus ihrer gewohnheitsbedingt zufriedenen Wahrnehmung des Landschaftsparks Wiese heraus und befürworten mit 57 Prozent (Wassergräben) bis 88 Prozent (Feuchtgebietsrevitalisierungen) Revitalisierungsmaßnahmen in der Wieseebene. Die Idee der Revitalisierungen wird demnach sehr begrüßt, jedoch würden fehlende Revitalisierungsprojekte wenig Kritik auslösen.

6.2 Bewertung des Landschaftsparks Wiese durch die Passanten

Das Gebiet des Landschaftsparks Wiese wird von den Passanten entsprechend der Befragung der Akteure insgesamt besser bewertet als das Gebiet der Stellimatten und ihrer Umgebung. Auch sprechen die Passanten

– genauso wie die Akteure – der Naherholungsqualität dieses Raumes einen höheren Wert zu als der Qualität für Ökologie oder Ästhetik. Grundsätzlich liegen die Bewertungen, die mit schweizerischen Schulnoten vergeben werden (6 = sehr gut bis 1 = sehr schlecht), im Bereich der Note 5 (= gut). Es ergibt sich eine differenziertere Bewertung in Abhängigkeit vom Bildungsniveau (Abb. 6.2-1).

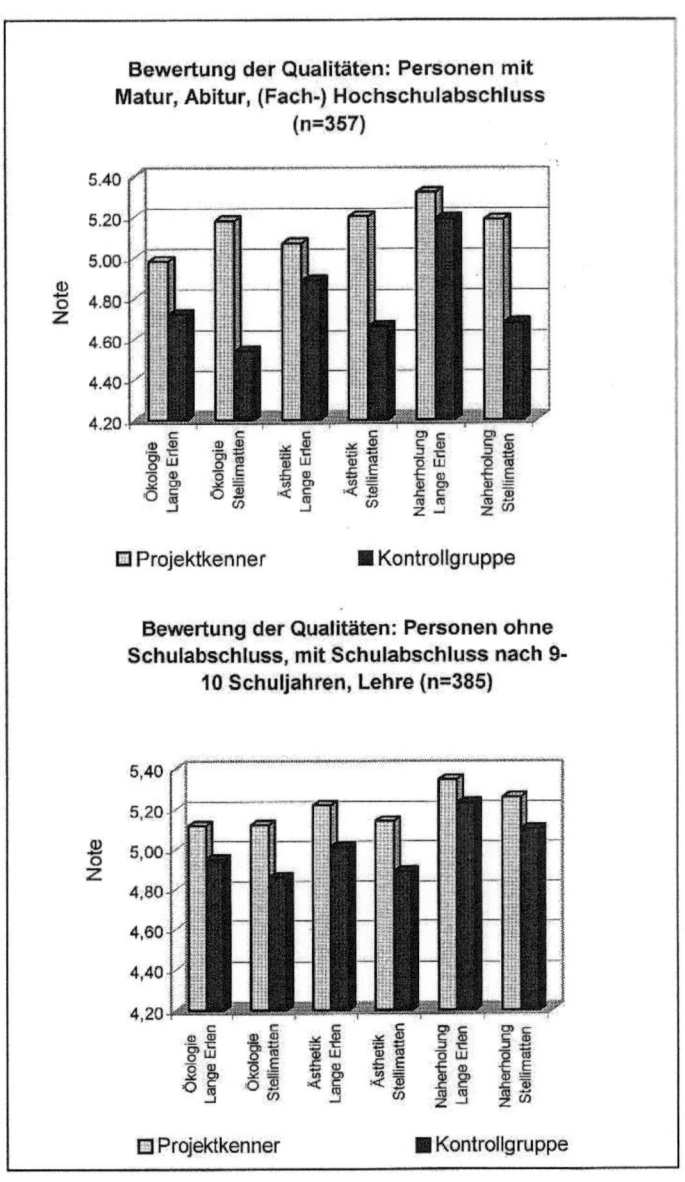

Abb. 6.2-1: Passantenbewertung der Qualitäten des gesamten Landschaftsparks und seines Teilgebiets Stellimatten. Die Naherholungsqualität wird von den Passanten höher eingestuft als die ökologische und ästhetische Qualität des Naherholungsraums. Das gesamte Naherholungsgebiet – hier mit Lange Erlen bezeichnet – erfährt eine bessere Bewertung als das Teilgebiet der Stellimatten. Auffällig ist die differenziertere Bewertung bei einem höheren Bildungsniveau.

Projektkenner und Kontrollgruppe bewerten bei den Langen Erlen dasselbe Gebiet. Bei den Stellimatten bewertet die Kontrollgruppe den Zustand des Gebiets vor der Revitalisierung, weil sie das Projekt nicht kennt. Die Projektkenner bewerten dagegen den revitalisierten Zustand der Stellimatten. Statistisch gesehen besteht kein Unterschied in der Bewertung der Langen Erlen (t-Test $p=0.179$). Dagegen ist eine signifikant bessere Bewertung der ökologischen und ästhetischen Qualität der Stellimatten seitens der Projektkenner mit Matur, Abitur, Fach- oder Hochschulabschluss im Vergleich zu den Projektunkundigen gleichen Bildungsniveaus erkennbar. Bei den Passanten geringeren Bildungsniveaus ergibt sich kein signifikanter Unterschied, jedoch ist eine ähnliche Tendenz wie bei den Passanten hohen Bildungsniveaus zu erkennen. Nivelliert man mit einem Korrekturfaktor (der Korrekturfaktor wird errechnet aus den Bewertungen des Referenzgebiets Lange Erlen: Korrekturfaktor = Note der Projektkenner/Note der Kontrollgruppe) die Bewertungsnote der Langen Erlen, die beide Gruppen in demselben Zustand bewerten, so erhält man die Bewertungsdifferenz zu den Stellimatten, die sich aus der Auf- oder Abwertung des Gebiets durch das Revitalisierungsprojekt ergibt (Abb. 6.2-2). Wiederum schlägt sich das Pilotprojekt vor allem bei den Personen mit Matur, Abitur, Fachhochschul- oder Hochschulabschluss in einer positiveren Bewertung nieder (t-Test $p<0.001$). Das Pilotprojekt hat bei den Passanten sowohl zu einer Qualitätsaufwertung im ökologischen und ästhetischen Sinne als auch zu einer höheren Bewertung der Naherholungsqualität der Stellimatten geführt.

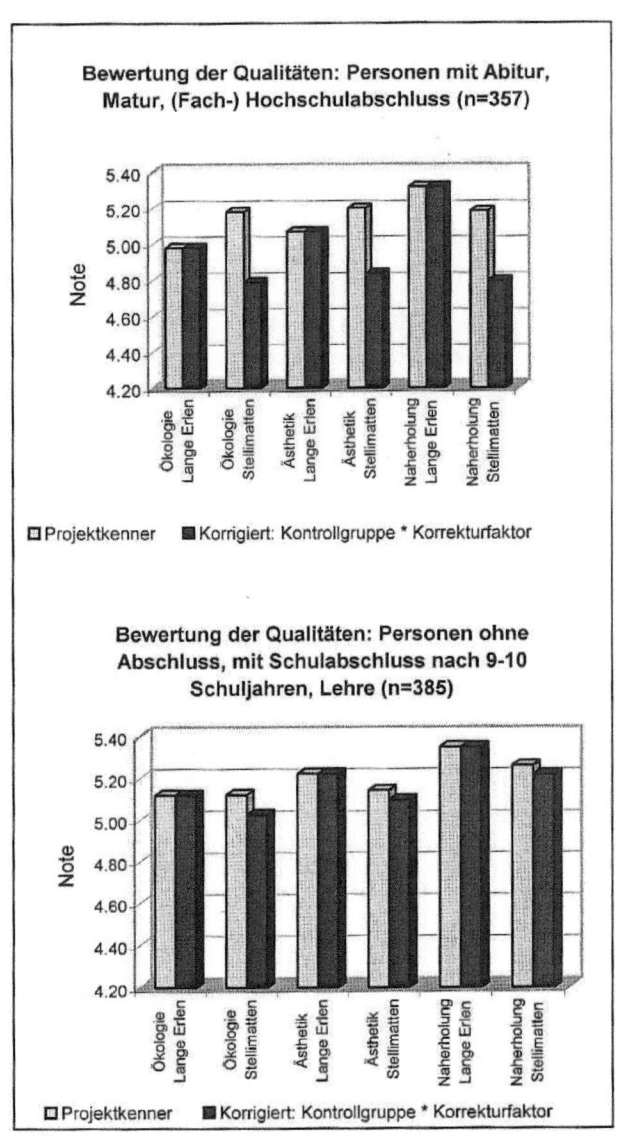

Abb. 6.2-2: Korrigierte Passantenbewertung der Qualitäten des gesamten Landschaftsparks und seines Teilgebiets Stellimatten. Bei Nivellierung der Bewertungen der Langen Erlen mittels eines Korrekturfaktors ergibt sich eine unterschiedliche Bewertung des Stellimatten-Gebiets seitens der beiden Gruppen. Die Kontrollgruppe bewertet den nicht revitalisierten Zustand der Stellimatten. Die Projektkenner bewerten den revitalisierten Zustand. Es ergibt sich eine positivere Bewertung des revitalisierten Zustands der Stellimatten als beim früheren Zustand.

6.3 Wirkungen der eingesetzten Instrumente der Öffentlichkeitsarbeit

Hauptsächlicher Projektvermittler ist der Auenpfad, über den 53 Prozent der betroffenen Passanten im Stellimatten-Gebiet vom Pilotprojekt erfuhren (Abb. 6.3-1). Die anderen eingesetzten Instrumente der Öffentlichkeitsarbeit wie die Information durch Bekannte, die Ausgabe von Broschüren, die eigene Beobachtung der Ereignisse im Gebiet, Zeitungs- und Gemeindeblattmitteilungen, der Kontakt mit Projektmitarbeitern durch Führungen, Emails, Telefonate oder Gespräche vor Ort konnten viel weniger Passanten erreichen.

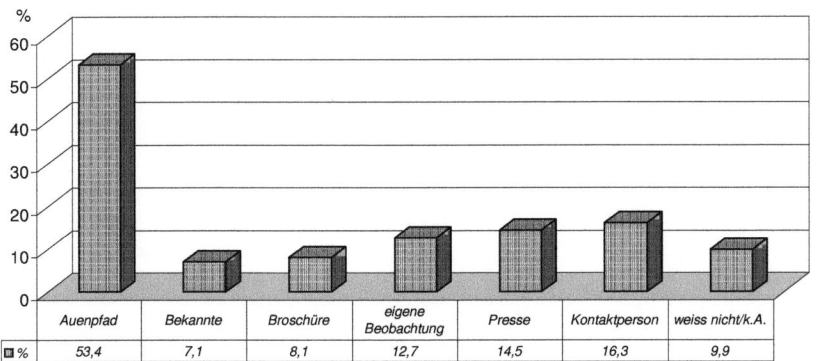

Abb. 6.3-1: Rücklauf der Öffentlichkeitsarbeit. Der Auenpfad diente 53 Prozent der Passanten als Projektvermittler. Informationen durch Bekannte, die Ausgabe von Broschüren, eigene Beobachtungen der Ereignisse im Gebiet, Zeitungs- und Gemeindeblattmitteilungen, der Kontakt mit Projektmitarbeitern durch Führungen, Emails, Telefonate oder Gespräche vor Ort konnten nur bis zu 17 Prozent aller projektkundigen Passanten erreichen.

Der Auenpfad wird von 89 Prozent der Befragten geschätzt. Lediglich drei Prozent geben an, den Auenpfad nicht zu mögen. Der Pfad wird vor allem aufgrund des ermöglichten Naturerlebnisses angenommen, weniger dagegen als Informationsvermittler (Abb. 6.3-2). Dies wird auch aus den Gesprächen mit den Passanten deutlich. Zum Teil geben die Passanten an, die Tafeln bewusst gar nicht oder nur teilweise zu lesen, um sich nicht beim Naturerlebnis stören zu lassen. Selbst wenn die Tafeln des Pfades gelesen werden, sind die darin vermittelten Informationen bei Nachfrage nur rudimentär vorhanden.

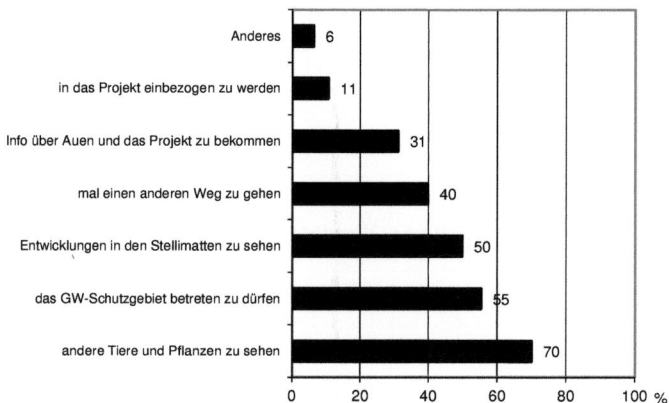

Abb. 6.3-2: Gründe für die Wertschätzung des Auenpfads. Der Auenpfad wird geschätzt, weil er das Sehen anderer Tiere, Pflanzen und Entwicklungen der Natur erlaubt. Ausserdem freut man sich über die Möglichkeit, die Grundwasserschutzzone zu betreten. Die Informationsvermittlung bleibt für die Wertschätzung des Pfades sekundär.

Im Weiteren wurde gefragt, ob das Pilotprojekt zu einer Steigerung der Naherholungsqualität geführt hat und wenn ja, wodurch. Die Antworten der Passanten zeigen, dass erst die Kombination aus der Schaffung des neuartigen Feuchtgebiets mit dem Aufbau des Pfades als Steigerung der Naherholungsqualität aufgefasst wird (Abb. 6.3-3).

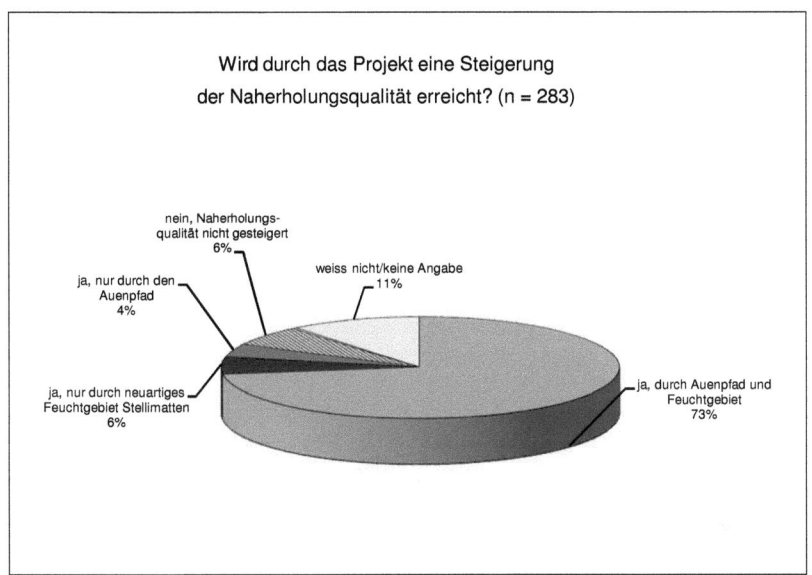

Abb. 6.3-3: Elemente des Projekts, die zur Steigerung der Naherholungsqualität führen. Die Kombination aus dem revitalisierten Feuchtgebiet und dem Auenpfad bewirkt offenbar eine Steigerung der Naherholungsqualität.

6.4 Passantenhaltung zu Revitalisierungen im Landschaftspark

Grundsätzlich werden die Revitalisierungsbemühungen in der Wieseebene sehr positiv aufgenommen. Die Revitalisierung des Wieselaufs wird zu 79 Prozent begrüßt und von 66 Prozent der Passanten für notwendig erklärt, Feuchtgebietsrevitalisierungen werden zu 88 Prozent begrüßt und zu 63 Prozent für notwendig gehalten. Durch die Beispielprojekte der Wieselaufrevitalisierung nördlich des Tierparks und des Stellimatten-Projekts an der Lörracher Grenze ist den Passanten der Unterschied zwischen den verschiedenen Revitalisierungsformen klar. Die Antworten zur Frage nach der Bereitschaft zum Tragen von eventuellen Mehrkosten zeugen von einer stabilen Akzeptanz. Rund zwei Drittel (67 Prozent) der Passanten befürworten den Einsatz von höheren Kosten für Revitalisierungsmaßnahmen, die sie mit den Steuern indirekt mittragen. Der Unterschied zu der Haltung der Akteure ist, dass die Passanten die

Feuchtgebietsrevitalisierungen stärker befürworten als die Revitalisierung des Wieselaufs.

Die Varianzanalyse zeigt, dass die Beantwortung der Fragen zur Revitalisierungsakzeptanz am stärksten von dem Schul- oder Berufsabschluss und der Altersklasse der Befragten abhängt (univariate Varianzanalyse $p<0.001$) und diese Faktoren sich untereinander signifikant bedingen (univariate Varianzanalyse $p=0.006$). Dies deutet auf einen Zusammenhang hinsichtlich der Zusammensetzung der Kontrollgruppe hin, in der ein relativ hoher Anteil von jungen Chemikern und Biologen der Basler Chemie vertreten ist.

Die Projektkenntnis hat nur geringe Auswirkungen auf die Beantwortung der Akzeptanzfragen. Zwar geben 20 Prozent der projektkundigen Passanten an, sie hätten aufgrund des Projekts eine andere Haltung zu den Revitalisierungsbemühungen in der Wieseebene entwickelt, doch ist die akzeptanzsteigernde Wirkung de facto geringer, wie ein Vergleich unter Ausklammerung der zwei sich am stärksten auswirkenden Faktoren Alter und Bildungsniveau ergibt (Abb. 6.4-1).

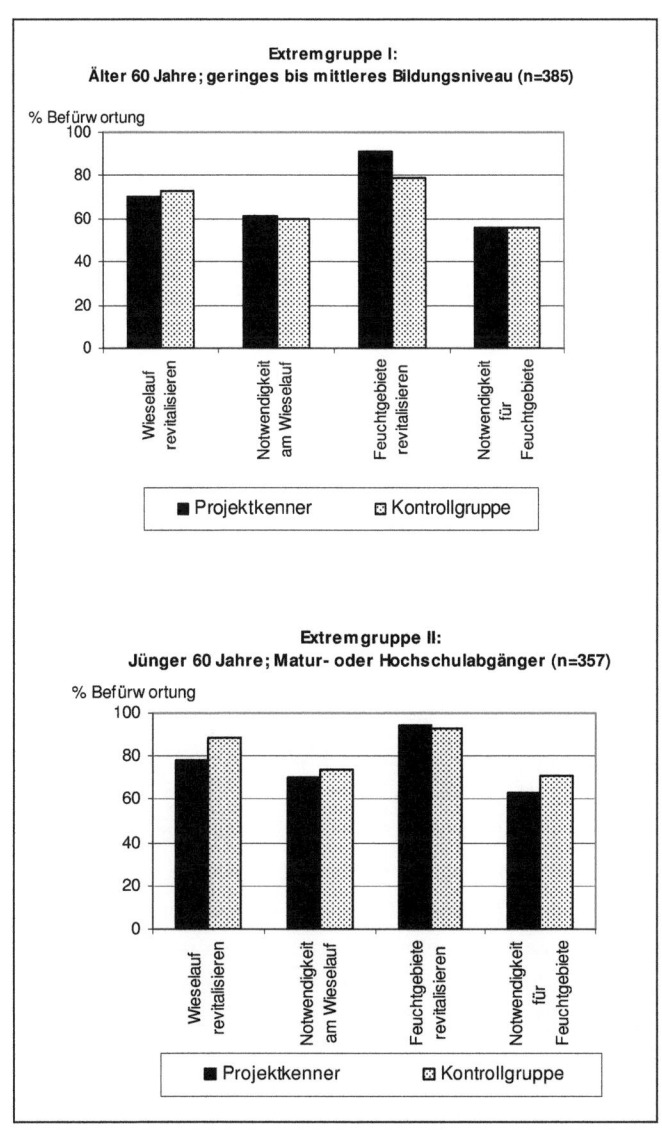

Abb. 6.4-1: Befürwortungen von Revitalisierungen in Abhängigkeit der Projektkenntnis. Die beiden sich am stärksten auswirkenden Faktoren Alter und Bildung sind extrahiert worden, indem die Gruppen „hohes Alter und geringeres Bildungsniveau" und „geringes bis mittleres Alter und hohes Bildungsniveau" verglichen werden. Es ergibt sich keine signifikante Veränderung der Akzeptanz von Feuchtgebietsrevitalisierungen aufgrund der Projektkenntnis (Chi^2-Test nach Likelihood p=0.57 und nach Pearson p=0.73).

Feuchtgebietsrevitalisierungen werden von den Projektkennern nur tendenziell stärker befürwortet. Die Extremgruppe I, in der Matur- und Hochschulabgänger nicht mehr enthalten sind, zeigt eine um 12 Prozent stärkere Befürwortung der Feuchtgebietsrevitalisierungen durch die Projektkenner. Die positivere Haltung der Kontrollgruppe zur Wieselaufrevitalisierung in der Extremgruppe II wird bezüglich der Feuchtgebietsrevitalisierungen durch eine gesteigerte positive Haltung der Projektkenner ausgeglichen. Dieser Unterschied stellt sich aber als statistisch nicht signifikant heraus (Chi2-Test nach Likelihood p=0.57 und nach Pearson p=0.73, n=147).

Gefragt wurde im Weiteren nach der Befürwortung oder Ablehnung der einzelnen Projektmaßnahmen. Die Maßnahmen werden von einem Grossteil der Passanten nicht mit dem Projekt in Verbindung gebracht. Der Einfluss des Projektes auf die Einstellung zu den Projektmaßnahmen ist daher nicht ablesbar.

Die Passanten befürworten sowohl das Aufkommen lassen standortheimischer Pflanzen (93 Prozent) als auch die Einleitung des Wiesewassers (60 Prozent), lehnen aber die Entfernung der Pappeln mit 60 Prozent ab. 29 Prozent der Passanten geben an, der Entfernung der Pappeln gegenüber gleichgültig gegenüber zu stehen oder nicht zu wissen, ob sie dafür oder dagegen sind. Dies verdeutlicht eine große Unsicherheit bei der Bewertung der Naturschutzmaßnahmen. Nötig wäre mehr Hintergrundwissen zum Pro und Contra dieser Maßnahmen, bevor eine endgültige Meinung abgegeben werden kann. Gerade die Haltung zum Entfernen der Pappeln macht deutlich, dass bei bestimmten Maßnahmen eine intensive Kommunikation zur Aufklärung sinnvoll ist.

Schließlich wurde der Anteil der zu Umsetzungsarbeiten sich zur Verfügung stellenden Personen – diese geben Name und Adresse an, um bei Aktivitäten kontaktiert zu werden und helfen zu können – eruiert. Bei den Projektunkundigen beträgt der Anteil der aktiven Helfer 9 Prozent, bei den Projektkundigen 13 Prozent.

Insgesamt lässt sich festhalten, dass die Akzeptanz von Revitalisierungen in der Wieseebene unter den Passanten groß ist. Das Miterleben des Projekts führt aber nicht notwendigerweise zu einer signifikanten Steigerung der Akzeptanz der Feuchtgebietsrevitalisierung.

6.5 Partizipationsbereitschaft

Zwischen der grundsätzlichen Zufriedenheit der Passanten mit ihrem Naherholungsgebiet und ihrer Bereitschaft, hier an Planungen und Projekten mitzuwirken, besteht ein Zusammenhang. Keine Wünsche zur Gestaltung des Landschaftsparks haben 62 Prozent der Befragten (s. Abb. 6.1-3). Es bleiben 38 Prozent, deren Bedürfnisse nicht abgedeckt sind. 12 Prozent aller Befragten geben an, in die weitere Planung einbezogen werden zu wollen, 11 Prozent wollen sich bei Aktionen an konkreten Umsetzungsprojekten beteiligen. Weitere 15 Prozent sind unentschlossen, ob sie in die Planung einbezogen werden wollen.

Nach der im Kontext dieser Studie erstellten Diplomarbeit von Gerber (2003) können die unentschlossenen 15 Prozent der Passanten zur Partizipation und/oder Kooperation motiviert werden, wenn die Rahmenbedingungen dafür stimmen.

Tab. 6.5-1: Ablehnungsgründe der nicht partizipationsbereiten Passanten in den Langen Erlen (nach Gerber 2003, 85, stark verändert). Ein Viertel der Befragten gibt mangelndes Interesse an der Mitwirkung an, nur wenige wollen aufgrund des Vertrauens in die Fachleute nicht partizipieren. Die partizipationsbereite Bevölkerung ist also eine knappe Ressource, die es zu schonen gilt. Partizipation ist aber dennoch nötig, weil Planungsresultate offensichtlich nicht den Vorstellungen der meisten betroffenen Passanten entsprechen.

Ablehnungsgrund (n = 160)		Zusammenfassung	
Ich habe keine eigene Meinung	6 %	Keine Meinungsabgabe	34 %
Ich habe kein Interesse	24 %		
Meine Meinung wird nicht berücksichtigt	4 %		
Ich habe keine Zeit	15 %	Rahmenbedingungen schlecht	49 %
Ich bin zu alt	9 %		
Mein Wohnort ist zu weit weg	25 %		
Ich habe Vertrauen in Planer und Fachleute	7 %	Inhaltliche Gründe	11 %
Man soll alles so lassen wie es ist	4 %		
Anderes	6 %	Sonstiges	6 %

Gerber (2003) ermittelt in der Wieseebene einen Anteil von 20 bis 25 Prozent der Passanten, die sich bei der Planung und Gestaltung der Flussebene einbringen wollen. Die Partizipationsbereitschaft der

Bevölkerung ist damit „eine knappe Ressource" (Gerber 2003, 114), die es unbedingt zu nutzen und zu schonen gilt. Die Ablehnungsgründe für eine Mitwirkung (Tab. 6.5-1) zeigen auf, dass die Befragten befürchten, ihre Meinung werde nicht beachtet oder die Mitwirkung könne aus organisatorischen Gründen nicht geleistet werden (Zeit, Anfahrtsweg etc.). Es werden in beiden Befragungsorten der Studie vor allem schriftliche Fragebögen und Bürgerforen, welche an einem Abend abgeschlossen werden können, als gewünschte Mitwirkungsformen genannt, um den organisatorischen Schwierigkeiten entgegen zu treten.

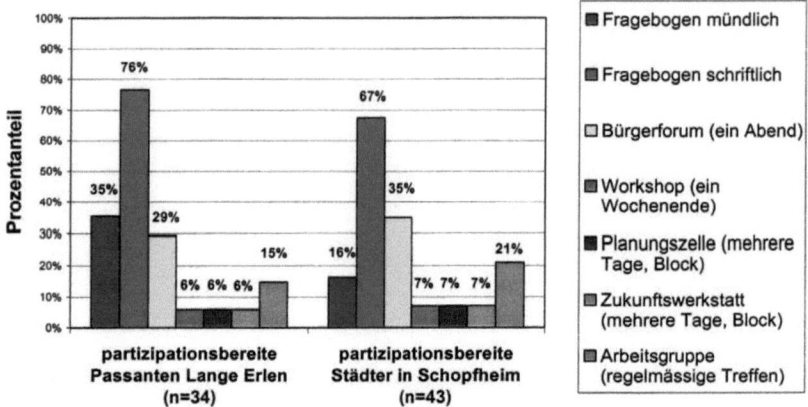

Abb. 6.5-1: Von Passanten gewünschte Beteiligungsformen (Gerber 2003, 87). Der schriftliche Fragebogen wird bevorzugt, danach folgt das Bürgerforum. Die zeitaufwändigeren Veranstaltungen wie Planungszelle und Zukunftswerkstatt werden weniger geschätzt.

Nur 7 Prozent der Befragten wollen nicht mitwirken, weil sie den Fachleuten vertrauen (Gerber & Kohl 2002)! Diese Erkenntnisse sind aufgrund der kleinen Stichprobe statistisch nicht erhärtet, geben aber Hinweise auf mögliche Hintergründe geringer Partizipationsbereitschaft.

6.6 Fazit zu den Passantenbefragungen

Die Passanten des Landschaftsparks Wiese suchen in diesem Naherholungsraum vor allem die Ursprünglichkeit und Reinheit der Natur, die sie in einer Atmosphäre der Ruhe unbeeinträchtigt nutzen können. Dem stehen Konflikte mit anderen Nutzergruppen wie Fahrradfahrern oder Hundehaltern im Wege.

Die Akzeptanz für Revitalisierungsbemühungen ist bei den Befragten groß. Die Passanten empfinden das revitalisierte Stellimatten-Gebiet ökologischer, ästhetischer und wertvoller für die Naherholung. Von zentraler Bedeutung ist dabei der Auenpfad, der den Nutzen des Gebiets für die Naherholungssuchenden erst erlaubt. Das Erleben eines einzelnen Revitalisierungsprojektes führt jedoch nicht automatisch zu einer veränderten Einstellung bezüglich Gewässerrevitalisierungen. Nach wie vor sind dafür das Bildungsniveau und das Alter relevanter. Es kann aber festgehalten werden, dass die Durchführung eines solchen Projektes bei Personen mittleren bis geringen Alters sowie hohem Bildungsniveau tendenziell die Akzeptanz für Feuchtgebietsrevitalisierungen erhöht.

7 Die Haltung der Akteure

7.1 Erkenntnisse der schriftlichen Netzwerkanalyse

Das Netzwerk zur Landschaftsplanung in der Wieseebene ist sehr stark verflochten. Zum Kern dieses Netzwerks gehören im Juni bis November 2000 acht von 29 Institutionen (Abb. 7.1-1):

1. die quasi-staatlichen Industriellen Werke von Basel (IWB),
2. die Verwaltungsstellen Amt für Umwelt und Energie mit dem Gewässer-schutzamt (AUE),
3. das Hochbau- und Planungsamt (HPA),
4. das Tiefbauamt (TBA),
5. die Stadtgärtnerei und Friedhöfe, insbesondere die Naturschutzfachstelle (SF-Natursch.),
6. die Gemeinde Riehen,
7. das Geologisch-Paläontologische Institut Basel
8. und das Geographische Institut der Universität Basel.

Ein weiterer behördlicher Partner des Kernnetzwerkes ist das Forstamt. Als gesellschaftliche Akteure werden im untersuchten Zeitraum vor allem das Büro Hesse+Schwarze+Partner, Pro Natura und Life Science zur Beratung herangezogen. Insgesamt geben die NGOs in der Planung an der Wiese Anstöße zu unterschiedlichen Arbeiten.

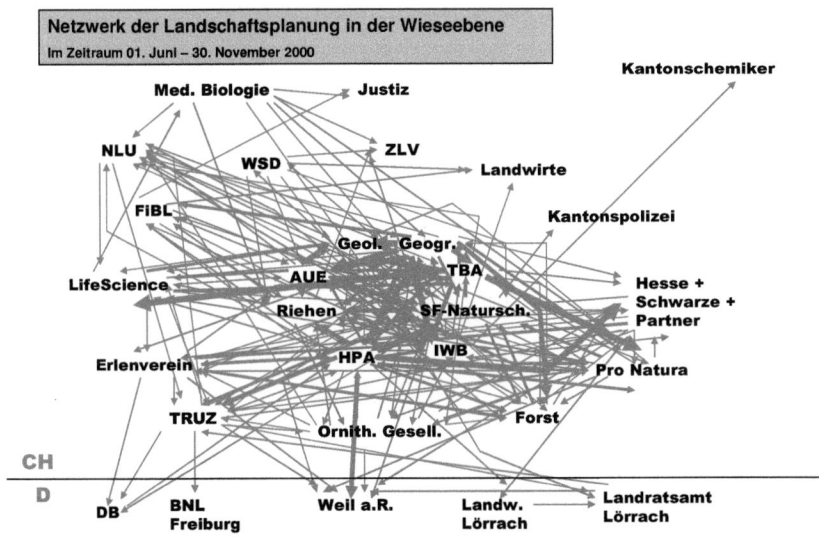

Legende:
(die Pfeilrichtung macht deutlich, von wem der Kontakt ausgeht)

──→	1-5 Kontakte
──→	6-10 Kontakte
──→	11-19 Kontakte
──→	>19 Kontakte

Abkürzungen:

AUE = Amt für Umwelt und Energie BS
BNL Freiburg = Bezirksstelle für Naturschutz und Landschaftsplanung Freiburg
DB = Deutsche Bahn
FiBL = Forschungsinstitut für biologischen Landbau
Geol. = Geologisch-Paläontologisches Institut der Universität Basel und Kantonsgeologie
Geogr. = Geographisches Institut der Universität Basel
HPA = Hochbau- und Planungsamt BS
IWB = Industrielle Werke Basel
Justiz = Justizdepartement BS
Landw. Lörrach = Amt für Landwirtschaft Lörrach
Med. Biologie = Institut für Medizinische Biologie der Universität Basel
NLU = Institut für Natur-, Landschafts- und Umweltschutz der Universität Basel
Ornith. Gesellsch. = Ornithologische Gesellschaft
SF-Naturschutz = Stadtgärtnerei und Friedhöfe BS, Naturschutzfachstelle
TBA = Tiefbauamt BS
TRUZ = Trinationales Umweltzentrum
WSD = Wirtschafts- und Sozialdepartement BS
ZLV = Zentralstelle für Liegenschaftsverkehr BS

Abb. 7.1-1: Netzwerk der Landschaftsplanung in der Wieseebene. Die Institutionen des inneren Rings stellen das Kernnetzwerk dar, außen sind die weiteren aktiven Teilnehmer des Netzwerkes dargestellt. Unterhalb der Trennlinie stehen deutsche Institutionen. Zu sehen ist ein äußerst verflochtenes Netzwerk, dessen Kern vor allem aus staatlichen Institutionen besteht. Teilaspekte des Netzwerks werden in folgenden Abbildungen einzeln dargestellt.

Die Kontakte werden insgesamt vor allem für Beratungen, Informationen und Auskünfte genutzt. Der Bereich des gedanklichen Austausches bedarf jetzt schon ein Vielfaches der Kontakte, die für rein physische Leistungen nötig sind. Nur wenige Kanäle – in der Regel die stark frequentierten Kontakte – werden für den Austausch von Materialien- und Arbeitsleistungen genutzt. Geräte, Materialien und Arbeitsleistungen werden vor allem von den IWB, dem AUE und dem TBA gestellt. Die Empfänger sind oft die universitären Institute. Auch das TBA bezieht Geräte etc. von den IWB, dem AUE und dem Geologisch-Paläontologischen Institut. Unter diesen vier Netzwerkteilnehmern bestehen damit Kontakte, die auf gegenseitigem Nehmen und Geben beruhen (Abb. 7.1-2).

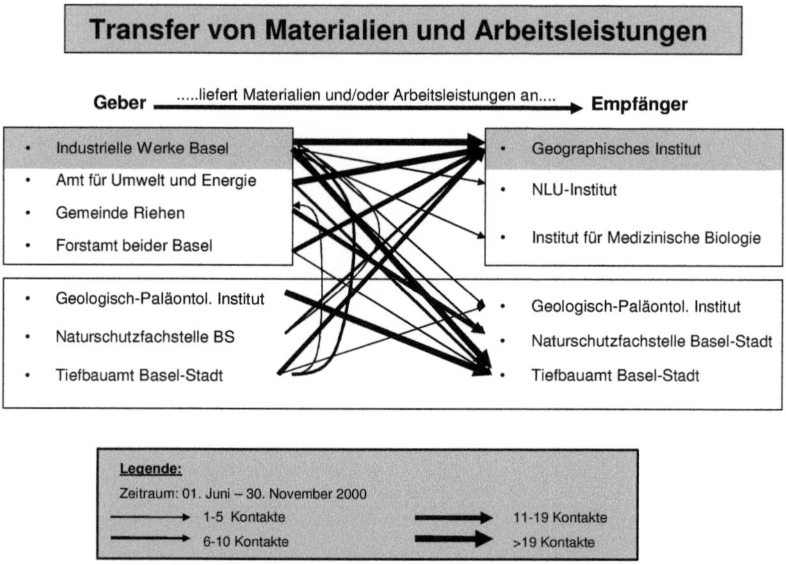

Transfer von Materialien und Arbeitsleistungen

Geber .....liefert Materialien und/oder Arbeitsleistungen an.... ➤ Empfänger

- Industrielle Werke Basel
- Amt für Umwelt und Energie
- Gemeinde Riehen
- Forstamt beider Basel

- Geographisches Institut
- NLU-Institut
- Institut für Medizinische Biologie

- Geologisch-Paläontol. Institut
- Naturschutzfachstelle BS
- Tiefbauamt Basel-Stadt

- Geologisch-Paläontol. Institut
- Naturschutzfachstelle Basel-Stadt
- Tiefbauamt Basel-Stadt

Legende:
Zeitraum: 01. Juni – 30. November 2000
- 1-5 Kontakte
- 6-10 Kontakte
- 11-19 Kontakte
- >19 Kontakte

Abb. 7.1-2: Transfer von Materialien und Arbeitsleistungen im Zeitraum 01.06.-30.11.2000. Auf der Seite der „Geber" treten vor allem die Industriellen Werke von Basel in den Vordergrund, während der Hauptabnehmer von Materialien und Arbeitsleistungen das Geographische Institut der Universität Basel ist – bedingt durch das Stellimatten-Projekt.

Deutlich wird im Netzwerk der Landschaftsplanung in der Wieseebene die prominente Rolle der IWB. Die IWB besitzen die Verfügungsgewalt über

Ressourcen, die im Netzwerk knapp sind: Die Eigentumsrechte über einen großen Teil der im Kanton Basel-Stadt zur Verfügung stehenden unüberbauten Landflächen im Bereich der ehemaligen Flussauen, finanzielle Mittel, Arbeitskräfte und Materialien, die für Revitalisierungen dringend benötigt werden (Abb. 7.1-2). Speziell auf die Wieseebene bezogen besitzen sie zudem ein großes Wissen, was die Grundwasseranreicherung und die Trinkwasserversorgung der Stadt Basel betrifft. Auch Bewilligungen für Eingriffe innerhalb dieses Raumes werden von ihnen oder dem AUE ausgestellt. Von den anderen Netzwerkteilnehmern wird den IWB die größte Bedeutung für die Landschaftsplanung beigemessen (Tab. 7.1-1).

In der Prestigeanalyse wird aber auch deutlich, dass andere Teilnehmer für die Gesamtstruktur des Netzwerkes ebenfalls elementar sind (Tab. 7.1-1). Interessanterweise decken sich die Teilnehmer des Kernnetzwerkes mit den bedeutungsvollsten Institutionen der Prestigeanalyse. Es besteht also kein Widerspruch zwischen den bedeutendsten Institutionen in der Landschaftsplanung und denen, die aktiv sind.

Die staatlichen Stellen übernehmen in der Regel die Leitung anfallender Projekte (Bsp. Wieserevitalisierung, Landwirtschafts- und Fliessgewässerkonzepte). Ebenfalls liegen die Kapitalressourcen, wie Geräte, Materialien und Gelder bei staatlichen Institutionen. Naturschutzverbände sind vor allem initiativ aktiv und tragen Ideen bei. Die spezielle Rolle der Universitätsinstitute liegt darin, dass sie Wissen, Engagement und Initiativen produzieren und zeigen. Finanziell sind sie aber abhängig von der Verwaltung. Dies gilt zu einem großen Teil auch für das Pilotprojekt Stellimatten.

Tab. 7.1-1: Resultate der Prestigeanalyse im Netzwerk der Landschaftsplanung Wieseebene. Die im Netzwerk aktiven Institutionen nannten die Ihrer Meinung nach fünf bedeutendsten Institutionen für die Landschaftsplanung. Aufgeführt sind die meist Genannten. Den IWB wird eine hohe Bedeutung für die Landschaftsplanung der Wieseebene zugemessen, das gleiche gilt für das Amt für Umwelt und Energie und die Naturschutzfachstelle Basel-Stadt.

Institution	Anzahl Nennungen (n=25)	Angegebene Gründe der Bedeutung
Industrielle Werke Basel (Wasserversorger)	14	Landeigentümer (7x) Nutzer des Grundwassersystems (5x) Verantwortlich für Grundwasserschutz/ Trinkwasserversorgung (4x)
Amt für Umwelt und Energie	12	Bewilligungsbehörde mit gesetzlichem Auftrag für den Wasserschutz (8x)
Naturschutzfachstelle Basel-Stadt	11	Gesetzlicher Auftrag zum Naturschutz (6x) Aktive Hilfe bei Renaturierungen (2x) Planung (2x)
Tiefbauamt	9	Ausführungs- und Projektarbeiten (4x) Motor, Initiative (3x) Gesetzlicher Auftrag für Flussallmend und Bauten/Anlagen (2x)
Gemeinde Riehen	8	Gemeinde- und Planungshoheit (6x) Mit spez. Interesse Antagonist oder Förderer (2x)
Geologisch-Paläontologisches Institut	7	Ideen (3x) Wissenschaftliche Beratung (3x)
Geographisches Institut	6	Ideen (3x) Projektleitung (3x) Wissenschaftliche Beratung (2x)
Hochbau- und Planungsamt	5	Koordination und Planung (5x)

7.1.1 Unterscheidung des Planungs- und Ausführungsnetzwerkes

Während des erfassten Zeitraums (Juni bis November 2000) wurden im Untersuchungsgebiet verschiedene Planungs- und Ausführungsprojekte bearbeitet (Tab. 7.1.1-1), von denen einige als Großprojekte angelegt und einige eher Initiati-ven einzelner Netzwerkteilnehmer waren (Abb. 7.1.1-1, 7.1.1-2). Die Netzwerkkonstellation ändert sich je nach Gegenstand und je nachdem, ob es sich um Planung oder Maßnahmenausführung handelt.

Tab. 7.1.1-1: Planungs- und Ausführungsprojekte der Landschaftsplanung in der Wieseebene. Im Zeitraum vom 01. Juni bis 30. November 2000 wird aufgrund dieser Projekte zwischen den Netzwerkteilnehmern Kontakt aufgenommen. Eigene Zusammenstellung.

Planungsprojekte	Projekte in der Ausführung
Landschaftsrichtplan Wiese	Kiesgrube Weil
Landwirtschaftskonzept	Dissertation Rüetschi
Fliessgewässerkonzept	Wieselaufrevitalisierung
Naturschutzkonzept Riehen	Pilotprojekt Stellimatten
Regiobogen	Erlenparksteg
	Kraftwerk Riehenteich

Insgesamt ist das Planungsnetzwerk größer – mit mehr Netzwerkteilnehmern – und verflochtener als das Netzwerk, welches sich zur Realisierung von diversen Projekten (Tab. 7.1.1-1 und Abb. 7.1-1, 7.1.1-3) gebildet hat. Die Koordinationsfunktion des HPA-P wird deutlich. Das HPA-P sucht zu allen Themen relativ viel Kontakt zu den anderen Netzwerkteilnehmern.

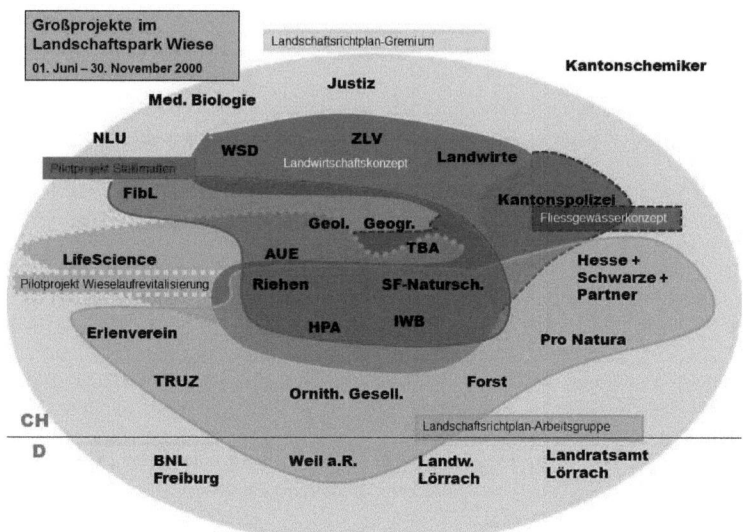

Abb. 7.1.1-1: Großprojekte mit Bezug zum Landschaftspark Wiese im zweiten Halbjahr 2000. Aufgeführt sind aktive Netzwerkteilnehmer und deren Zugehörigkeiten zu den entsprechenden Arbeitsgruppen (Abkürzungsverzeichnis siehe vorne).

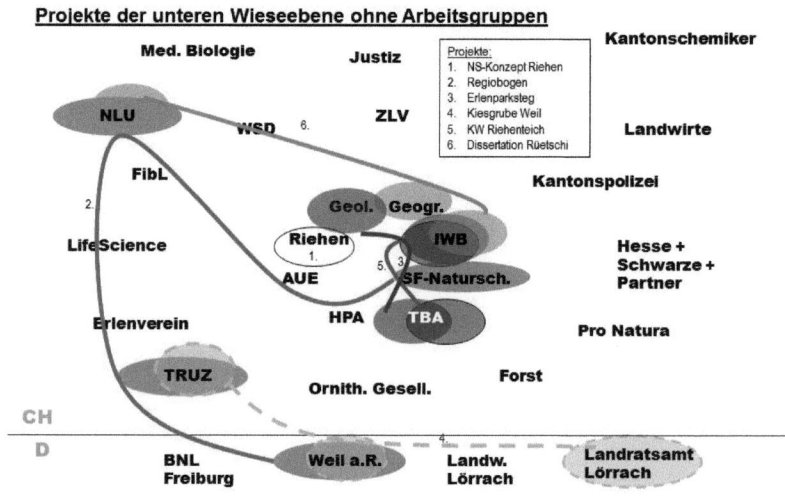

Abb. 7.1.1-2: Kleinprojekte im Landschaftspark Wiese im zweiten Halbjahr 2000. Aufgeführt sind aktive Netzwerkteilnehmer und deren Zugehörigkeiten zu den entsprechenden Projekten (Abkürzungsverzeichnis siehe vorne).

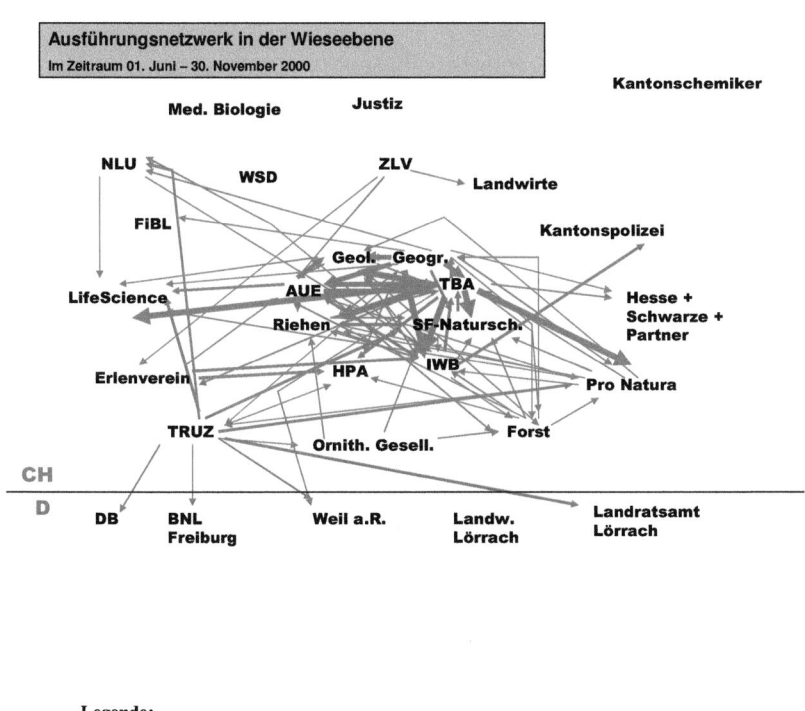

Legende:
(die Pfeilrichtung macht deutlich, von wem der Kontakt ausgeht)

→ 1-5 Kontakte
→ 6-10 Kontakte
→ 11-19 Kontakte
→ >19 Kontakte

Abkürzungen:
AUE = Amt für Umwelt und Energie BS
BNL Freiburg = Bezirksstelle für Naturschutz und Landschaftsplanung Freiburg
DB = Deutsche Bahn
FiBL = Forschungsinstitut für biologischen Landbau
Geol. = Geologisch-Paläontologisches Institut der Universität Basel und Kantonsgeologie
Geogr. = Geographisches Institut der Universität Basel
HPA = Hochbau- und Planungsamt BS
IWB = Industrielle Werke Basel
Justiz = Justizdepartement BS
Landw. Lörrach = Amt für Landwirtschaft Lörrach
Med. Biologie = Institut für Medizinische Biologie der Universität Basel
NLU = Institut für Natur-, Landschafts- und Umweltschutz der Universität Basel
Ornith. Gesellsch. = Ornithologische Gesellschaft
SF-Naturschutz = Stadtgärtnerei und Friedhöfe BS, Naturschutzfachstelle
TBA = Tiefbauamt BS
TRUZ = Trinationales Umweltzentrum
WSD = Wirtschafts- und Sozialdepartement BS
ZLV = Zentralstelle für Liegenschaftsverkehr BS

Abb. 7.1.1-3: Ausführungsnetzwerk. Das Ausführungsnetzwerk ist weitaus weniger verflochten als das Planungsnetzwerk.

Beim Thema Naturschutzplanung (Abb. 7.1.1-4) tritt das AUE in den Hintergrund, die Netzwerkteilnehmer interagieren insgesamt weniger stark und private Organisationen spielen eine größere Rolle. Dabei übernimmt das HPA-P weiterhin seine koordinierende Funktion. Außer der Naturschutzfachstelle sind die Behörden insgesamt weniger aktiv.

Beim Thema Grundwasserschutz und Wasserversorgung ähnelt das Planungsnetzwerk sehr dem der Gewässerrevitalisierungsplanung (Abb. 7.1.1-5). Bei der Planung der Gewässerrevitalisierungen sind hauptsächlich die Mitglieder des Kernnetzwerkes sowie zusätzlich die Ornithologische Gesellschaft und Pro Natura aktiv.

In der Ausführung ist das TBA u. a. wegen der Wieselaufrevitalisierung, welche unter seiner Leitung steht, intensiv tätig, aber auch das Geographische Institut bedingt durch das laufende Stellimatten-Projekt. Die Bedeutung des TBA bei den Ausführungsarbeiten (Tab. 7.1-1) zeigt sich ebenfalls in der Prestigeanalyse. Bei den Ausführungsarbeiten spielt das Büro Hesse+Schwarze+Partner keine Rolle mehr. Auch das HPA-P tritt zurück.

Zum Thema Naturschutzarbeiten gibt es viele Anfragen von Pro Natura und dem TRUZ, das TBA ist intensiv tätig. Kontakte zu Ausführungsarbeiten im Grundwasserschutz- und Wasserversorgungsbereich werden vor allem vom TBA geknüpft. Ansonsten gehen die Kontakte von den IWB beziehungsweise dem Geographischen und Geologisch-Paläontologischen Institut – wegen des Stellimatten-Projekts (s. a. Abb. 7.1.1-6) – und Pro Natura aus.

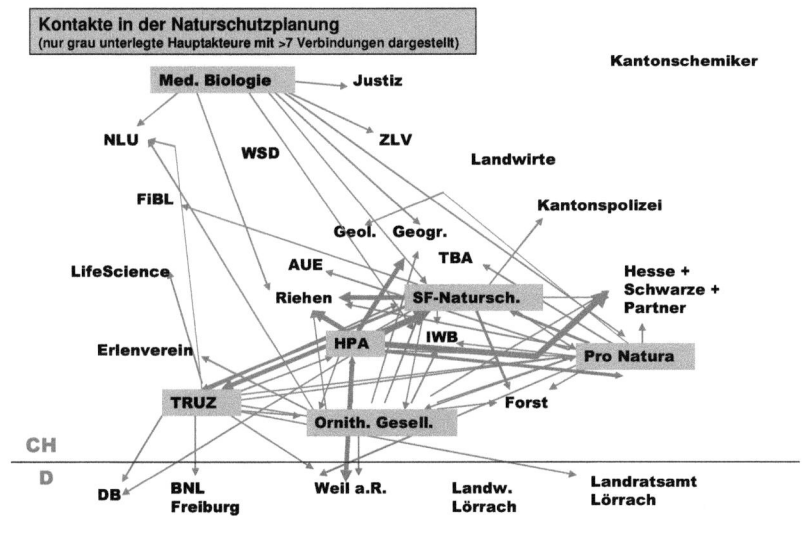

Legende:
(die Pfeilrichtung macht deutlich, von wem der Kontakt ausgeht)

- → 1-5 Kontakte
- → 6-10 Kontakte
- → 11-19 Kontakte
- → >19 Kontakte

Abkürzungen:
AUE = Amt für Umwelt und Energie BS
BNL Freiburg = Bezirksstelle für Naturschutz und Landschaftsplanung Freiburg
DB = Deutsche Bahn
FiBL = Forschungsinstitut für biologischen Landbau
Geol. = Geologisch-Paläontologisches Institut der Universität Basel und Kantonsgeologie
Geogr. = Geographisches Institut der Universität Basel
HPA = Hochbau- und Planungsamt BS
IWB = Industrielle Werke Basel
Justiz = Justizdepartement BS
Landw. Lörrach = Amt für Landwirtschaft Lörrach
Med. Biologie = Institut für Medizinische Biologie der Universität Basel
NLU = Institut für Natur-, Landschafts- und Umweltschutz der Universität Basel
Ornith. Gesellsch. = Ornithologische Gesellschaft
SF-Naturschutz = Stadtgärtnerei und Friedhöfe BS, Naturschutzfachstelle
TBA = Tiefbauamt BS
TRUZ = Trinationales Umweltzentrum
WSD = Wirtschafts- und Sozialdepartement BS
ZLV = Zentralstelle für Liegenschaftsverkehr BS

Abb. 7.1.1-4: Netzwerk der Naturschutzplanung in der Wieseebene. Dargestellt sind nur die von den Hauptakteuren (Akteure mit mehr als sieben Verbindungen im Halbjahr) der Naturschutzplanung ausgehenden Kontakte. Deutlich wird, dass das Netzwerk der Naturschutzplanung sich klar von dem der Landschaftsplanung allgemein bzw. vom Netzwerk der Gewässerrevitalisierung unterscheidet. Das Naturschutznetzwerk ist kein verwaltungsdominiertes Netzwerk mehr, die gesellschaftlichen Akteure treten im Vergleich zur allgemeinen Landschaftsplanung verstärkt in den Vordergrund, so dass ein Gleichgewicht zwischen der staatlichen und der gesellschaftlichen Seite entsteht.

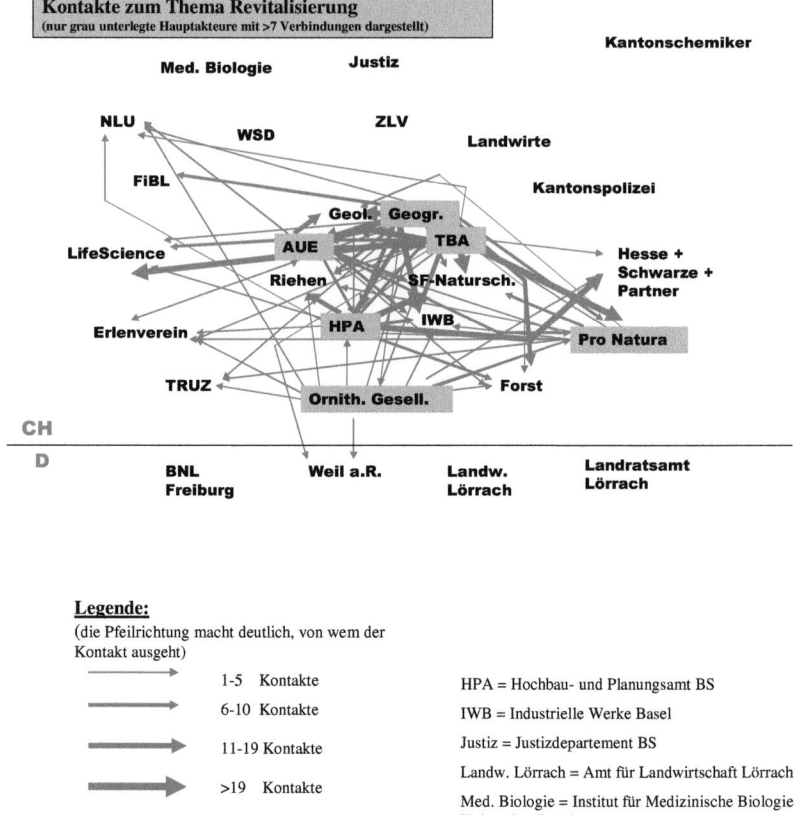

Abb. 7.1.1-5: Netzwerk zum Thema Revitalisierungen in der Wieseebene. Dargestellt sind nur die von den Hauptakteuren (Akteure mit mehr als sieben Verbindungen im Halbjahr) ausgehenden Kontakte. Deutlich wird, dass das Netzwerk zum Thema Revitalisierung in den Grundstrukturen dem allgemeinen Netzwerk der Landschaftsplanung ähnelt. Die meisten Kontakte finden innerhalb des Kernnetzwerkes statt. Einen starken gesellschaftlichen Akteur stellt Pro Natura dar.

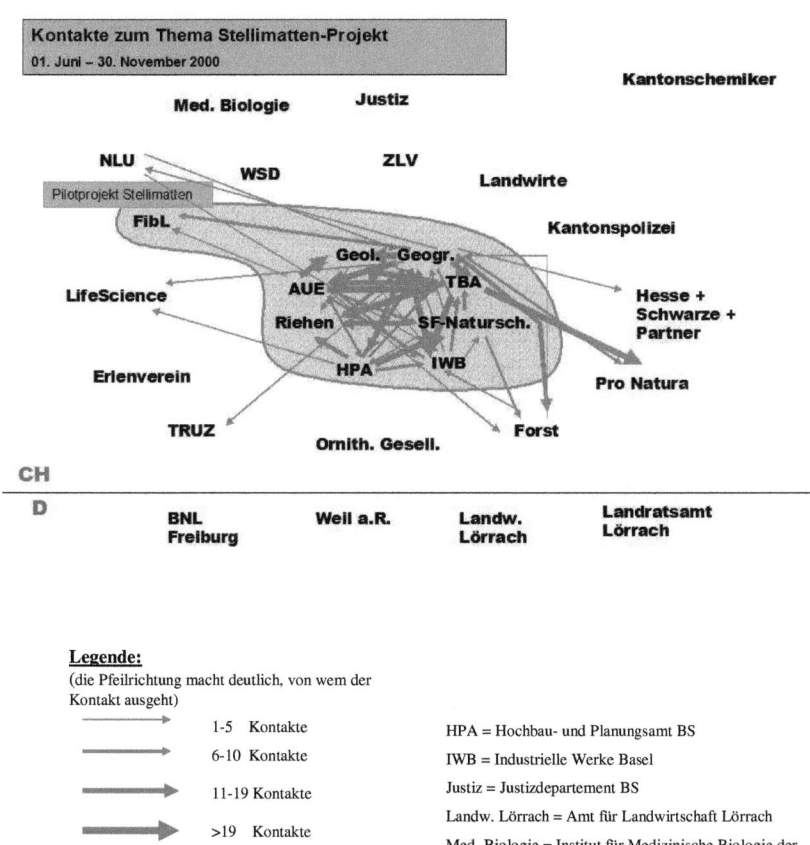

Legende:
(die Pfeilrichtung macht deutlich, von wem der Kontakt ausgeht)

→ 1-5 Kontakte
→ 6-10 Kontakte
→ 11-19 Kontakte
→ >19 Kontakte

Abkürzungen:
AUE = Amt für Umwelt und Energie BS
BNL Freiburg = Bezirksstelle für Naturschutz und Landschaftsplanung Freiburg
DB = Deutsche Bahn
FiBL = Forschungsinstitut für biologischen Landbau
Geol. = Geologisch-Paläontologisches Institut der Universität Basel und Kantonsgeologie
Geogr. = Geographisches Institut der Universität Basel
HPA = Hochbau- und Planungsamt BS
IWB = Industrielle Werke Basel
Justiz = Justizdepartement BS
Landw. Lörrach = Amt für Landwirtschaft Lörrach
Med. Biologie = Institut für Medizinische Biologie der Universität Basel
NLU = Institut für Natur-, Landschafts- und Umweltschutz der Universität Basel
Ornith. Gesellsch. = Ornithologische Gesellschaft
SF-Naturschutz = Stadtgärtnerei und Friedhöfe BS, Naturschutzfachstelle
TBA = Tiefbauamt BS
TRUZ = Trinationales Umweltzentrum
WSD = Wirtschafts- und Sozialdepartement BS
ZLV = Zentralstelle für Liegenschaftsverkehr BS

Abb. 7.1.1-6: Stellimatten-Projekt-Kontakte im zweiten Halbjahr 2000. Die Abbildung zeigt die aktiven Netzwerkteilnehmer an, die im entsprechenden Zeitraum zum Thema Stellimatten-Projekt im Kontakt standen. Die graue Blase umrahmt die Steuerteammitglieder des Pilotprojekts. Die Steuerteammitglieder entstammen hauptsächlich dem staatlich dominierten Kernnetzwerk der Landschaftsplanung in der Wieseebene. Gerade zu verschiedenen gesellschaftlichen Akteuren werden von ihnen Kontakte gepflegt, um Beratungen etc. zum Projekt einzuholen.

7.2 Die Haltung der Akteure zu Beginn des Pilotprojekts

Bei einer Rücklaufquote von insgesamt 73 Prozent nahmen die Vertreter der schweizerischen Wieseebene stärker an der Umfrage teil als die Vertreter der deutschen Seite. Vertreter der freien Wirtschaft beteiligten sich unterdurchschnittlich an der Umfrage. Besonders interessant ist die überdurchschnittliche Beteiligung der Landwirtschafts- und Wasserversorgungsvertreter (Tab. 7.2-1, 7.2-2). Vor allem Kritiker der Revitalisierungsideen – wie sich später herausstellt – nutzten also den Fragebogen als Plattform für Meinungsäußerung und Mitwirkung. Der standardisierte Fragebogen war dementsprechend ein effektives Instrument, um kritische Gruppen zu erfassen und Konfliktpotentiale zu erkennen.

Tab. 7.2-1: Rücklaufzahlen der ersten Akteursbefragung. Bei den Akteuren ergab sich in der ersten Befragung eine Rücklaufquote von 73 Prozent.

	n = ...	% - Anteil
Versandte Fragebögen	130	
Negative Rückmeldungen (nicht in Wieseebene tätig etc.)	38	
Verbleibende Gesamtmenge	92	≈ 100 %
Rücklauf von Fragebögen	**67**	**73 %**

Tab. 7.2-2: Merkmale der befragten Stichprobe in der ersten Akteursbefragung. In der befragten Stichprobe sind die potentiellen Projektkritiker überdurchschnittlich vertreten. Eine hohe Rücklaufquote erweist sich als Indikator für potentielle Kritiker zu dem Thema der Revitalisierung.

Merkmal	Anteil am angefragten Netzwerk (n= 130)	Rücklaufquote der Merkmalsgruppe (Gruppen < 5 Pers. nicht dargestellt)	Anteil am gesamten Rücklauf (n=67)	Kategorie
D	37 %	48 %	28 %	NATION
CH	63 %	76 %	67 %	
Behörde	48 %	71 %	52 %	DIENST
Verband	18 %	75 %	22 %	
Freie Wirtschaft	18 %	25 %	8 %	
Universität	9 %	75 %	9 %	
Landwirtschaft*	10 %	**90 %**	13 %	INTERESSE
Forstwirtschaft	3 %	--	3 %	
Natur-/Umweltschutz	32 %	55 %	27 %	
Tief-/Hochbau	10 %	33 %	5 %	
Fischerei	3 %	--	2 %	
Wasserversorgung	8 %	**87 %**	9 %	
Raum-/Grünplanung	2 %	--	6 %	
Recht und Gesetz	1 %	--	3 %	
Erholung/Sport	2 %	--	2 %	
Wissenschaft	9 %	75 %	9 %	
Andere	11 %	--	6 %	
Mehrfach-Interesse			17 %	

*fettgedruckt sind Gruppen mit überdurchschnittlicher Rücklaufquote

7.2.1 Bewertung des Landschaftsparks Wiese und der Stellimatten

Auffällig ist, dass die Stellimatten im Jahr 2000 insgesamt schlechter bewertet wurden als der gesamte Landschaftspark Wiese. Sowohl die ökologische und ästhetische Qualität als auch die Qualität für die Naherholung wurden für den gesamten Landschaftspark Wiese signifikant höher angesiedelt als für das Teilgebiet der Stellimatten und ihrer Umgebung (Wilcoxon-Test $p<0.004$; $p<0.000$; $p<0.003$).

Im Landschaftspark wird der Naherholung ein hoher Wert beigemessen (Abb. 7.2.1-1). Auch der Wert der Wiesen und Äcker des Landschaftsparks liegt vor allem in der Bedeutung für die Naherholung, sie haben weniger großen Nutzen für die Landwirtschaft. Ebenso sind die Waldflächen für die Naherholung bedeutend. Ihre Qualität für die forstwirtschaftliche Nutzung wird dagegen allgemein negativ bewertet. Die Forstflächen der Stellimatten werden – wie auch die Wiesen und Äcker – bezüglich Ökologie (Wilcoxon-Test $p<0.005$), Erholung (Wilcoxon-Test $p<0.000$) und forstwirtschaftlicher Nutzung (Wilcoxon-Test $p<0.000$) signifikant schlechter bewertet als die des gesamten Landschaftsparks Wiese.

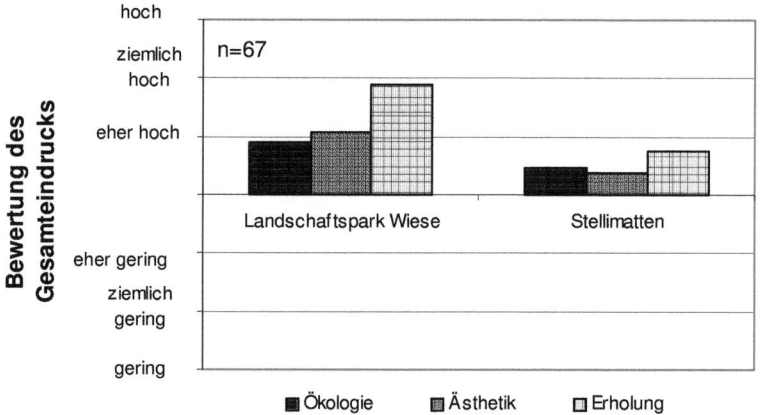

Abb. 7.2.1-1: Bewertung des Landschaftsparks Wiese und des Gebiets der Stellimatten. Der Landschaftspark Wiese wird in ökologischer und ästhetischer Hinsicht wie auch bezüglich der Naherholungsqualität besser bewertet als das Gebiet der Stellimatten und ihrer Umgebung.

Differenziert nach einzelnen Gruppen der Befragten ergibt sich folgendes Bild:

- Seitens der Landwirtschaftsvertreter wird der ökologische Wert des Landschaftsparks Wiese, vor allem bezüglich der Wiesen und Äcker, signifikant höher eingeschätzt als seitens des Naturschutzes (Kruskal-Wallis-Test $p<0.001$ für die Interessenunterschiede Landwirtschaft, Naturschutz, Wasserversorgung, Wissenschaft bezogen auf das Gesamtgebiet des Landschaftsparks Wiese; Wilcoxon $p<0.007$ für die Ökologie der Äcker und Wiesen im Vergleich Landwirtschaft/Naturschutz). Die Landwirtschaftsvertreter schätzen die ökologische Qualität ihrer Flächen als groß ein. Die Wissenschaft dagegen stuft die ökologische Qualität der Wiesen und Äcker als ziemlich gering oder eher gering ein.
- Keinen Einfluss auf die Bewertung des Landschaftsparks Wiese hat die Zeitdauer der Beschäftigung mit dem Gebiet.
- Vertreter des deutschen Teils der Flussebene bewerten die Qualitäten des Landschaftspark Wiese grundsätzlich höher als ihre schweizerischen Kollegen. Der Unterschied in der Einschätzung der Ästhetik ($p<0.017$ im Mann-Whitney-Test) und der Naherholung ($p<0.030$ im Mann-Whitney-Test) ist statistisch signifikant.

7.2.2 Akzeptanz von Revitalisierungen

Die grundsätzliche Zustimmung zu Revitalisierungen von Feuchtgebieten ist bei den Akteuren geringer als die zur Revitalisierung des Wieselaufs (Abb. 7.2.2-1). Interessanterweise befürworteten die Akteure die einzelnen Maßnahmen des Stellimatten-Projekts stärker als Feuchtgebietsrevitalisierungen allgemein (Wilcoxon-Test für generelle Unterschiede in den Zustimmungen: Feuchtgebiet/Einleitung $p<0.040$; Feuchtgebiet/Auflichtung $p<0.001$; Feuchtgebiet/standortheimische Vegetation $p<0.000$; McNemar-Test für signifikante Tendenzen nach oben oder unten: Feuchtgebiet/Auflichtung $p<0.001$; Feuchtgebiet/standortheimische Vegetation $p<0.000$; Einleitung/standortheimische Vegetation $p<0.016$).

Die mitgelieferten Kommentare zeigen, dass Umweltbewusstsein und Umweltwissen ausschlaggebend sind für die Befürwortung der Maßnahmen. Ein paar wenige Akteure geben Eigeninteressen als Grund der Befürwortung an (Bsp.: Einleitung des Wiesewassers aus wissenschaftlichen Gründen). Ökonomische Gründe spielen eine untergeordnete Rolle.

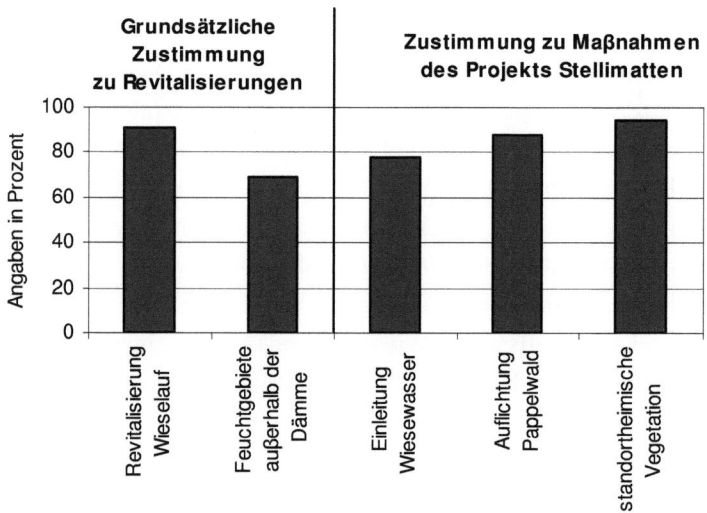

Abb. 7.2.2-1: Zustimmung der Akteure zu Revitalisierungen in der Wieseebene generell und zu den Maßnahmen des Stellimatten-Projekts (n = 67). Die Maßnahmen des konkreten Projekts zur Wiederherstellung eines Feuchtgebiets werden stark befürwortet.

Einige Personen befürworten die Maßnahmen nur unter Vorbehalt. So werden für die Einleitung des Wiesewassers eine gute Wasserqualität des Oberflächen- und des Grundwassers sowie das Beachten einer eventuell auftretenden Restwasserproblematik im Mühleteich vorausgesetzt. Bei der Auflichtung des Hybridpappelwaldes bestehen fünf Personen auf die Kontrolle der Sickerwassertemperatur, damit die fehlende Beschattung nicht zu einem Problem wird. Ebenfalls fünf Personen sehen in der Auflichtung des Pappelwaldes einen Gewinn für die Naherholung. Der

Lehrpfad wird nur in einem Fall als Gewinn für die Naherholung angesehen. Demgegenüber steht der Vorbehalt, dass die Menschen die Natur nicht stören dürfen und der Pfad eigentlich zu klein ist, um eine Qualitätssteigerung für die Naherholung zu bringen. Der Pfad kann aber eine Funktion bei der Information und Bildung der Bevölkerung übernehmen und akzeptanzsteigernd für das Projekt wirken.

Bei der Akzeptanz der Projektmaßnahmen gibt es signifikante Unterschiede zwischen Landwirtschafts-, Naturschutz-, Wissenschafts- und Wasserversorgungs-Vertretern (Kruskal-Wallis: Wieselaufrevitalisierung $p<0.005$; Feuchtgebietsrevitalisierung $p<0.001$; Einleitung Wiesewasser $p<0.026$; standortheimische Vegetation $p<0.046$). Die Einleitung des Wiesewassers wird mit 66 Prozent am stärksten von den Wasserversorgern abgelehnt, es folgen die Vertreter des Naturschutzes und der Landwirtschaft mit 16 Prozent und 11 Prozent. Die standortheimische Vegetation wird mit 78 Prozent bis 100 Prozent stark befürwortet.

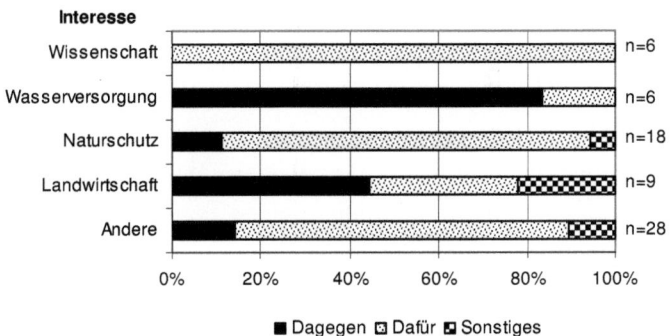

Abb. 7.2.2-2: Befürwortung der Feuchtgebietsrevitalisierung durch die Akteursgruppen. Exemplarisch wird die ablehnende Haltung vor allem der Wasserversorger aber auch der Landwirtschaftsvertreter deutlich.

Das generelle Revitalisieren von Feuchtgebieten außerhalb der Dämme stößt bei mehreren Akteursgruppen auf Skepsis, während das Revitalisieren des Wieselaufs nur von Landwirtschaft und Wasserversorgung teils abgelehnt wird (Abb. 7.2.2.-2). Wasserversorgung und Landwirtschaft sind aber auch hier die kritischsten Gruppen. Hauptbefürchtung ist, dass durch die entstehenden Feuchtgebiete das für die Trinkwasserproduktion genutzte Grundwasser bakteriell verunreinigt wird.

In der Befragung diente die Kostenfrage als erste Kontrolle zur Akzeptanz der Revitalisierungsbemühungen. Die Hälfte der Vertreter der Wasserversorgung lehnen zusätzliche Kosten ab, während die Wissenschaftler sich zu 100 Prozent dafür aussprechen (Mann-Whitney $p<0.025$). Insgesamt werden höhere Kosten für Revitalisierungsbemühungen von 73 Prozent der Akteure befürwortet, lediglich von sieben Prozent abgelehnt.

Eine zweite Kontrollfrage ist die nach der Erreichbarkeit der Projektziele (Abb. 7.2.2.-3). Eine Qualitätssteigerung der Naherholungsfunktion durch das Stellimatten-Projekt sehen 81 Prozent der Akteure. Die Gewährleistung des Grundwasserschutzes erachten nur 59 Prozent der Befragten als gegeben. Auch das auenwaldähnliche Gefüge wird aus Sicht von nur 58 Prozent der Akteure erreicht werden, weil die Fläche der Wässerstelle Stellimatten sehr klein ist und ein natürliches Überfluten dieses Gebiets aus Hochwasserschutzgründen nicht zugelassen werden darf.

Die Defizite, die das Erreichen der angestrebten Ziele aus der Sicht der Befragten verhindern, verdeutlichen die Kritikpunkte der Akteure an den Maßnahmen. Zur Gewährleistung des Grundwasserschutzes halten Naturschutz- und Wasserversorgungsvertreter weitere Überwachungen für nötig (endokrine Substanzen, biologische Untersuchungen etc.). Im Hinblick auf die Wiederherstellung eines auenwaldähnlichen Wirkungsgefüges wird bemängelt, dass das Gebiet der Hinteren Stellimatten zu klein sei und die natürliche Dynamik fehle. Im Weiteren lehnen fünf Akteure das Ziel der Steigerung der Qualität des Gebietes als Naherholungsraum ab.

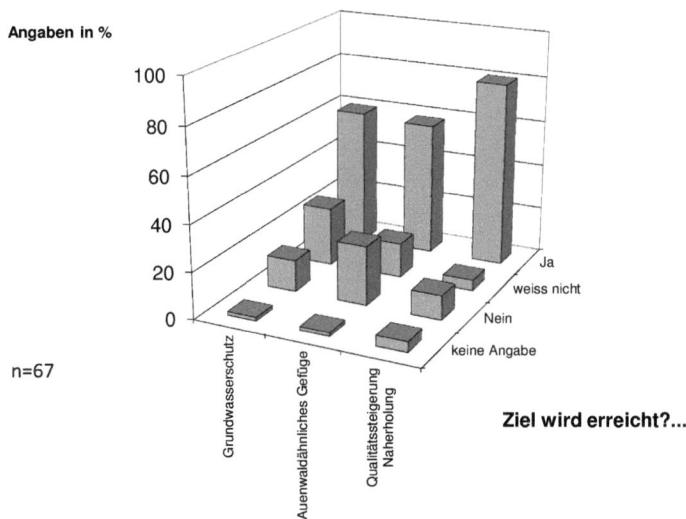

Abb. 7.2.2-3: Einschätzung der Erreichbarkeit gesetzter Projektziele im Revitalisierungsprojekt. Zwischen 58 Prozent und 81 Prozent der Akteure meinen, dass die Gewährleistung des Grundwasserschutzes, das Wiederherstellen eines auenwaldähnlichen Wirkungsgefüges und die Qualitätssteigerung für die Naherholung erreicht werden.

7.2.3 Wünsche und Vorstellungen der Akteure

Zukünftige Revitalisierungen in anderen bewaldeten Wässerstellen, in ehemaligen Wässergräben oder sonstigen Bereichen der Wieseebene werden bei Gelingen des Pilotprojekts von den meisten Interessensgruppen befürwortet. Gewünscht werden neben der weiteren Renaturierung des Wieselaufs, das Angehen des deutschen Teils der unteren Wieseebene, sonstiger Waldflächen, Offenland-Wässermatten, ehemaliger Uferbereiche, Wege und Altarme. Vorrangig sollen die für die IWB günstigen Wässermatten revitalisiert werden (Tab. 7.2.3-1).

Kritisch gegenüber weiterführenden Revitalisierungen sind die Landwirtschaftsvertreter und die Wasserversorger (Mann-Whitney: weitere Revitalisierungen in Wässerstellen $p<0.022$; historische Gräben $p<0.010$). Die Landwirtschaftsvertreter sprechen sich mehrheitlich gegen die Ausdehnung der Revitalisierungen auf ehemalige Wässergräben und andere

Flächen der Wieseebene außerhalb der bewaldeten Wässerstellen aus. Die Wasserversorger sind insgesamt gegen weitere Feuchtgebietsrevitalisierungen mit Wiesewasser. Eine Grundwasserkontamination durch das bakteriologisch bedenkliche Flusswasser wird befürchtet.

Tab. 7.2.3-1: Revitalisierungswünsche der Akteure. Weitergehende Revitalisierungen werden von einer Mehrheit befürwortet. Vertreter der Wasserversorgung und Landwirtschaftsvertreter lehnen weitere Revitalisierungen mehrheitlich ab.

Interessenvertretung / gewünschte Bereiche der Revitalisierung	bewaldete Wässerstellen	ehemalige Wassergräben	andere Bereiche der Wieseebene	gesamte Wieseebene, wo möglich	sonstige Waldflächen	für IWB günstige Wässermatten	"Mattfeld"	Offenland-Wässermatten	alte Uferbereiche, entlang alten Wegen	Altarme	deutscher Teil der Wieseebene	ehemaliges Landesgartenschau-Gebiet	Wieselauf	Birs-Mündung	Siedlungsraum
Landwirtschaft	+	–	–												
Naturschutz/Umweltschutz	+	+	+	•			•	•			•		•		
Tiefbau/Hochbau	+	+	+									•			
Wasserversorgung	–	–	–												•
Raum-/Grünplanung	+	+	+	•								•	•		
Wissenschaft	+	+	+	•				•	•	•	•		•		
Andere	+	+	+	•	•						•				
Vertr. mehrerer Interessen	+	+	+	•			•	•			•				

Legende: + mehrheitlich dafür   • weiteres Wunschgebiet für Revitalisierungen
– mehrheitlich dagegen

7.3 Wandel der Akteurshaltung nach der Projektdurchführung

Die Rücklaufquote liegt mit 70 Prozent ähnlich hoch wie bei der ersten Umfrage. Eine überdurchschnittliche Beteiligung kann wiederum als Indikator für eine skeptische Haltung gesehen werden. Dieses Mal stechen nur noch die Wasserversorger mit einem Rücklauf von 100 Prozent hervor. Die Landwirtschaftsvertreter sind nicht mehr überdurchschnittlich vertreten. Auch von Seiten der Wissenschaftler ist das Interesse an der Meinungskundgebung via Fragebogen zurückgegangen. In beiden Fällen ist die Dringlichkeit der eigenen Interessenskundgebung offensichtlich nicht mehr in dem Maß gegeben (Tab. 7.3-1, 7.3-2).

Tab. 7.3-1: Rücklaufzahlen der Nachher-Befragung. Bei den Akteuren ergab sich in der zweiten Befragung eine Rücklaufquote von 70 Prozent.

	n = ...	% - Anteil
Versandte Fragebögen	92	
Negative Rückmeldungen (nicht in Wieseebene tätig etc.)	13	
Verbleibende Gesamtmenge	79	≈ 100 %
Rücklauf von Fragebögen	**55**	**70 %**

Tab. 7.3-2: Stichprobenmerkmale der Nachher-Befragung. In der befragten Stichprobe sind weiterhin die Projektkritiker überdurchschnittlich vertreten. Die Wasserversorgungsvertreter haben sich noch stärker beteiligt als in der ersten Umfrage, während die Landwirtschaftsvertreter jetzt unterdurchschnittlich stark an der Befragung teilnahmen. Diese Rücklaufquoten sind wieder ein Indikator für das Maß, in dem sich die Gruppen zum entsprechenden Thema kritisch äußern wollen: Die Wasserversorger noch stärker als zu Beginn des Projekts, die Landwirtschaftsvertreter weniger.

Merkmal	Rücklaufquote der Merkmalsgruppe (Gruppen < 5 Pers. nicht dargestellt)	Anteil am gesamten Rücklauf	Kategorie
D	69 %	36 %	NATION
CH	70 %	64 %	
Behörde*	**90 %**	51 %	DIENST
Verband	**82 %**	25 %	
Freie Wirtschaft	23 %	7 %	
Universität	75 %	11 %	
Landwirtschaft	63 %	9 %	INTERESSE
Forstwirtschaft	--	4 %	
Natur-/Umweltschutz	57 %	29 %	
Tief-/Hochbau	33 %	4 %	
Fischerei	--	4 %	
Wasserversorgung	**100 %**	13 %	
Raum-/Grünplanung	--	4 %	
Recht und Gesetz	--	4 %	
Erholung/Sport	--	2 %	
Wissenschaft	50 %	5 %	
Mehrfach-Interesse	--	22 %	

*fettgedruckt sind Gruppen mit überdurchschnittlicher Rücklaufquote

Von den 55 Fragebögen stammen 39 von Personen, die schon an der ersten Befragung teilgenommen haben. Diese 39 Personen stellen die Vergleichsgruppe dar. Die Auswertungen ergeben Wahrnehmungs- und

Akzeptanzveränderungen, die sowohl beim Vergleich aller Fragebögen als auch bei der Vergleichsgruppe auftreten. Statistisch signifikante Unterschiede beim Vergleich aller 55 Fragebögen treten bei der Vergleichsgruppe zum Teil nicht auf – trotz erkennbarer gleicher Tendenz, da die Vergleichsgruppe mit 39 Fragebögen zu klein ist. Damit fehlt der Beweis, dass die Akzeptanzveränderung *nicht* aufgrund einer veränderten Stichprobe zustande gekommen ist. In diesem Fall wird von einer sichtbaren, aber statistisch nicht nachweisbaren Tendenz gesprochen.

7.3.1 Veränderung der Bewertung der Landschaftsräume

Signifikante Unterschiede sind in der Bewertung des Landschaftsparks Wiese zwischen der Vorher-Befragung im Mai/Juni 2000 und der Nachher-Befragung im Juli 2002 nicht feststellbar. Die Bewertungsmassstäbe haben sich innerhalb dieser zwei Jahre nicht verändert.

Die Revitalisierung der Hinteren Stellimatten und der Bau des Auenpfads haben dagegen zu einer veränderten Wahrnehmung der Wässerstelle an sich aber auch des gesamten Stellimatten-Gebiets geführt. Nach zwei Projektjahren wird das gesamte Stellimatten-Gebiet bezüglich seiner ökologischen und ästhetischen Qualität signifikant höher bewertet als vor der Revitalisierung (Wilcoxon p=0.018, p=0.019). Vergleicht man nur die Personen, die sowohl an der ersten als auch an der zweiten Befragung teilgenommen haben (n = 39), bleibt die signifikant höhere Bewertung der ökologischen Qualität (Wilcoxon p=0.05), nicht aber die der höheren ästhetischen Qualität (Wilcoxon p=0.072). Die Tendenz zur höheren Bewertung der ästhetischen Qualität ist jedoch auch hier gegeben. Auffällig ist, dass die Akteure dem Gebiet nach dem Bau des Auenpfads und der Revitalisierung keine höhere Naherholungsqualität zusprechen – im Gegensatz zu den Naherholungsuchenden, die diese Qualitätssteigerung betonen (s. Kap. 6).

Bewerten die Akteure nur die Waldflächen, d. h. den revitalisierten Auenwald, sprechen sie diesem eine signifikant höhere ökologische, ästhetische und Naherholungsqualität zu (Wilcoxon p=0.002, p=0.005, p=0.022 im Vergleich aller Personen, p=0.029, p=0.021, p=0.086 bei der Vergleichsgruppe) (Abb. 7.3.1-1). Nur im Falle der Naherholungsqualität kann das Ergebnis bei der Vergleichsgruppe statistisch nicht erhärtet werden. Bezüglich der Qualitäten der landwirtschaftlichen Umgebung der Stellimatten ergeben sich keine Wahrnehmungsveränderungen. Dies ist plausibel, da hier zwar auf 0,4 ha Grünland Initialpflanzen von Schilf und Seggen gesetzt und mit Wasser geflutet worden sind, dies jedoch noch nicht zu sichtbaren Veränderungen im Landwirtschaftsgebiet geführt hat.

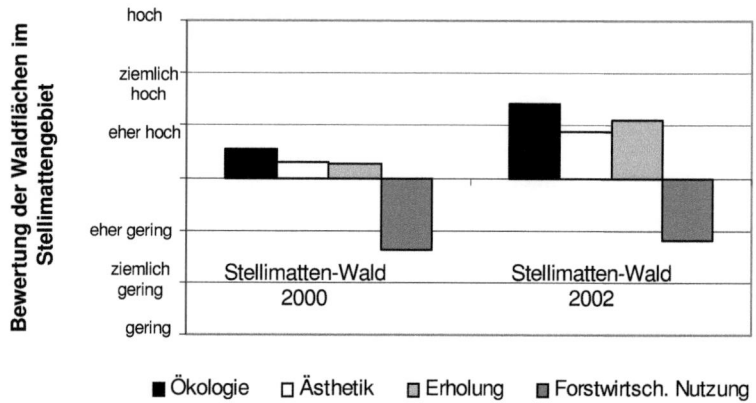

■ Ökologie   □ Ästhetik   ▢ Erholung   ▨ Forstwirtsch. Nutzung

Abb. 7.3.1-1: Bewertung der bewaldeten Wässerstelle im Stellimatten-Gebiet durch die Akteure (n = 39). Die ökologischen, ästhetischen und Naherholungsqualitäten der Wässerstelle werden im Jahr 2002 nach Durchführung des Stellimatten-Revitalisierungsprojekts höher eingestuft als noch zu Beginn des Projekts im Jahre 2000.

Differenziert nach den einzelnen Gruppen ergibt sich folgendes Bild:
- Die unterschiedlichen Bewertungen des ökologischen Wertes des Landschaftsparks Wiese und seiner Wiesen und Äcker sind entweder geblieben oder haben sich noch verstärkt. Ein Beispiel für eine Polarisierung ist die ökologische und ästhetische Bewertung des gesamten Landschaftsparks, die in der zweiten Befragung bei den Naturschutzvertretern im Verhältnis noch negativer und bei den Landwirtschaftsvertretern noch positiver ausfällt. Ein weiteres Beispiel ist die Bewertung der Qualität der Wiesen und Äcker für die landwirtschaftliche Nutzung durch die Landwirte. Vor Projektbeginn wurden diese Flächen von den Landwirten sehr geringwertig eingestuft. Zwei Jahre später bewerten sie diese höher als jede andere

Interessensgruppe. Die Beispiele machen deutlich, dass die Revitalisierung in der Wieseebene zu einem Thema geworden ist und die gegensätzlichen Haltungen zum Gebiet sich dadurch verschärft haben.

- Vertreter des deutschen Teils der Flussebene bewerteten noch im Frühjahr 2000 die Qualitäten des Landschaftspark Wiese grundsätzlich besser als ihre schweizerischen Kollegen, vor allem die ästhetische Wirkung des Gebiets. Im Juli 2002 bewerten nun die Schweizer das Gebiet ebenso hoch wie ihre deutschen Kollegen, die ökologische Qualität des Landschaftsparks sogar signifikant höher (Mann-Whitney $p=0.028$). Diese veränderten Relationen sind nicht nur auf eine höhere Bewertung von Seiten der Schweizer, sondern auch auf eine niedrigere Bewertung des Naherholungsgebietes durch die deutschen Vertreter zurückzuführen.

7.3.2 Veränderung der Akzeptanz von Revitalisierungen

Die vor dem Stellimatten-Projekt grundsätzlich sehr positive Haltung gegenüber Revitalisierungen des Wieselaufs hat sich zwischen 2000 und 2002 nicht verändert (Wilcoxon $p=0.157$). Anders sieht es bei der generellen Zustimmung für Feuchtgebietsrevitalisierungen aus: Diese stieg sowohl in der Vergleichsgruppe als auch in der ganzen Stichprobe an (Wilcoxon $p=0.046$ bei Auswertung aller Fragebögen) (Abb. 7.3.2-1). Genauer betrachtet sind es die Naturschutzvertreter, die ihre Haltung zu Feuchtgebietsrevitalisierungen geändert haben. Die noch zu Beginn des Stellimatten-Projekts von diesen Personen gehegten Befürchtungen haben offensichtlich an Gewicht verloren (z. B. bei einer Revitalisierung gingen wertvolle Elemente der Feld- und Waldkulturlandschaft verloren). Im Gegenteil, einzelne Naturschutzvertreter äußern Hoffnungen zur Lebensraumschaffung und Förderung der Artenvielfalt durch die Projektmaßnahmen.

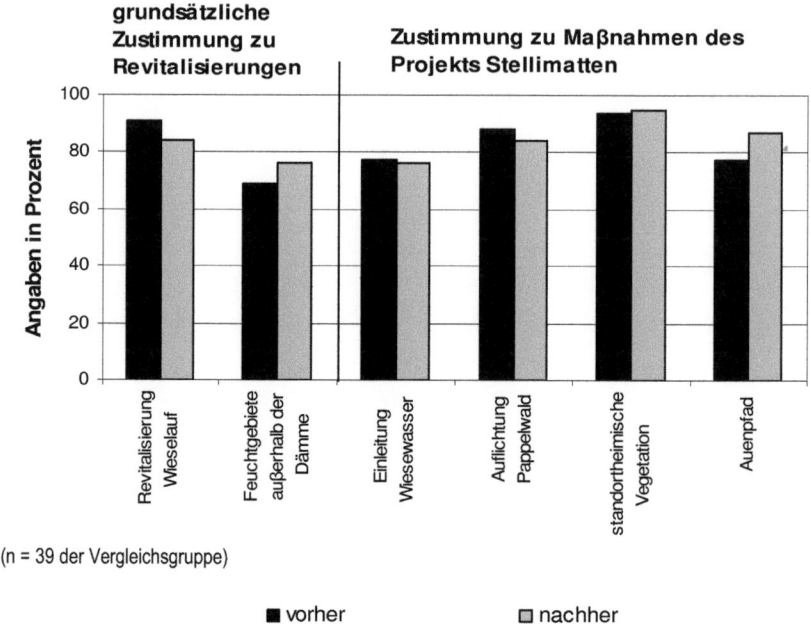

Abb. 7.3.2-1: Akzeptanzveränderungen von Revitalisierungen in der Wieseebene. Die generelle Befürwortung der Feuchtgebietsrevitalisierungen steigt an, während die Revitalisierung am Wieselauf und die Projektmaßnahmen selber während des Stellimatten-Projekts nicht an Zustimmung gewinnen können.

Keine Akzeptanzsteigerung erfahren die Maßnahmen des Stellimatten-Projekts. Sowohl die Zustimmung zur Einleitung des Wiesewassers in die Stellimatten (in der Vergleichsgruppe von 76 Prozent vorher auf 77 Prozent nachher) als auch zur Auflichtung des Hybridpappelwaldes (von 87 Prozent auf 85 Prozent) und zum Aufkommen lassen standortheimischer Vegetation (von 95 Prozent auf 97 Prozent) haben sich nicht verändert. Auch eine veränderte Haltung zum Auenpfad ist nicht zu bemerken (82 Prozent vorher zu 85 Prozent nachher). Während ein paar Naturschutzvertreter den Pfad in der zweiten Befragung als Medium der Öffentlichkeitsarbeit hervorheben, haben einige Wasserversorgungsvertreter eine negative Meinung zum Auenpfad entwickelt. Sie monieren beispielsweise, dass Freizeitaktivitäten nicht in eine Grundwasserschutzzone gehören.

Die Kontrollfrage zur Befürwortung eventuell anfallender höherer Kosten bei Revitalisierungen bestätigt das bisherige Bild. Die Zustimmungsrate zu höheren Kosten verändert sich nicht signifikant (von 73 Prozent vorher auf 78 Prozent nachher).

Auch bei den Fragen nach der Wirksamkeit der Projektmaßnahmen ist keine Einstellungsveränderung festzustellen. Von einer Qualitätssteigerung der Naherholung durch das Stellimatten-Projekt gehen auch nach Ablauf des Projekts 72 Prozent der Akteure aus. Die Gewährleistung des Grundwasserschutzes sehen weiterhin nur 56 Prozent, die Wiederherstellung des auenwaldähnlichen Gefüges 54 Prozent der Akteure als erreichbar an.

7.3.3 Wandel der Vorstellungen zur weiteren Revitalisierungsplanung

Die Einstellung gegenüber weiteren Revitalisierungsmaßnahmen in der Wieseebene hat sich zwischen 2000 und 2002 bei den Vertretern der Wasserversorgung geändert. Diese haben sich vor dem Projekt mehrheitlich gegen die weitere Revitalisierung von Wässerstellen, Wassergräben und sonstigen Bereichen der Wieseebene ausgesprochen. Nach dem Projekt befürworten sie mehrheitlich Feuchtgebietsrevitalisierungen in der Wieseebene außerhalb des Einzugsgebietes der Trinkwasserproduktion (von 60 Prozent Ablehnung zu 80 Prozent Befürwortung bei n=7). Unter Berücksichtigung der ablehnenden Haltung der Wasserversorgungsvertreter zu Feuchtgebietsrevitalisierungen allgemein kann aber nicht von einer generellen Einstellungsänderung ausgegangen werden.

7.4 Fazit zur Akteursanalyse

Im Netzwerk der Landschaftsplanung in der Wieseebene interagieren gesellschaftliche und institutionelle Akteure. Das Netzwerk zeichnet sich vor allem durch staatsdominierte Strukturen aus. Die bedeutendste Position in diesem Netzwerk nehmen die IWB ein, die über (im Netzwerk knappe) Kapitalressourcen aber auch über Prestige verfügen (vgl. Abb. 7.1-2).

Andere v. a. institutionelle Akteure, z. B. das AUE und die Naturschutzfachstelle, sind zudem elementar für die Zusammenarbeit.
Einig ist man sich unter den Akteuren über den hohen Naherholungswert des Landschaftsparks. Auch die naturnähere Gestaltung dieses Raumes wurde gemeinsam beschlossen und im Richtplan festgehalten. Die generell hohe Akzeptanz von Revitalisierungsbemühungen in diesem Raum liegt damit nahe. Die Idee, die Basler Flussebene einer Auenlandschaft wieder etwas anzunähern, wird sehr akzeptiert und stellte sich auch bei den Kontrollfragen bei 60 Prozent der Befragten als stabil heraus. Dies betraf sowohl die schon in einem Pilotprojekt begonnene Revitalisierung des Flusslaufs innerhalb der Dämme als auch die Wiederherstellung von Feuchtgebieten außerhalb der Dämme. Interessanterweise wurde die Revitalisierung des Flusslaufs stärker befürwortet als die Feuchtgebietsrevitalisierung. Die Grundwasserdaten der Wieselaufrevitalisierung zeigen zwar bei Hochwässern eine Verkeimung des Grundwassers in einigen wiesenahen Trinkwasserbrunnen, doch bestehen innerhalb der Dämme weniger Nutzungskonflikte als außerhalb, so dass Feuchtgebietsrevitalisierungen sich als schwieriger umsetzbar erweisen.

Die Resultate der zweiten Akteursbefragung zeigen im Verlauf des Stellimatten-Projekts Veränderungen auf:
- Ein überdurchschnittlicher Rücklauf nur noch bei den Wasserversorgungsvertretern.
- Eine Polarisierung der schon vor Projektbeginn unterschiedlichen Wahrnehmungen von Teilgebieten des Landschaftsparks Wiese durch die Vertreter unterschiedlicher Interessen.
- Eine höhere Bewertung der ökologischen und ästhetischen Qualität des Stellimatten-Gebiets.
- Eine erhöhte generelle Akzeptanz von Feuchtgebietsrevitalisierungen in der Wieseebene durch das Gewinnen von Naturschutzvertretern.
- Keine Akzeptanzveränderungen bezüglich der konkreten Stellimatten-Projektmaßnahmen, der Einstellung gegenüber höheren Kosten für solche Maßnahmen und der Sicht zu der Wirksamkeit der Projektmaßnahmen.

- Eine veränderte, nun befürwortende Haltung der Wasserversorger zu Feuchtgebietsrevitalisierungen außerhalb des Einflussbereichs der Trinkwasserproduktion.

Die erhöhte Akzeptanz von wieder hergestellten Feuchtgebieten betrifft nicht die Gruppe der Wasserversorger, welche Feuchtgebietsrevitalisierungen innerhalb von Wässerstellen in der Wieseebene auch nach dem Projekt ablehnen. Als Hauptkritiker dieser Ideen konnten sie nicht umgestimmt werden, aber dennoch die Dringlichkeit des Themas aufgezeigt werden, was sich in der neuen Zustimmung von Revitalisierungen außerhalb der Grundwasserschutzzonen äußert.

8 Die Projektwirkung auf das Steuerteam – Ergebnisse der qualitativen Interviews und Auswertung vorliegender Dokumente

Feuchtgebietsrevitalisierungen in der Wieseebene genießen bei Akteuren und Passanten eine allgemein hohe Akzeptanz. Gerade bei den in der Landschaftsplanung wichtigen und skeptisch eingestellten Wasserproduzenten konnte jedoch die Akzeptanz der Feuchtgebietsrevitalisierungen nicht gesteigert werden. Wo liegen die Ursachen? Warum konnte das Stellimatten-Projekt daran nichts ändern?

In den Interviews mit Steuerteammitgliedern werden relevante Ebenen erkennbar. Das Projekt wurde von den Teilnehmern zum Teil sehr unterschiedlich wahrgenommen und erzielte somit auch unterschiedliche Wirkungen. Allgemein wahrgenommene Sachverhalte zeigen die Tab. 8-1 und 8-2. Deutlich werden die vorwiegend günstigen Ausgangsbedingungen und die mehrheitlich positiven Ergebnisse des Projekts. Aber auch ein grundlegender Interessenkonflikt zwischen Projektleitung und Wasserproduzenten kommt zur Sprache, der im Verlauf des Projekts nicht gelöst werden kann.

Zentrale Sachverhalte werden aus den Interviews extrahiert und aufgrund der Auswertung der Sitzungsprotokolle sowie des Schriftverkehrs in eine zeitliche Abfolge gebracht:

1. Es bestehen unter der gemeinsamen Zielfragestellung unterschiedliche Erwartungshaltungen und Einstellungen zum Projekt.
2. Eigene Unterziele stehen gegenüber der Zielfragestellung im Vordergrund.
3. Der Interessenkonflikt führt in Kombination mit ungeklärten Kompetenzen im Projektverlauf zu Konfrontationen.
4. Die Kommunikation verschlechtert sich daraufhin, die Anwendung von Druckmitteln kommt zum Zuge.

5. Weiterführende Projektschritte werden bis zum Frühjahr 2001 von der Wasserversorgung mitgetragen, im Herbst 2001 wird ein Folgeprojekt abgelehnt.

Tab. 8-1: Grundaussagen der Interviews zu den Voraussetzungen und zum Endstand des Pilotprojekts. Dargestellt sind immer wieder auftretende Aussagen der Interviews. Nicht dargestellt sind Einzelmeinungen. Deutlich werden vorwiegend günstige Ausgangsbedingungen und mehrheitlich positive Ergebnisse zum Ende des Projekts. Eigene Darstellung.

Grundaussagen zum Projekt	Projektleitung			Wasser-versorgung		sonstiges Steuerteam				
Voraussetzungen des Projekts	№ 1	№ 2	№ 3	№ 4	№ 5	№ 6	№ 7	№ 8	№ 9	№ 10
Projektidee und abgesteckter Rahmen interessant gewesen	++	++	++	+-	++	++		++	+	++
Grundwasserschutz für die Trinkwasserproduktion prioritär und erschwerend für das Projekt			++	++	++	++	++			++
IWB/Projektleitung 'Contre Coeur' beginnend, Ziele verschieden	++	++	+	++		+	+-	++		--
Position der IWB zum Projekt war bekannt				++			+	++	++	++
Politische Stimmung positiv für das Projekt				++		++		++	--	++
Gute Einstellung der Partner		++	++	++			++	-		+
Endstand des Projekts										
Neue Erkenntnisse zum Fliessverhalten des Grundwassers und der Reinigungsleistung von Auenwäldern im Stellimatten-Gebiet	++	++	++	--	++	++		++	++	
Projekt hat gezeigt, dass Revitalisierungen mit Wiesewasser unter bestimmten Voraussetzungen machbar sind	++	++	++	--	--	+			+	++
Auflockerung der Bewaldung hat sich bewährt und kann für andere Gebiete übernommen werden			+	++			++		+	++
Biotop und Auenpfad der Hinteren Stellimatten bleiben mit Bewässerung durch Rheinwasser-Filtrat			+		++	+	++			
Renaturierungsgedanken werden in der Wieseebene weiter verfolgt	++	++	++	++	++	++	++	++	++	++
Der Konflikt konnte nicht gelöst werden	+	++	++	++	++		++	+	+	

Legende:
++ so angesprochen   + zwischen den Zeilen angesprochen   +- teilweise bejaht/teilweise verneint
    -- explizit nicht dieser Meinung   - zwischen den Zeilen verneint

Tab. 8-2: Grundaussagen zum Projektverlauf. Grau hinterlegt sind die Haltungen der von der jeweiligen Kritik Betroffenen. Eigene Darstellung.

Grundaussagen zum Projekt Verlauf des Projekts	Projektleitung			Wasser-versorgung		sonstiges Steuerteam				
	№ 1	№ 2	№ 3	№ 4	№ 5	№ 6	№ 7	№ 8	№ 9	№ 10
Charakter: Universitätsprojekt, von der Projektleitung voran getrieben, Steuerteam beobachtete, beriet in Detailfragen und stellte Bewilligungen aus, keine Mitträgerschaft i. e. S.		++	++	++	++	++	++	++	++	++
Zusammenarbeit grundsätzlich gut	+-	--	+-	++	+-	+-	++	++	+-	+-
Informationsflüsse grundsätzlich gut	+-	--	++	++	++	+-	++	++	++	++
Anfangsschwierigkeiten des Kernteams konnten verziehen werden	++			++		++				++
Pannen in der Kommunikation, fehlende frühzeitige Information bei strategischen Planungen oder fehlender Einbezug der Anliegen von Steuerteampartnern hatten Auswirkung auf die Befürwortung der Maßnahmen	+-	--		+-	+-			++	++	--
Grundlegender Konflikt zwischen IWB und Projektleitung beeinträchtigte das Projekt	++	+		++	++	++	++	++	+	+
Projektleitung hat Anliegen der IWB zu wenig aufgenommen:				++	++		++	++	++	++
Fehlende Kompromissbereitschaft bei wissenschaftlicher Fragestellung, zu wenig Akzeptanz für Einwände										
IWB wurde zu wenig einbezogen, Aktivierung fehlte			++	++	++	++ +-		++	+	++
Von der Projektleitung wurde Druck auf IWB ausgeübt		--			++		++	+	++	++
IWB-Einwände haben das Projekt bestimmt	++	++		++	++	+	++	+	++	
Starke Position der IWB kam im Konflikt zum Tragen	++	++		++			++	++		++
Entweder-Oder-Haltung auch bei den IWB						++	++	++	++	
IWB kooperierte dann nicht mehr gleich stark				++			++	++	++	++
Mitglieder des Steuerteams haben versucht, bei der Schlichtung zu helfen		++		+			+-	++	++	++
Steuerteam konnte letztlich nicht helfen	+	++		++			++			

Legende:
++ so angesprochen   + zwischen den Zeilen angesprochen   +- teilweise bejaht/teilweise verneint
    -- explizit nicht dieser Meinung   - zwischen den Zeilen verneint

8.1 Erkennung relevanter akzeptanzsteigernder und -hemmender Faktoren

8.1.1 Die inhaltliche Ebene: Der Interessenkonflikt und die unterschiedlichen Erwartungen

Das Projektkonzept. Projektleitung und Wasserversorger sind sich aufgrund der unterschiedlichen Erwartungshaltungen zur Zielfragestellung von Beginn an uneinig über die Effizienz und Aussagekraft der im Projektzeitraum angewendeten Methoden. Unter der gemeinsamen Zielfragestellung „Sind Auenrevitalisierungen in der unteren Wieseebene machbar?" herrschen unterschiedliche Erwartungshaltungen bezüglich der möglichen Antwort vor. Die universitäre Projektleitung meint, die ökologische Machbarkeit solcher Auenrevitalisierungen bestätigen zu können, die Wasserversorger sind überzeugt, dass solche Revitalisierungen nicht mit der Sicherheit der Trinkwasserversorgung zu vereinbaren sind. Wie die Resultate der ersten Akzeptanzbefragung zeigen, ist dies eine generelle Meinungsverschiedenheit im weiteren Netzwerk der Landschaftsplanung der unteren Wieseebene. Damit verbunden sind auch unterschiedliche Fragenkomplexe, die beide Seiten unter der obigen Fragestellung mit unterschiedlichen Methodikkonzepten bearbeitet haben wollen. Von der Universitätsseite werden Wasserqualitätsparameter wie Sauerstoffgehalt, pH-Wert, Nitratwerte, Schwebstoffe und Keimzahlen etc. untersucht, die Wasserversorger interessieren sich zudem für pathogene Bakterien aller Art, pharmazeutische Reststoffe, Verschlemmungsgefahren für den Oberboden etc. Da bei dem Projekt stets der Grundwasserschutz prioritär sichergestellt werden muss und einige Untersuchungen nicht durchgeführt werden können, kommt es im Projektverlauf zur Eskalation (u. a. nach Von Glasersfeld 2000, 23ff) eines schon vor Projektbeginn bestehenden Interessenkonflikts zwischen Projektleitung und den Wasserversorgern – sowohl mit den Produzenten IWB als auch mit der Umweltbehörde AUE.

Tab. 8.1.1-1: Faktoren zur Akzeptanzgewinnung im Stellimatten-Projekt beim AUE. Die sich beim AUE auswirkenden Faktoren konnten aus den Interviews des AUE-Vertreters selber und anderer Steuerteam-Mitglieder extrahiert werden. Der Teilnehmer hat Vertrauen und Interesse gewonnen. Die Wissenserweiterung steht als Gewinn neben dem Abbau von Befürchtungen über Nachteile des Systems. Es kommt zum Akzeptanzwechsel.

Faktor	Wirkung beim AUE
Umsetzung des Eingangswächters vor Ort inklusive Feldbegehung wirken mehr als Informationen	Überzeugung rational sowie emotional durch Ansprache des für den Teilnehmer zentralen Punktes der Sicherheit des neuen Systems
für die Trinkwassergewinnung positive wissenschaftliche Ergebnisse	Abbau von Ängsten
kein Schadensereignis	Vertrauensgewinn
Wissenserweiterung	Gewinnsituation

Tab. 8.1.1-2: Faktoren zur Akzeptanzgewinnung im Stellimatten-Projekt bei den Wasserproduzenten IWB. Die sich bei den IWB auswirkenden Faktoren konnten aus den Interviews der IWB-Vertreter und anderer Steuerteam-Mitglieder extrahiert werden. Ein Akzeptanzwechsel bleibt bei den IWB aus, da weder rational noch emotional vom Projekt überzeugt werden konnte und der Gewinn für die eigene Institution zu gering ausfiel.

Faktor	Wirkung bei den IWB
keine gemeinsame Zielsetzung bezüglich wissenschaftlicher Fragestellung	wenig Gewinn für eigene Fragestellungen
Zweifel an der Systemsicherheit	keine rationale Überzeugung
zu wenig Kooperation	Reaktanz
für die Trinkwassergewinnung positive wissenschaftliche Ergebnisse	kein Abbrechen des Projekts
kein Schadensereignis	kein Abbrechen des Projekts
Zweifel an fachlicher Kompetenz der Forscher	Keine rationale Überzeugung
Wissenserweiterung gering	Keine Gewinnsituation

Der Interessenkonflikt. Die Diskussionen zum Zielkonflikt zeichnen sich durch Uneinigkeiten aus bezüglich der Ortswahl von Probenahmen, Notwendigkeit und Auswirkung von Untersuchungseingriffen in der Wässerstelle, Dateninterpretationen, Richtung sowie Sinn und Zweck von weiteren Projektschritten und Ursachen von aufgetretenen Problemen. Die Problematik ist, dass die Wasserversorger ihre Sicherheitsstandards einhalten müssen, während die Naturwissenschaftler auf Sondereingriffsbewilligungen angewiesen sind, um zu untersuchen, ob die Gewährleistung der Grundwasserqualität auch unter Einbezug natürlicher Reinigungsprozesse gesichert ist. Während bei der Begründung für weitere Projektschritte von universitärer Seite mit der Notwendigkeit dieser Eingriffe für das Erreichen höchstmöglicher Qualität der wissenschaftlichen Ergebnisse argumentiert wird, welche eine genaue Kenntnis des Grundwassergewinnungssystems bringen sollen, wird von den Wasserversorgern mit einer gegenüber den bisher angewandten Sicherheitsstandards erhöhten Gefährdung des Trinkwasserproduktionssystems, die nicht zugelassen werden darf, argumentiert. Schließlich wird bei der Umweltbehörde im Projektverlauf ein Vertrauensgewinn mit einhergehendem Akzeptanzwechsel erreicht, der Akzeptanzwechsel bei den Wasserproduzenten IWB bleibt aus (Tab. 8.1.1-1, Tab. 8.1.1-2).

Eine Gewinnsituation hätte bei den Wasserproduzenten laut deren Aussagen erreicht werden können durch eine größere Wissenserweiterung. Die Erkenntnisse des Pilotprojektes beantworten jedoch nicht genau genug die Fragen der Wasserversorger nach der Sicherheit eines natürlichen Grundwasseranreicherungssystems, wie z. B. die Verschlemmungsgefahr für den Oberboden und das Vorhandensein pharmazeutischer Reststoffe. Eine erhöhte Sicherheit der Trinkwassergewinnung oder die Beibehaltung der Sicherheitsstandards bei gleichzeitig geringeren Kosten hätten dagegen vom neuen System überzeugen können. Einzelne Aspekte werden nach Ablauf des Projektes auch anders gesehen. So sind z. B. die Wasserproduzenten jetzt offen für Feuchtgebietsrevitalisierungen außerhalb der Einzugsgebiete der Trinkwasserproduktion im Landschaftspark Wiese.

Bei genauerer Betrachtung fällt auf, dass die von den IWB genannten negativen Aspekte auch für das AUE gegolten haben, welches in der ersten Projekthälfte noch skeptisch gegenüber den Vorhaben der Universität war, dann aber seine Einstellung zum Projekt änderte. Die Wissenserweiterung zu den Wasserqualitätsparametern der Wiese und ihrem ökologischen Abbau in einem Feuchtgebiet steht als Gewinn, der Abbau von Befürchtungen über Nachteile des Systems wurde unter anderem über die emotionale Ebene erreicht, indem die Ortsbegehung und Besichtigung des neuen Eingangswächters beeindruckte. Die von den IWB genannten negativen Aspekte haben sich beim AUE offensichtlich nicht so nachhaltig auf die Akzeptanz des Projektanliegens ausgewirkt wie bei den IWB.

Die Ergebnisse zeigen, dass Akzeptanz beeinflussende Faktoren bei einem Netzwerkteilnehmer schwächer, beim anderen stärker wahrgenommen werden und somit nicht absolut gewichtet werden können. Akzeptanzsteigernde Maßnahmen sind daher in Abhängigkeit vom Adressaten zu werten und einzusetzen. Die im Projekt mit dem Methodenkonzept der universitären Projektleitung ermittelten Daten werden schließlich unterschiedlich interpretiert.

Projektleiter zur Übertragbarkeit der Resultate:
„Mit dem, was wir heute wissen, wäre es möglich, so ein System an einer anderen Stelle einzurichten und diese Revitalisierung, die nach Richtplanung vorgesehen ist, an anderen Stellen zu gewährleisten."

Wasserproduzent zur Übertragbarkeit der Resultate:
„Dieser dreijährige Versuch bringt keine neuen Erkenntnisse über die Aufbereitung von Oberflächenwasser. Das bisher Erreichte war aus der Literatur bekannt. (...) Die Versuchsanordnung ist völlig falsch für einen kurzfristigen Versuch. Der Zweck, den man erreichen wollte, ist nicht mehr messbar."

Die Wissensproduktion wird unterschiedlich wahrgenommen. Die meisten Steuerteammitglieder geben an, dass neue Erkenntnisse zum Fliessverhalten des Grundwassers und der Reinigungsleistung von Auenwäldern ermittelt werden konnten. Das Projekt habe gezeigt, dass Revitalisierungen mit Wiesewasser unter bestimmten Voraussetzungen machbar sind. Dagegen geben die Wasserversorger an, es gebe keine neuen Erkenntnisse zur Wasseraufbereitung und das Projekt habe *nicht* gezeigt, dass Revitalisierungen machbar sind, weil viele offene Fragen nicht beantwortet wurden. Einig ist man sich zwar über die Übertragbarkeit der aufgelockerten Bewaldung auf andere Wässerstellen, über das Fortbestehen des Biotops Stellimatten und Auenpfades. Auch sollen Renaturierungsgedanken in der Wieseebene weiter verfolgt werden. Ein Folgeprojekt, welches die Wiesewasserbewässerung von Wässerstellen fortführen soll, wird jedoch von den Wasserversorgern aus Sicherheitsbedenken abgelehnt. Es zeigt sich, dass in diesem transdisziplinärem Projekt ein fundamentaler Zielkonflikt vorlag, der nach KRÖMKER (2002, 96; s. Abb. 2.2.6-2) mit den partizipativen Methoden nicht gelöst werden konnte.

8.1.2 Die Ebene der Rollenverteilung: Zuteilung von Rollen, Funktionen und Kompetenzen im Projekt

Rollenverständnis zwischen Projektleitung und Wasserversorgern. Sowohl den Naturwissenschaftlern als auch den Wasserproduzenten wird vom weiteren Netzwerk der Landschaftsplanung in den Umfragen ein hohes Fachwissen attestiert. Dem steht bei beiden eine relativ schlechte Beurteilung des Verständnisses für die Belange anderer gegenüber. Geklärt ist im Projekt nicht, wer bestimmt, wann die Sicherheit für die Trinkwasserproduktion zu stark gefährdet ist, um weitere Schritte zu gehen, und wer die Interpretation der gemeinsam erhobenen Daten zu liefern hat. Die Tatsache, dass zu Beginn des Projektes über das gegenseitige Rollenverständnis, die Verteilung der Kompetenzen, Rechte und Pflichten und über gegenseitige Erwartungshaltungen nicht diskutiert wurde, wird im Projektverlauf relevant. Im Projekt deuten nun beide Institutionen die Daten entsprechend ihrer Zielsetzung, eine Einigkeit kommt nicht zustande. Diese Aspekte führen bei unterschiedlichen Interessen zu einer Konkurrenzsituation auf der fachlichen Ebene und einer hohen Intensität der Konfrontationen in den Sitzungen. Der Interessenkonflikt kann über die Datenlage nicht gelöst werden – ein Hinweis, dass der Zielkonflikt tiefer reicht.

Rolle des Steuerteams. Einzelne Steuerteammitglieder versuchen, schlichtend einzugreifen, können den Konflikt letztlich aber nicht lösen (s. Tab. 8-2), denn auch die Rolle des restlichen Steuerteams ist nicht geklärt.

Ein professioneller Mediator oder Konfliktmanager steht nicht zur Verfügung. Die Projektbeteiligten sind mit der Lösung des Konflikts überfordert.

„Die strategischen Fragestellungen sind zum Teil im Leitungsgremium oder beim ersten Projektleiter selber abgelaufen, aber mit den Partnern weniger diskutiert worden. Allenfalls wurde bilateral noch diskutiert, aber nicht offiziell involviert. (...) Mir ist die Funktion des Steuerteams nicht ganz klar gewesen. Ist das ein Lenkungsausschuss gewesen, der viel zu groß ist?"

"Der erste Projektleiter hat die Einflussmöglichkeiten der in der Steuergruppe sitzenden Projektbegleiter bis zuletzt überschätzt. Aber wie wir gesehen haben, ist der Einfluss relativ gering. Die IWB haben das Sagen. (...) Wir waren vor allem Funktionsträger. Dadurch, dass man Funktionsträger ist, hat man nicht so ein starkes Interesse an einem anderen Ergebnis, wie wenn man Projektinitiator ist. Letztlich entscheidet hier die Frage der Machtstellung."

(Äußerungen von Steuerteammitgliedern)

Trotz nicht geklärter Funktions- und Kompetenzverteilungen bestehen doch Erwartungen bzw. Wünsche bei den Projektteilnehmern, wie sie in das Projekt eingebunden werden wollen. Dies spiegelt sich vor allem in der Zufriedenheit mit dem Einbezug über angewandte Partizipationsformen wieder (s. Kap. 8.1.3).

8.1.3 Die Ebene partizipativer Kooperation

Charakterlich handelt es sich beim Stellimatten-Projekt um ein Universitätsprojekt, welches von der Projektleitung, den Wissenschaftlern der Universität, voran getrieben wird und vom Steuerteam, den Praxispartnern, beobachtet, beraten bzw. in seinen Teilschritten bewilligt oder abgelehnt wird (s. Tab. 8-2). Basierend auf der von der Projektleitung entwickelten Projektskizze bestimmt die Projektleitung, in welche Richtung das Projekt sich fort entwickelt. Strategien und neu gesetzte Ziele werden zunächst intern im Kernteam besprochen, danach wird das

Steuerteam unterrichtet. Hier setzt die Partizipation des Steuerteams ein. Es ist dabei nicht geklärt, welcher Projektteilnehmer wann die Entscheide fällen kann und wie groß die Verhandlungsspielräume sind. Entscheide im Steuerteam werden letztlich situativ unterschiedlich gefällt.

Nach einem Steuerteambeschluss wird das Gespräch mit dem Landwirt gesucht. Dieser hat die Option, das Projektanliegen mit zu tragen oder auch abzulehnen. Seine Wünsche/Anliegen werden dabei aufgenommen und möglichst bald erfüllt. Finanzielle Ausgleichsmöglichkeiten und behördliche Notwendigkeiten werden schon vor Gesprächsbeginn erkundet, der Landwirt soll so wenig Mühen wie möglich mit der Wiedervernässung seiner Wiesen haben.

Jedoch können nicht alle Anliegen der Wasserversorger aufgenommen werden, da dafür häufig die von der Stiftung MGU gegebenen Zeit-, Personal- und Finanzressourcen nicht zusätzlich zu der Umsetzung der Maßnahmen aus der von der Projektleitung entwickelten Projektskizze reichen. Es entstehen daraufhin Diskussionen, weil die Wasserversorger sich mit ihren Wünschen nicht genügend eingebunden fühlen.

Bewertung der partizipativen Kooperation. Abgesehen von Anfangsschwierigkeiten wird die grundsätzliche Zusammenarbeit unterschiedlich, jedoch eher positiv beurteilt, wenn man vom Interessenkonflikt absieht. Die Informationsflüsse werden als gut eingestuft (s. Tab. 8-2). Der Landwirt bewertet die Kommunikation mit der ihm zugeteilten Kontaktperson als sehr gut und kann zeitgemäß seinen Betriebsablauf umstellen.

In der differenzierten Beurteilung durch die Steuerteammitglieder wird eine unterschiedliche Wahrnehmung des Projektes deutlich, die sich nicht nur auf Projektleitung und Wasserproduzenten bezieht. Die Zusammenarbeit wird grundsätzlich bei Befürwortern und Skeptikern von Feuchtgebietsrevitalisierungen unterschiedlich bewertet. Während Befürworter von Feuchtgebietsrevitalisierungen in der unteren Wieseebene mit den Informationsflüssen im Projekt sehr zufrieden sind, lediglich Grobinformationen brauchen und mit Detailinformationen nicht zeitlich überlastet werden wollen, kritisieren Skeptiker des Projektanliegens, sie seien nicht detailliert und bei Entscheidungen sowie strategischen

Überlegungen nicht frühzeitig genug informiert worden. Die Arbeitskreissitzzungen alle drei bis sechs Monate genügen hier nicht. Zudem hätten sie sich ein stärkeres Aufnehmen ihrer eigenen Anliegen gewünscht und schon in der Projektentwicklungsphase bei der Wahl der wissenschaftlichen Fragestellung mitwirken wollen (s. Tab. 8.1.3-1).

Bedeutung der Machtposition für die Wahrnehmung. Dass die Machtposition der Institution im außen stehenden Netzwerk eine entscheidende Rolle spielt, zeigen die Sitzungsnotizen zu einzelnen Diskussionen und ihren Ausgängen. So konnten Einwände der Umweltbehörde stets abgewendet werden, sobald die Wasserproduzenten sich nicht hinter diese Einwände gestellt haben, sie sogar entkräftet haben. Anders sah es aus, wenn die Wasserproduzenten Einwände vorbrachten. In diesem Fall konnte es Entkräftungen von anderen Sitzungsteilnehmern geben, auch von der Umweltbehörde, welche aber das Anliegen der IWB nicht abwendeten.

„Der Vertreter der IWB macht das selbständig für sich, er konsultiert das AUE manchmal in kleinen Sachen, aber bei solchen Projekten hat er sich nicht groß um die Meinung des AUE gekümmert. Er hat da sehr eine dezidierte, eigene Meinung vertreten. (...) Die IWB entscheiden bei solchen Projekten selber, stimmen diese nicht mit dem AUE ab."

(ein Steuerteammitglied)

Die autonome Meinungsbildung bei den Wasserproduzenten muss anders im partizipativen Prozess eingebunden werden als die Meinung eines Skeptikers, dessen Einwand von einem stärkeren Netzwerkmitglied entkräftet werden kann. Dies bestätigen auch die Interviewaussagen der Steuerteammitglieder zu den Erwartungshaltungen bezüglich der Mitwirkungsmöglichkeiten im Projekt. Es wird daher zwischen drei Wahrnehmungsmustern unterschieden, die im Stellimatten-Projekt aufgetreten sind – die der Befürworter mit unterschiedlicher Bedeutung im außen stehenden Netzwerk und die der Projektskeptiker mit relativer oder hoher Bedeutung im außen stehenden Netzwerk (Tab. 8.1.3-1).

Tab. 8.1.3-1: Wahrnehmung von Information und Kooperation im Stellimatten-Projekt. Die Wahrnehmungsmuster der Steuerteammitglieder sind abhängig von der Einstellung zum Projektanliegen und der Machtposition im außen stehenden Netzwerk. Eigene Darstellung.

Typ:	Befürworter des Projekts	Skeptiker mit relativer Bedeutung im Netzwerk	Skeptiker mit hoher Bedeutung im Netzwerk
Wahrnehmung der Information	- Grobinformationen reichen - bei Interesse werden Detailinformationen selbständig eingeholt - zeitliche Überlastung durch zu viele Informationen muss vermieden werden	- Informationsfluss an sich gut, aber zu wenig Details - Arbeitskreissitzungen alle 3-6 Monate zu wenig - mündliche Informationen aus Sitzungen/Präsentationen, werden wieder vergessen	- Informationsfluss an sich gut, aber zu wenig Details - bei strategischen Überlegungen, Zielfestlegungen, Planungen nicht frühzeitig genug informiert - Informationen sollen ohne Absprache nicht nach außen
Wahrnehmung der Kooperation	- gelegentliches Anfragen von Seiten der Projektleitung bei Detailfragen genügend	- Einbezug bei der Entscheidfindung zu nächsten Projektschritten zu spät, führt zu Missstimmungen	- Anliegen zu wenig aufgenommen - Akzeptanz für Einwände zu gering - fehlende Kooperation bei Festlegung der wissenschaftlichen Fragestellung
Gewünschte Rollenzuordnung	- Einstufung als Berater bei Detailfragen	- gemäß Zuständigkeitsbereich voll einbeziehen	- Einstufung als gleichwertigen Partner zur Projektleitung
Akzeptanz nach Pilotprojekt	- Akzeptanz schon vorhanden - kein Akzeptanzwechsel	- Akzeptanzwechsel zur Befürwortung des Projektinhalts	- weiterhin Ablehnung von Feuchtgebietsrevitalisierungen

8.1.4 Die Kommunikations-Ebene

Kommunikationsfehler der Projektleitung sind in den Dokumenten bereits zu Beginn des Projekts festzustellen – sei es gegenüber den Vertretern der Gemeinde Riehen, den IWB oder dem AUE. Diese konnten in den ersten 12-15 Monaten wieder bereinigt werden, wie die Interviewten bestätigen (siehe Tab. 8-2) und die Validierung durch eine externe Person zeigt:

„Der Naturschutz der Gemeinde Riehen und der Pächter des Stellimatten-Gebiets stehen dem Projekt erstaunlich positiv gegenüber – bis auf Anfangsschwierigkeiten. Riehen hat eine positive Meinung zum Projekt, weil die Öffentlichkeitsarbeit, v.a. der Auenpfad eine positive Resonanz in der Bevölkerung hervorgerufen haben. Riehen selber musste nicht für das Projekt zahlen und hat nun, ohne viel gegeben zu haben, viel gewonnen."
(Interpretation der Interviews: Validierung durch externe Person)

Zwischen Wasserproduzenten und Projektleitung herrscht im Jahr 2000 trotz der Kommunikationsdefizite Kompromissbereitschaft vor. Dies zeigen Sitzungsprotokolle und -notizen bis zum Frühjahr 2000. Ab dem Jahreswechsel 2000/01 belegen Sitzungsnotizen vermehrt Kommunikationspannen. Druckmittel werden von Seiten der Projektleitung aufgebaut, um auf diese Weise die Fortführung des Projekts zu gewährleisten. Auch die Wasserproduzenten nehmen eine Entweder-Oder-Haltung ein (siehe Tab. 8-2).

Es gibt positive Meinungen zu diesen Haltungen:

Zu den Wasserproduzenten:
„Die IWB sind nicht abgerückt von ihrer Risikoeinschätzung, dadurch haben sich diese Strukturen als relativ starr erwiesen. Positiv ausgewirkt haben sich diese Strukturen bezüglich dessen, dass kein Schadensereignis aufgetreten ist. Die IWB wie das AUE haben ihre Funktion als Wächter gut wahrgenommen."

Zum Vorgehen des ersten Projektleiters:
"*Was ich sehr gut gefunden habe, dass mit einem gewissen Druck, mit einer Unbeirrbarkeit, auf ein Ziel losgegangen ist. Das hat nicht allen Leuten gefallen, mir am Anfang auch nicht, aber es hat einen Haufen gebracht und gerade gegenüber der Öffentlichkeit gezeigt, dass da Sachen machbar sind.*"

„*Die Projektleitung wollte forsch vorwärts machen, mit Recht. Man muss nicht auf alles eingehen. Aber das hat beim Gegenüber zu Reaktionen geführt, die das Fortführen des Projektes gefährdet haben.* "

(Meinungen einiger Steuerteammitglieder)

Häufiger werden jedoch die negativen Seiten dieser Entweder-Oder-Haltungen aufgezeigt (siehe Kritik an Projektleitung und Wasserproduzenten in Tab. 8-2).

„*Die andere Kommunikationsebene seit Herbst 2001 hat dazu geführt, dass die IWB nicht mehr in der gleichen Art Maßnahmen und Teilschritte unterstützt haben wie vorher. Man wurde vorsichtiger.*"

"*Es gab Vorstellungen von der Projektleiterseite und Parameter von den IWB, welche sich ins Gestrüpp gekommen sind. Nicht nur eine Kommunikationssache. Kompromissbereiter auch von der wissenschaftlichen Fragestellung her vorzugehen, dass dann die IWB auch mitmachen würden.*"

„*Möglicherweise hätte das Klima zwischen IWB und Projektleiter durch mehr Beweglichkeit auf Projektleiterseite gewinnen können, allerdings liegen die Dinge hier nicht nur auf personeller Ebene im Argen, sondern auf der Basis der Ausgangslage – der Absicht des ersten Projektleiters im Gegensatz zum Zugeständnis der IWB.*"

(Zitate von Befragten)

Die Kommunikationsdefizite können dementsprechend nicht Ursache des ungelösten Grundkonfliktes zwischen Universität und IWB sein, wie bei

STOLL (1999; s. Kap. 2.4.) ermittelt, sondern sind als Konfliktverschärfer zu betrachten.

8.2 Auswirkungen des Projekts

Die Interviewten nennen eine Vielzahl von Auswirkungen, die sich aus dem Projekt für die weitere Landschaftsplanung in der Wieseebene ergeben.

Auswirkungen des Stellimatten-Projekts (aus den Interviews):

Positiv
- Bearbeitung von fälligen Fragen des Naturschutzkonzeptes Basel-Stadt.
- Bestätigung der Annahmen des Naturschutzes.
- Biotop Stellimatten bleibt erhalten: Ökologischer und optischer Gewinn, Gewinn für die Naherholungssuchenden, wenn weiterhin öffentlich zugänglich.
- Auenpfad hat positive Resonanz und erhöhte Akzeptanz in der Bevölkerung hervorgerufen.
- Aspekt der Lichtungen und des Mischwaldes kann auf Bestockung anderer Wässerstellen in der Wieseebene übertragen werden.
- Positive Einstellung zu Nutzerumfragen werden im Steuerteam gewonnen.
- Wissenserweiterung: Erweiterte fachliche Kenntnisse in allen Disziplinen, vor Augen führen der Grenzen und Schwierigkeiten, Lernprozesse bezüglich Zusammenarbeit zwischen Universität und Praxis.
- Interesse an den Resultaten auch in weiteren Fachkreisen.

- Neuer Gesichtpunkt: Zunehmendes Interesse bei einzelnen Steuerteammitgliedern an der Thematik der Feuchtgebietsrevitalisierungen im Landschaftspark Wiese mit Wiesewasser.
- Zukünftig verstärktes Einbringen von Nutzerbeteiligungen in Planungsverfahren.
- Symbolwirkung des Projektes für weitere Maßnahmen im Landschaftspark Wiese.

Negativ
- Keine neuen Erkenntnisse zur Wasseraufbereitung.
- Gefahr von am Bach spielenden Kindern in der Wässerstelle durch den Auenpfad.
- Umstellungen für den Landwirt durch das neue Feuchtgebiet auf der Wirtschaftswiese.
- Verlorenes Vertrauen der Wasserproduzenten zu der universitären Projektleitung (zukünftig anvisierte Vertragsabschlüsse, Ablehnung der weiteren Kooperation).
- Keine Einleitung einer Systemveränderung in der Trinkwassergewinnung gemäß Wunsch der Projektleitung.
- Fehlende Bereitschaft zur weiteren Umsetzung von Feuchtgebietsrevitalisierungen in Wässerstellen des Landschaftsparks Wiese.

Deutlich werden die in der Menge überwiegenden, positiven Auswirkungen. In der Wahrnehmung der Teilnehmenden dominieren jedoch die negativen Auswirkungen. Das gezogene Gesamtfazit der Interviewauswertung von einer unabhängigen Externen bestätigt diesen Eindruck in ihrem Fazit zu den Interviews:

„Die IWB haben sich überrollt gefühlt durch die Vorstöße von Seiten des Projektteams. Sie sehen darin eine Gefahr für die Trinkwassergewinnung und haben daher Ängste."

„ Der erste Projektleiter ist wohl ist wenig diplomatisch vorgegangen und hat dementsprechend noch mehr Ängste bei den Wasserversorgern hervorgerufen. Zudem scheint er von oben herab kommuniziert zu haben."

„Auch das sonstige Projektleiterteam ist mit sich zufrieden. Sie geben nicht zu, dass die Schwierigkeiten von ihrem Führungsstil verursacht worden sind. Ansonsten ist es klar, dass das Projektleiterteam inhaltlich hinter dem Projekt steht."
(Interpretation der Interviews: Validierung durch externe Person)

Unter der Dominanz der negativen Eindrücke kann ein Folgeprojekt, in dem es um die Fortführung der Stellimatten-Maßnahmen im Landschaftspark Wiese geht, nicht aufgebaut werden. Die Ablehnung der Wasserversorger hat zur Folge, dass eine Beteiligung des Hochbau- und Planungsamtes an der Projektleitung nicht zustande kommt. Nach KRÖMKER (2002, 96) setzt der stärkere Kontrahent sein Interesse der Trinkwassersystemsicherheit für das Folgeprojekt durch. Ein Folgeprojekt weicht nun räumlich auf ein anderes Naherholungsgebiet von Basel aus, in dem die IWB als Wasserversorger nicht Nutzer und Eigentümer sind. Weiter geforscht werden soll in den Jahren 2003 bis 2005 in dem neuen Raum an der Thematik der Reinigungsleistung von Feuchtgebietsvegetation ohne Beeinflussung einer Trinkwasserproduktionsstelle. Das Projektleitungsteam wird nach Absage des Hochbau- und Planungsamtes komplett von der Universität gestellt (www.physiogeo.unibas.ch/brueglingen/index.htm). Der nicht gelöste Zielkonflikt steht einem Akzeptanzwechsel für Feuchtgebietsrevitalisierungen innerhalb von Wässerstellen des Landschaftsparks Wiese bei den Wasserversorgern nach wie vor im Weg (Tab. 8-1).

8.3 Fazit der Interviews

In den Interviews wird deutlich, dass trotz vorwiegend günstiger Ausgangsbedingungen ein grundlegender Interessenkonflikt das Projekt dominiert. Dieser Interessenkonflikt zwischen den Revitalisierungsbestrebungen der Wissenschaftsvertreter und den Sicherheitsbedenken der Wasserversorger wurde auch schon im weiteren Netzwerk bei den standardisierten Akteursbefragungen deutlich. Im Stellimatten-Projekt wirkt sich dies aus durch unterschiedliche Erwartungshaltungen zur

Bearbeitung der Forschungsfragen, Uneinigkeiten über die Effizienz und Aussagekraft angewandter Methoden usw. Eine Eskalation des Zielkonflikts entsteht unter anderem durch eine generell vernachlässigte Prozessgestaltung. Wenig Verständnis für die Belange des Gegenübers sowohl auf Seiten der Projektleitung als auch auf Seiten der Wasserproduzenten, die fehlende Thematisierung des gegenseitigen Rollenverständnisses, der Verteilung von Kompetenzen, Rechten, Pflichten, Funktionen und der gegenseitigen Erwartungshaltungen sowie das ungeregelte, situativ unterschiedliche Fällen von Entscheiden sind nur Beispiele.

Die Kritiker der Projektidee reagieren jedoch unterschiedlich auf die Partizipationsmethoden und Projektresultate. Während die Umweltbehörde eine kritische, aber befürwortende Position zum Projekt entwickelt, bleiben die Wasserproduzenten skeptisch/ablehnend. Die Anwendung der Partizipationsmethoden und die Wissensproduktion als Ganzes werden also unterschiedlich wahrgenommen. Generell ist festzustellen, dass Projektbefürworter und -skeptiker ein unterschiedliches Informations- und Partizipationsbedürfnis haben und dementsprechend mit verschiedenen Mitwirkungsinstrumenten eingebunden werden sollten. Für die Intensität der Mitwirkung eines Projektpartners ist zudem die Beachtung der Stellung der jeweiligen Institution im übergeordneten Netzwerk von Nöten, um möglichen Erwartungshaltungen der Projektbeteiligten gerecht zu werden.

9 Synthese

Im Folgenden werden die Ergebnisse der Kapitel 6-8 zusammengestellt und deren Zusammenhänge untereinander aufgezeigt, um eine Synthese vorzunehmen.

9.1 Welche Gruppen änderten die Akzeptanz und warum?

Das Stellimatten-Projekt wirkt sich nicht nur auf die im Steuerteam involvierten Institutionenvertreter aus, sondern hat Einfluss auf das weitere Akteursfeld der Landschaftsplanung in der Wieseebene sowie auf die Passanten im Naherholungsgebiet (Tab. 9.1-1). Im revitalisierten Zustand wird das Stellimatten-Gebiet von den Passanten positiver wahrgenommen als vorher. Eine Tendenz zu mehr Akzeptanz von Feuchtgebietsrevitalisierungen in der Wieseebene konnte durch das Miterleben des Projekts erreicht werden. Grund dafür ist die Begehbarkeit eines konkreten, revitalisierten Biotops – den Hinteren Stellimatten. Der Auenpfad konnte eine breite emotionale Wirkung erzielen, indem er über der Hälfte der Passanten als Projektvermittler diente, ohne dabei große Erfolge in der Informationsvermittlung zu erzielen. Presseartikel, Führungen, Vorträge und Informationsbroschüren konnten zwar die Zusammenhänge des Projekts näher bringen, erreichten aber nur 7-15 Prozent der betroffenen Passanten. Diese Instrumente der Bevölkerungseinbindung hatten also eine informelle Wirkung bei einem begrenzten Anteil der betroffenen Passanten. Eine positive Wahrnehmung des Stellimatten-Gebiets zeigen nach Durchführung der Revitalisierung auch die Akteure des weiteren Netzwerkes der Landschaftsplanung in der Wieseebene. Einig ist man sich unter den Akteuren über den hohen Naherholungswert des Landschaftsparks. Auch die naturnähere Gestaltung dieses Raumes wurde gemeinsam beschlossen und im Richtplan festgehalten. Die generell hohe Akzeptanz von Revitalisierungsbemühungen in diesem Raum liegt damit nahe. Es wird jedoch die Aufwertung des Gesamtgebiets Stellimatten durch die Revitalisierung nicht gesehen, was laut Passanten-befragungen eine

Fehleinschätzung ist. Die Naherholungsqualität nicht nur der Wässerstelle an sich sondern auch des Gesamtgebiets Stellimatten konnte für die Passanten durch das Projekt signifikant erhöht werden.

Eine tendenziell erhöhte Akzeptanz von Feuchtgebieten stimmt bei den Akteuren wieder mit der Passantenhaltung überein. Es geht damit aber keine gesteigerte Befürwortung der konkreten Projektmaßnahmen einher. Dies gilt auch für die Wasserversorgungsvertreter, deren generelle Akzeptanz von Feuchtgebietsrevitalisierungen sich nicht änderte, die aber nach Durchführung des Pilotprojektes mehr Bereitschaft für Feuchtgebietsrevitalisierungen außerhalb der Trinkwassereinzugsgebiete im Landschaftspark Wiese zeigen. Die Mitglieder im Steuerteam bestätigen diese Ergebnisse der schriftlichen Akteursbefragungen. Der im Netzwerk bereits bestehende Zielkonflikt zwischen Wasserversorgern und Wissenschaftlern spiegelt sich schließlich im Steuerteam wider.

Tab. 9.1-1: Wirkung der verschiedenen Beteiligungsformen auf das anthropogene Wirkungssystem „Landschaftsplanung in der Wieseebene". Dargestellt sind die verschiedenen Ebenen des anthropogenen Wirkungssystems, auf die eine Wirkung erzielt wurde. Die Auswirkungen des Pilotprojektes auf die Landschaft der unteren Wieseebene sind vor allem durch die Umsetzung und für die Zukunft durch den nach wie vor ungelösten Zielkonflikt geprägt, während auf Ebene der Interessenskreise und des Steuerteams die Arbeit im Arbeitskreis, die gemeinsame Erforschung von Sachverhalten und der Aufbau des Auenpfads zusätzlich ihre Wirkungen erzielten.

Interessenskreis	Partizipation durch ...	bestätigte Wirkung
Naherholungs-suchende	Information Miterleben von Umsetzungen Auenpfad	- positive Resonanz auf das Pilotprojekt - optischer Gewinn - Steigerung der Naherholungsqualität - tendenziell stärkere Befürwortung von Feuchtgebietsrevitalisierungen
Landwirt	Umsetzung	- Umstellung des Betriebsablaufs - offen für weitere Projekte
Raumplanung	Arbeitskreis Information	- positive Einstellung zu Nutzerumfragen - verstärktes Einbringen von Nutzerbeteiligungen in Planungsverfahren
Naturschutz	Arbeitskreis Information Umsetzung	- Bearbeitung von fälligen Fragen - Bestätigung von Annahmen - Akzeptanzgewinn für den Auenpfad
Umweltbehörde	Arbeitskreis Information Umsetzung Auenpfad	- Akzeptanzwechsel - Gefahr durch Kinder im Schutzgebiet
Wasser-produzenten	Arbeitskreis Information Forschung Umsetzung	- weiter bestehender Zielkonflikt - keine oder wenig neue Erkenntnisse - Vertrauensverlust - kein Akzeptanzwechsel - offen für Feuchtgebietsrevitalisierungen außerhalb der Trinkwassereinzugsgebiete
Steuerteam	Arbeitskreis Information Forschung Umsetzung	- Wissenserweiterung - Lernprozess für Zusammenarbeit zwischen Universität und Praxis - aufzeigen von Grenzen und Schwierigkeiten - mehr Interesse an der Thematik
Gesamtnetzwerk	Information	- Interesse in weiteren Fachkreisen - tendenziell stärkere Befürwortung von Feuchtgebietsrevitalisierungen
Landschaft		- Biotop als ökologischer Gewinn - Projekt mit Symbolwirkung für weitere Maßnahmen - Übernahme der Bestockung auf andere Wässerstellen - keine Einleitung einer Systemänderung - keine direkte Fortsetzung der Maßnahmenumsetzung

Aufgrund der unterschiedlichen Einstellungen und Erwartungshaltungen zum Projekt wurden im Projektverlauf die angewandten Beteiligungsformen unterschiedlich wahrgenommen. Die Einstellung zum Projekt richtete sich nach dem eigens verfolgten Ziel. Zudem bestand die Erwartung, in das Projekt entsprechend der Position der vertretenen Institution im Netzwerk einbezogen zu werden. So wurden bei den Betroffenen verschiedene Wirkungen durch dieselben Beteiligungsformen erzielt. Die Umweltbehörde konnte für die Projektmaßnahmen Vertrauen gewinnen und weitere Maßnahmen solcher Art befürworten, die Wasserproduzenten blieben skeptisch. Ende des Pilotprojekts ist das Projektteam auf eine Befürwortung seiner Maßnahmen durch die Steuerteammitglieder angewiesen, um die Auswirkungen der Projektmaßnahmen zukünftig weiter untersuchen zu können. Dies wird aber nicht bei allen Teilnehmern erreicht, so dass ein Folgeprojekt im Trinkwassereinzugsgebiet des Landschaftsparks Wiese scheitert. Ursächlich dafür steht neben der Interessensdivergenz eine zu geringe Einbindung der Wasserproduzenten in der Projektentwicklungsphase des ersten Projektes. Hier wurde die bedeutende Rolle der IWB zu wenig berücksichtigt. Die unterschiedlichen Ziele konnten in der Projektvorbereitung und im Projektverlauf nicht auf einen gemeinsamen Nenner gebracht werden – trotz der Anwendung partizipativer Methoden.

9.2 Verankerung des Pilotprojekts im Landschaftspark Wiese durch die Partizipation?

Konnte das Projekt in diesem Raum langfristig durch die angewendeten Beteiligungsformen verankert werden? Das Pilotprojekt Stellimatten wirkt sich in vielerlei Hinsicht deutlich positiv für die weitere Landschaftsplanung der Flussebene aus. Am offensichtlichsten ist dabei die Erschaffung eines auenwaldähnlichen Wirkungsgefüges in der Wässerstelle „Hintere Stellimatten". Hier ist man in der Umsetzung weiter gekommen, als es viele Beteiligte vor Projektbeginn für möglich gehalten hätten. Trotzdem muss die Frage, ob das Projekt in diesem Raum langfristig durch die angewendeten Beteiligungsformen verankert werden konnte, eher mit „nein" beantwortet werden. Weiter angestrebte Umwandlungen von

Wässerstellen in mit Wiesewasser bewässerte auenwaldähnliche Wirkungsgefüge bleiben zunächst aus. Dennoch hat das Projekt bewirken können, dass Feuchtgebietsrevitalisierungen mit Wiesewasser in diesem Raum zu einem Thema geworden sind. In den Köpfen der Menschen gab es Wandlungen. Ob diese Veränderungen dazu führen werden, dass mittel- bis langfristig auch Handlungen in Form von Umsetzungen folgen, muss abgewartet werden.

Die in der Fachliteratur erkannten Prämissen einer erfolgreichen Kooperation in transdisziplinären Projekten werden im Folgenden auf ihre Gültigkeit für das Pilotprojekt Stellimatten überprüft:

Eingehaltene Prämissen
1. Die Partizipation der Projektteilnehmer fand auf freiwilliger Basis statt (vgl. Glasbergen 1995, 12f).
2. Zur Konfliktlösung kamen sowohl konfrontierende als auch kooperierende Elemente zur Anwendung (nach Glasbergen 1995, 12f).

Bedingt erfüllte Prämissen
1. Das Projektanliegen war nur gemeinsam realisierbar (nach Glasbergen 1995, 12f). Allerdings handelte es sich vor allem um ein Anliegen der Universität, nicht so sehr um eines der Wasserversorger.
2. Nur eingeschränkt wurden die Möglichkeiten, die das Projekt bieten kann, realistisch eingeschätzt (nach Müller et al. 2000).
3. Die Aktivitäten im Projektverlauf wurden zwar gemeinsam besprochen und erledigt, die strategische Planung dieser Aktivitäten beschränkte sich allerdings auf das Projektkernteam. So waren auch die Geber- und Nehmer-Seiten im Steuerteam des Pilotprojekts unausgeglichen. Finanziell/materiell waren vor allem die Behördenvertreter die Geber, bezüglich Ideen, Strategien, Planungen, Engagement und Motivation waren es vor allem die Universitätsvertreter (vgl. Müller et al. 2000).

4. Die Fairness als Basis der Kommunikation (nach Glasbergen 1998, 252) war beabsichtigt, wurde aber nicht immer gegenseitig so empfunden.
5. Die Sozialkompetenzen der Projektteilnehmer wurden vereinzelt von Vertretern der Wasserversorger angesprochen, aber nicht als eigener Diskussionspunkt im Steuerteam verbalisiert und weiterentwickelt (vgl. Müller et al. 2000; Tress et al. 2001).

Nicht erfüllte Prämissen
1. Das Rollenverständnis wurde nicht neu abgesteckt (vgl. Müller et al. 2000), v. a. nicht zwischen Wissenschaft und Praxis, wie von Tress et al. (2001) empfohlen.
2. Es stand nicht genügend Zeit für Verhaltensänderungen, den Aufbau einer Vertrauensbasis und der anschließenden Konsensfindung zur Verfügung (Müller et al. 2000) – zumindest was den Umgang mit den Hauptskeptikern der Wasserversorgung betrifft.
3. Eine Konkurrenz zwischen Projektteilnehmern konnte nicht ausgeschlossen werden (nach Ernste 1998, 59). Da Projektleitung und Wasserversorgung beide über ein hohes Fachwissen verfügten, Versuche durchführten, die Daten interpretierten und daraus verschiedene Aussagen zur Gefährdung sowie zum Veränderungspotenzial des Trinkwasserproduktionssystems tätigten, entstand eine Konkurrenzsituation bezüglich der Rollenbesetzung des „Entscheiders" im Steuerteam.

Die Erfolge, die das Stellimatten-Projekt erreichte, sind sicher erst durch die angewendeten Beteiligungsformen erreicht worden. Bei den Passanten zeigt der Vergleich mit der Kontrollgruppe klare Unterschiede in der Wahrnehmung des Gebiets und der Befürwortung der Feuchtgebietsrevitalisierungen. Bei den Akteuren sind keine wesentlichen Unterschiede zwischen der Meinung der Steuerteammitglieder und den Meinungen des weiteren Akteursnetzwerkes in der Wieseebene feststellbar. Doch muss hier betont werden, dass die Durchführung des Pilotprojektes nur mit der Einbindung der Steuerteammitglieder überhaupt erlaubt wurde. Ohne Partizipationsansatz wären also sämtliche positive Auswirkungen des

Projektes nicht erreicht worden. Die negativen Auswirkungen finden ihre Ursache in einem nicht bereinigten Interessenkonflikt. Theoretisch sind sie verursacht durch eine unzureichende Situationsabklärung bezüglich des Interessenkonflikts und des Rollenverhaltens von Betroffenen. Ob jedoch praktisch bei einer Ausschöpfung der möglichen Kooperationsformen auch eine Einigung auf ein Ziel mit gemeinsamer Projektskizze erreicht werden hätte können, bleibt offen. Eventuell ist dies nur ein theoretisches Ideal.

Bezogen auf die Landschaftsplanung in der unteren Wieseebene wirkt sich das Pilotprojekt direkt als auch indirekt aus. Als direkte Wirkung sei die Aufwertung der Wässerstelle „Hintere Stellimatten" zu nennen, welche von Akteuren und Passanten gleichermaßen als ökologischer Gewinn angesehen wird. Direkte Auswirkungen hat auch die Übertragung der Bestockungsart auf die anderen Wässerstellen im Landschaftspark. Es können nun Hybridpappelforste in naturnahe Weiden-/Erlen-Niederwälder umgewandelt werden. Eine Fortsetzung der Wiesewasserbewässerung in andere Wässerstellen zwecks weiterer Revitalisierung folgt jedoch nicht.

Das Pilotprojekt Stellimatten hat die Voraussetzungen der Landschaftsplanung in der Wieseebene geändert. Zunächst einmal besteht vermehrt Interesse an der Thematik der Feuchtgebietsrevitalisierungen (vgl. Gurtner-Zimmermann & Knall 2004). Für die Entscheidungsträger hat das Projekt Symbolwirkung für weitere Maßnahmen in diesem Raum. Grenzen und Schwierigkeiten von Feuchtgebietsrevitalisierungen in einer Grundwasserschutzzone konnten aufgezeigt werden, was zukünftig als Chance für einen zweiten Anlauf genutzt werden kann. Generell wird der Aspekt der Nutzerbeteiligung in der aktuellen Raumplanung verstärkt beachtet werden, um die Bedürfnisse der Bevölkerung besser in die Gestaltung der Landschaft einbringen zu können.

10 Diskussion

10.1 Die Passantenresultate

Wahrnehmung. Die generelle Einstellung zu Naturschutzaktivitäten und die Wahrnehmung der jeweiligen Gebiete hängen entscheidend vom Bildungsstand und dem Alter der befragten Passanten ab. Ähnliche Erfahrungen machten Gloor & Meier (2001) an der Birs bei Basel. Wie Küry (1998) berichtet, ist hier die Ästhetik und nicht die ökologische Qualität des Gebiets ausschlaggebendes Kriterium bei den Passanten, um eine Aufwertung des Naherholungsraumes zu empfinden. Besonders sinnlich erfassbare Kriterien sind also wichtig, wie die große Akzeptanz des Auenpfads bestätigt, der sich nicht als geeigneter Informationsvermittler entpuppte (vgl. Güsewell & Dürrenberger 1996). Auf der rationalen Ebene tritt die Schwierigkeit auf, dass unterschiedliche Naturbilder bestehen. Die Passanten nehmen den Landschaftspark Wiese zum Teil im unrevitalisierten Zustand als unberührte Natur wahr – im Gegensatz zu den Entscheidungsträgern. Zudem erreichen die auf der rationalen Ebene wirkenden Instrumente der Öffentlichkeitsarbeit wie Presseartikel, Vorträge, Führungen etc. nur einen kleinen Anteil der betroffenen Passanten (vgl. Buchecker 1999, 262), so auch im Stellimatten-Projekt.

Wünsche. Die Passanten suchen im Naherholungsgebiet der Wiese den unbeeinträchtigten Nutzen in der Ruhe der unberührten Natur. Diese Erkenntnis stimmt mit denen in anderen Naherholungsgebieten Mitteleuropas überein (Gloor & Meier 2000, 2001; Ammer & Pröbstl 1991, 28; Buchecker 1999, 42f). Auch die Kritik an störenden, anderen Nutzergruppen ist bekannt (z. B. de Groot & van den Born 2003, 127ff; Gloor & Meier 2001).

Faktoren der Akzeptanz. Die Einstellung zur Revitalisierung der Hinteren Stellimatte ist stark von der Wahrnehmung und Bewertung des Biotops sowie von der Möglichkeit des persönlichen Nutzens geprägt (vgl. de Groot & van den Born 2003, 137). Die Konkretisierung des Naturschutzziels, die

Visualisierung des neuen Biotops zusammen mit der Möglichkeit, dessen Entwicklungen über den Auenpfad miterleben und nutzen zu können, bewirken über die emotionale Ebene eine positive Haltung zum Projekt. Die festgestellte zentrale Bedeutung des Auenpfads steht im Einklang mit der in der Fachliteratur betonten Wichtigkeit von Nutzungsmöglichkeiten in neu geschaffenen Naturschutzräumen, um Bevölkerungsakzeptanz zu schaffen (z. B. Gloor & Meier 2001; Ammer & Pröbstl 1991, 53; Schöne 1999, 52).

Partizipationsbereitschaft. Immerhin 11 Prozent der Passanten erklärten sich in den Umfragen spontan bereit, bei Umsetzungsarbeiten dieses Projekts mitzuwirken und hinterließen dafür ihre Adressen. Auch Gerber (2003) und Buchecker (1999, 154f) ermittelten einen Anteil von 10 Prozent der Passanten, die in der konkreten Raumplanung in Form von Bürgerforen etc. mitwirken wollen. Weitere 15 Prozent stellen sich bei Gerber (2003) als potenziell partizipationsbereit heraus, wenn dafür die organisatorisch notwendigen Rahmenbedingungen geschaffen werden (s. a. Buchecker et al. 2003). Ansonsten stellt Buchecker (1999, 154f, 207) fest, dass noch zu wenig Verantwortungsbewusstsein für die direkte Partizipation besteht.

Bezug zur Akteurshaltung. Eine mit den Akteuren weitgehende Übereinstimmung der Wahrnehmung des Gebiets und der tendenziell erhöhten Befürwortung von Feuchtgebietsrevitalisierungen nach Ablauf des Pilotprojekts bestätigt die These von Güsewell & Dürrenberger (1996, 27), nach der Laienurteile nicht total subjektiv sind und Expertenurteile nicht total objektiv sind. Es besteht eher ein fließender Übergang zwischen diesen Meinungen. Auch die Passanten nehmen eine hohe Landschaftsdiversität und das Vorhandensein von Wasser in ehemaligen Flussauen positiv wahr, sehen damit ihren Freizeit- und Erholungswert gesteigert (Ammer & Pröbstl 1991, 27) und zeigen oft schon zu Beginn des Naturschutzprojekts – wie auch im Stellimatten-Gebiet – viel Verständnis (vgl. z. B. Küry 1998). Die Tatsache, dass Dreiviertel der Passanten nicht bereit sind, sich aktiv in der weiteren Naturschutzplanung und -umsetzung zu engagieren, liegt nicht an dem Vertrauen in die Fachleute (vgl. Tress & Tress 2003, 161), denn dieses ist sehr gering. Unter anderem liegt es an der Schwierigkeit, solche Aktivitäten organisatorisch in den Alltag einzugliedern (Gerber 2003).

10.2 Die Akteurshaltung

Das Netzwerk der Landschaftsplanung in der Wieseebene. Das Akteursnetzwerk zur Gewässerrenaturierung an Rhein und Birs wurde in der zweiten Hälfte der 90er Jahre vor allem von den Behörden bestimmt (Gurtner-Zimmermann 1999, 63). Eine beginnende Veränderung des Politiknetzwerks zeichnete sich im Jahr 2000 ab, in dem sich Anwohnervertreter mit einer Gewässerrenaturierungsidee am Kleinbasler Rheinufer durchsetzen konnten (Gurtner-Zimmermann & Eder 2001, 45). In der Richt- und Entwicklungsplanung des Landschaftsparks Wiese trat der Staat mit dem Hochbau- und Planungsamt als Koordinator auf, was einem *Kooperationsnetzwerk* nach Lindquist (1991) entsprach. In den Jahren 2000 bis 2002 präsentiert sich die Netzwerkkonstellation anders. Die tragende Kraft ist nicht mehr nur der Staat, sondern auch universitäre Institute und Naturschutzorganisationen, die eigene Projekte initiieren und neue Wege der grenzüberschreitenden Zusammenarbeit gehen. Somit ergibt sich aus der Vielzahl der behördlichen und nicht-behördlichen Vorstöße die Richtung der Revitalisierungsbemühungen, wie auch Blumer (2001, 20ff) bestätigt. Der Staat ist immer mehr auf das Wissen, die Ideen und das Engagement der universitären Institute und gesellschaftlichen Organisationen angewiesen, was im Politiknetzwerk der *Vereinigung* nach Lindquist (1991) üblich ist. Es entwickelt sich das *Kooperationsnetzwerk* zu einem *Netzwerk der Vereinigung* von Staat und gesellschaftlichen Gruppen. Dies ist ein Trend, der sich sowohl in Mitteleuropa (vgl. Böhme et al. 2001, 19) aber auch international (z. B. in den USA und in Mexiko vgl. Brown 2003, 568) abzeichnet. Materiell gesehen sind aber universitäre Institute und gesellschaftliche Organisationen abhängig von den Behörden, welche über die Ressourcen Geld, Arbeitskräfte und Entscheidungsgewalt verfügen und die „Geber" darstellen. Die Netzwerkanalyse dieser Studie brachte ein staatsdominiertes Kernnetzwerk zum Vorschein, in dem die Wasserversorger eine sehr bedeutende Rolle einnehmen. Gruppensolidaritäten (nach Grabher 1990) fallen bei den Behördenvertretern des Baudepartements Basel-Stadt auf, dessen Fachbereiche zum großen Teil das Kernnetzwerk stellen. Hier finden sich auch die wichtigsten Informationskanäle (nach Granovetter 1973).

Die Akzeptanz im Netzwerk als Voraussetzung des Pilotprojekts. Die Durchsetzbarkeit von Naturschutz im Stellimatten-Projekt hängt von der Relevanz dieses Themas im übergeordneten Netzwerk der Landschaftsplanung ab. Es erwies sich als günstig, dass im weiteren Akteursnetzwerk der unteren Wieseebene ein Interesse beziehungsweise große Akzeptanz von Revitalisierungen in der Wieseebene vorherrschte – nicht zuletzt durch die vorangegangene Richtplanung. Andere Erfahrungen sind durchaus möglich (vgl. Buchecker 1999, 258ff). Die Wasserversorger bewerteten jedoch als bedeutende Vertreter des Kernnetzwerkes vor Projektbeginn die möglichen Folgen einer Feuchtgebietsrevitalisierung innerhalb des Trinkwasserproduktionsgebiets anders als die Projektleitung, was in der Projektentwicklungsphase und im Projektverlauf zu unterschiedlichen Haltungen führte. Ganz ähnliche Erfahrungen bezüglich Revitalisierungen in Wasserschutzzonen machte man in Aachen und in der Ise-Niederung (Kölsch 1998). Die Problematik kann also ebenso in anderen mitteleuropäischen Regionen auftreten. Der partizipative Ansatz kann in der Projektentwicklungsphase zur Ermittlung eines gemeinsamen Ziels als Kooperationsgrundlage eingesetzt werden. Einen Werte- oder Akzeptanzwandel kann der partizipative Ansatz in dieser Projektphase jedoch nicht schaffen, so dass sich unterschiedliche Wertehaltungen erschwerend auswirken können. Auch bei partizipativen Prozessen der Lokalen Agenda 21 in Deutschland konnte die Frage nach einer verbesserten Akzeptanz der Naturschutzmaßnahmen nicht beantwortet werden (Böhme et al. 2001, 21). Es stellt sich die Frage, wie diesem Problem entgegen getreten werden kann.

Wahrnehmung und Bewertung der Problematik. Das Erkennen der gemeinsamen Problematik, gemeinsamer Ziele und die Entwicklung eines gemeinsamen Lösungsansatzes sind für Projektdurchführungen sehr wichtig (Küry 1999b, 24). Wenn das gemeinsame Projektziel wie im Stellimatten-Projekt nicht im Vordergrund steht, entstehen Konflikte. Hintergrund ist die Tatsache, dass jeder Projektteilnehmer individuelle Ziele verfolgt, die mit dem Projektziel oder individuellen Zielen anderer Teilnehmer nicht im Einklang stehen (Loibl 2000, 131).

Wie muss also der gemeinsame Nenner aussehen?
- Die Partizipation ist nur erfolgreich, wenn die Teilnehmer das eigene Interesse im Projektziel wieder finden, weil nur über die eigenen Bedürfnisse eine Motivation zu erreichen ist (Buchecker 1999, 262ff).
- Des Weiteren muss eine Verhandlungskultur herrschen, die den Prämissen einer erfolgreichen Kooperation (vgl. Kap. 2.2.5) gerecht werden will.
- Eine Thematisierung dieser Prämissen ist dabei unumgänglich.

Im Stellimatten-Projekt ist die Projektleitung überzeugt von ihrer Bewertung der Natur und der Folgen ihres Projekts. Dazu kommt ein starkes Eigeninteresse an der Erforschung dieser Thematik. Man glaubt, die Wasserversorger im Verlauf des Projekts überzeugen zu können. Mit Hilfe des partizipativen Ansatzes werden im Verlauf des Stellimatten-Projekts Wahrnehmungsveränderungen erreicht. Auch der Abbau von Ängsten gelingt bei einigen Naturschützern und dem AUE, bei den Wasserproduzenten jedoch nicht. Das Beantworten einiger grundlegender Fragen der Wasserproduzenten kann innerhalb des Projektrahmens nicht geleistet werden, die generelle Einstellung zum Zielkonflikt bleibt unverändert skeptisch. Zentral dabei ist die Erkenntnis, dass grundlegende Zielkonflikte nicht allein über die rationale Ebene der Datenerhebung gelöst werden können, in diesem Fall über die Erhebung naturwissenschaftlicher Daten zur Sachlage. In diesem Fall wurden der Zusammenhang des Projektes mit den Strukturen des übergeordneten Akteursnetzwerkes und die unterschiedlichen Wahrnehmungen der Thematik unterschätzt. Heiland (2000, 244) bezeichnet das Übersehen der Zusammenhänge zwischen den Ebenen als typischen Fehler im Umgang mit komplexen Systemen. Dieser typische Fehler gilt nicht nur für geoökologische sondern genauso für anthropogene Wirkungssysteme.
Handlungsspielräume für die Arbeit im Steuerteam. Die Repräsentanten der Wasserversorgungsbehörde akzeptieren zu Forschungszwecken den dreijährigen Eingriff in ihre Wässerstelle sowie die Entwicklung des Biotops, aber nicht den sukzessiven Umbau des Trinkwasserproduktionssystems. Für dieses von der Projektleitung

verfolgte Ziel zeigen die Wasserproduzenten nicht die laut Schenk (2000, IX) für eine Akzeptanzverbesserung erforderliche Prämisse der Offenheit und Flexibilität für Veränderungen. Versuche, an das individuelle Verhalten der Wasserversorger zu appellieren, reichen nicht aus, da die Handlungsfreiheit der Rollenträger begrenzt ist (vgl. Heiland 2000, 246). Immer wieder ist zwar ein Wechsel zwischen der Rolle als Institutionenvertreter und dem Individuum feststellbar, doch tritt in entscheidenden Momenten die Rolle als Vertreter der Institution in den Vordergrund. Es bestätigen sich hier die Netzwerktheorien, nach denen das Individuum durch seine strukturelle Einbettung in das Akteursnetzwerk bestimmt wird (Jansen 1999, 20).

Die Wasserversorgungsvertreter des Stellimatten-Projekts prägen aber auch das weitere Netzwerk durch ihren Einfluss auf die restlichen Behördenvertreter des Baudepartements Basel-Stadt. Diese müssen ihre Entscheidungen in die Haltung der Gesamtbehörde des Baudepartements einbinden und bleiben deshalb von vornherein auf der sicheren Seite, indem sie zwar im Streitfall zu schlichten versuchen, aber sich nicht öffentlich gegen die andere Behördenabteilung der Wasserversorgung stellen (vgl. Heiland 2000, 246). Die Projektleitung muss dadurch ihre eigene Handlungsbegrenzung erfahren. Als Vertreter der universitären Institute hat sie nicht die Möglichkeit, über weiterführende Umsetzungen zu entscheiden. Zu diesem Ergebnis kam auch eine Studie von Steel et al. (2004), die die Rolle der Forscher in umweltpolitischen Prozessen der USA untersuchte. Es stellt sich somit die Frage, ob transdisziplinäre Projekte unter rein universitärer Leitung überhaupt sinnvoll sind. Die Handlungsbegrenzungen stellen nach den Ergebnissen dieser Studie – in Abwandlung zu Tanner & Foppa (1996) – einen sekundären Faktor für die Haltung zur Feuchtgebietsrevitalisierung im Stellimatten-Gebiet dar. Wäre die Folgenbewertung der Revitalisierungsmaßnahmen bei den Wasserproduzenten ähnlich wie bei der universitären Projektleitung ausgefallen, hätten die Handlungsspielräume weiter gefasst werden können. Diese Möglichkeit beschreibt auch Rohrmann (2000, 209) in seinem Modell zur Wirkung von Risikokommunikation. So aber werden die Handlungsbegrenzungen zu Recht von den Wasserversorgern als Argument gegen eine Weiterführung des Stellimatten-Projekts angeführt.

Bedeutung der Daten. Fehlerhafte Risiko-Einschätzungen bezüglich des geoökologischen Systems verkomplizieren das Projekt, indem über die Aussagekraft der naturwissenschaftlichen Resultate diskutiert wird. Die Wirkung sichtbarer Ergebnisse wie die der naturwissenschaftlichen Daten wird überbewertet, denn die Datenlage löst das Problem nicht. Die soziale Ebene der Kooperationsmuster muss dagegen stärker beachtet werden.
Bedeutung der Kommunikation in Abhängigkeit der persönlichen Bedürfnisse. In der Regel kommt es in solchen Situationen zu Kommunikationsstörungen, wie auch Borggräfe et al. (1999, 122 ff) und Küry (1999b, 24) aus Revitalisierungsprojekten in Flussebenen berichten. In dieser Studie wirkten die Kommunikationsstörungen als Konfliktverschärfer. Die Kommunikation wird demnach hier nicht als Schlüsselfaktor in der Akzeptanzgewinnung identifiziert. Die Vereinbarkeit grundlegender Wertehaltungen mit den Projektzielen ist eher Schlüsselfaktor einer gelingenden Akzeptanzsteigerung.

Einen problematischen Umgang mit dem Konflikt zwischen Natur- und Grundwasserschutz in der Ise-Niederung beschreibt auch Kölsch (1998, 59). Die Wasserversorger wurden dort infolgedessen stets vorab informiert und durch Diskussion und Abstimmung in die Maßnahmenentscheide mit einbezogen. Auch die Projektleitung im Stellimatten-Projekt beabsichtigte, in der Kommunikationsarbeit eine Vertrauensbasis zu schaffen, soziale und soziopolitische Beziehungen zu durchdringen und mit kleinen, reversiblen Schritten sich an die Lösung zu tasten (vgl. Kölsch 1998, 60ff).

Im Gegensatz zur Ise-Niederung geht es im Stellimatten-Projekt aber um den direkten Eingriff in eine Trinkwasserproduktionsfläche. Die Problematik ist brisanter. Es wirken sich dementsprechend stark die Verantwortungsbereiche, Interessen und Ziele der jeweiligen Behörden aus. Die Kommunikation im Stellimatten-Projekt wird emotional geprägt durch eine vermutlich als ungenügend empfundene Wertschätzung sowohl der Unterstützungsleistungen der Wasserversorger als auch der Leistungen der Projektleitung. Der Wertschätzungsanspruch steht unter anderem in Abhängigkeit von der Position des Akteurs im übergeordneten Netzwerk. Der Position der Wasserversorger wird im Stellimatten-Projekt in der Anwendung des partizipativen Ansatzes nicht genügend nachgekommen, wie von Wehinger et al. (2002) empfohlen. Eine durch ungeklärte Rollen-

und Kompetenzverteilungen überlagernde Konkurrenz (vgl. Stoll-Kleemann 2002) führt schließlich zu Machtkämpfen und der Anwendung von Druckmitteln von Seiten der Projektleitung. Schenk (2000, 72ff) erläutert, dass dann ein nicht angemessen einbezogener Akteur Reaktanz zeigt. Dies führt zu einer schwierigen Revidierung seiner Meinung. Gerade, wenn der Akteur unter sozialen Druck gesetzt wird, wird die Meinung sich laut Schenk (2000, 72ff) verfestigen. Durch eine angemessenere Kommunikation und die verstärkte Einbindung der bedeutenden Institutionen des Steuerteams hätten im Pilotprojekt Stellimatten Handlungsspielräume besser genutzt und die Kooperation über das Pilotprojekt hinaus fortgeführt werden können. Die Anwendung partizipativer Methoden wird aber an den Grenzen der Handlungsspielräume an sich sowie an den unterschiedlichen Bewertungen der Folgen einer Revitalisierung kaum etwas ändern können.

Die Haltung des Landwirts. Im Gegensatz zur Ise-Niederung (vgl. Borggräfe et al. 1999, 123) zeigte der betroffene Landwirt des Stellimatten-Gebiets keine Angst vor der Wiedervernässung seiner Flächen, sondern kooperierte mit dem Projektleitungsteam. Vertrauen war über den ständigen Einbezug seiner Wünsche und Bedürfnisse trotz der nötigen Umstellung des Betriebes geschaffen worden. Dies ist nicht selbstverständlich. Landwirte gehen häufig davon aus, dass ihre Kollegen gegenüber dem Naturschutz von Ihnen eine ablehnende Haltung erwarten (Heiland 2000, 246). Auch die Akzeptanzbefragungen der Akteure im Landschaftspark Wiese hatten eine skeptische Haltung der Landwirte in der Wieseebene offenbart. Gleichzeitig wird immer wieder ermittelt, dass gerade von den Landwirten aus eine Mitwirkungsbereitschaft vorhanden ist, um Gewinne für Natur und Umwelt und das Gemeinwohl zu erzielen (z. B. Söderqvist 2003, 105). Beim Pächter des Stellimatten-Gebiets führten die Ausgangsbedingungen einer stark reglementierten Grundwasserschutzzone dazu, dass der finanzielle Ausgleich für den Landwirt über die Projektmittel geleistet werden konnte. Ähnliche „naturschutzgünstige" Ausgangsbedingungen gibt es auch in anderen Flussniederungen, wie z. B. der Nuthe-Nieplitz-Niederung (Schöne 1999, 50). Doch nur mit der steten Mitwirkung des Landwirts kann auch das nötige Vertrauen geschaffen werden (vgl. Schöne 1999, 50).

10.3 Fazit für die Akzeptanz der Feuchtgebietsrevitalisierungen in der Wieseebene

Die Akzeptanzanalyse offenbart, dass bei Naturschutzmaßnahmen im Kanton Basel-Stadt nicht nur die ökologischen Qualitäten gegenüber gesellschaftlichen Nutzungsmöglichkeiten von den Entscheidungsträgern zum Teil in den Hintergrund gestellt werden müssen (s. a. Gurtner-Zimmermann 1999b), sondern die Eigeninteressen und generellen Einstellungen der Einzelpersonen eine Schlüsselrolle für die Akzeptanz spielen. Die fehlende Berücksichtigung von Bedürfnissen zentraler Akteure führt zu negativen Konsequenzen für die langfristige Unterstützung von Naturschutzmaßnahmen (s. a. Wehinger et al. 2002). Das Beispiel der Wasserproduzenten im Stellimatten-Projekt zeigt dies ganz deutlich. Die Schwierigkeiten ergeben sich aus den unterschiedlichen Bewertungen des Stellimatten-Gebiets und den Bewertungen der Folgen einer Revitalisierung sowie den unterschiedlichen Interessen der Akteure. Ein Akzeptanzverlust bei Naturschutzmaßnahmen aufgrund der fehlenden Berücksichtigung der sozialen Komponente gilt daher nicht nur für die Bevölkerung (Gloor & Meier 2001), sondern auch für die Akzeptanz unter den Akteuren sowie Entscheidungsträgern. Die Belange des Naturschutzes bedürfen einer systeminternen Legitimation – die es im Fall des Pilotprojekts gegeben hat –, zusätzlich müssen andere Interessen soweit als möglich gewahrt bleiben (Mayntz 1987).

Zentral sind das Erkennen grundlegender Zielkonflikte und das Abstimmen der Rollen- und Kompetenzverteilungen, Regeln der Zusammenarbeit und Kommunikation auf diese Situation. Es sollte geklärt werden, ob eine gewinnbringende Situation für alle Beteiligten erreicht werden könnte. Nur gewinnbringende Lösungen für alle führen schließlich zum Ziel (Heiland 2000, 247), wie der Akzeptanzwechsel beim AUE deutlich macht.

11 Schlussfolgerungen und Ausblick

11.1 Fortführen der Revitalisierungsansätze in der Wieseebene

Die Ergebnisse der Befragungen zeigen, dass die Gestaltung eines naturnäheren Naherholungsraumes durchaus im Sinne der Passanten ist. Wichtig ist, dass dieser Naherholungsraum den Passanten weiterhin die Ruhe in der Natur bietet – optimalerweise die Ruhe in einer unberührteren, „wilderen" Natur. Bei der Ausgestaltung naturnäherer Gebiete sollte für eine Erlebbarkeit gesorgt werden. Nicht zu verwechseln ist dies mit einer Umgestaltung der Gebiete in Freizeitparks. Mit wenigen Eingriffen sollte eine Zugänglichkeit möglich sein, die aber trotzdem diesem Raum seine relative Unberührtheit lässt. Dabei müssen die Konflikte zwischen den verschiedenen dortigen Nutzergruppen ernst genommen und bei der Maßnahmenplanung einbezogen werden. Immerhin stellen sie das Kritikfeld Nr. 1 der Passanten dar. Dann wird man auch auf große Zustimmung dieser Maßnahmen von Seiten der Passanten treffen.

Die Unterstützung der Revitalisierungen kann erst zur Geltung kommen, wenn auch die Akzeptanz bei den Wasserversorgern vorhanden ist. Gegeben ist dies momentan bei Feuchtgebietsrevitalisierungen außerhalb des Einzugsgebietes der Trinkwasserproduktion, die keine direkte Gefahr für das Trinkwasser darstellen. Bei Einsicht der Schutzzonenkarte (Abb. 11.1-1) zeigt sich jedoch, dass es im gesamten schweizerischen Teil des Landschaftsparks Wiese keine Räume außerhalb der Grundwasserschutzzonen gibt! Somit gibt es auch keine Räume, die sich mit Sicherheit außerhalb des Einzugsgebietes der Trinkwasserproduktion befinden. Es liegt nun an den Wasserproduzenten, diese Räume, für deren Revitalisierung sie sich ausgesprochen haben, im Landschaftspark Wiese aufzufinden und auszuweisen bzw. einzelne Gebiete aus den Schutzzonen für Revitalisierungszwecke heraus zu nehmen. Das Angebot der IWB, am Brunnen 13 nördlich des Tierparks zu revitalisieren, ist ein solcher Anfang.

Der Brunnen ist praktisch nicht mehr in Betrieb, seine Umgebung damit faktisch nicht mehr Trinkwassereinzugsgebiet.

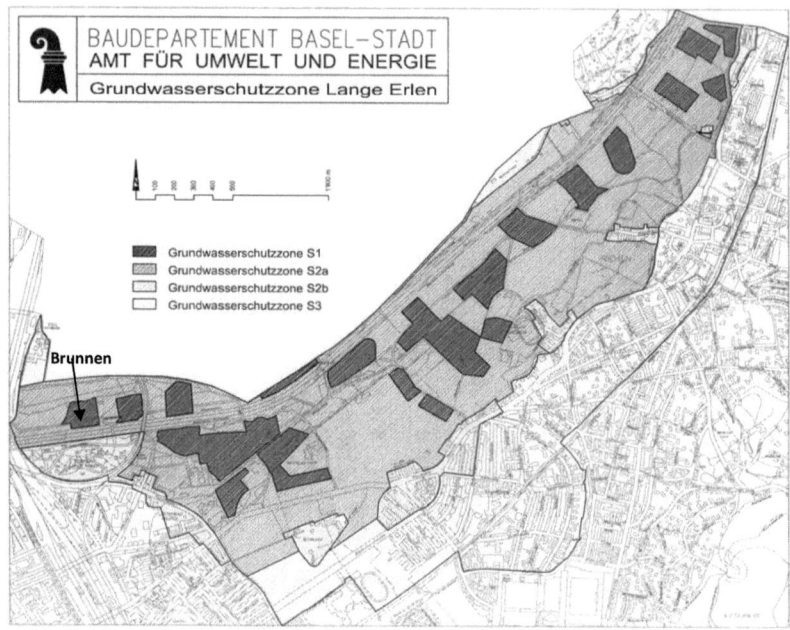

Abb. 11.1-1: Grundwasserschutzzonen des Landschaftsparks Wiese (AUE 2004, Internet, leicht verändert). Das Gebiet um Brunnen 13 steht jetzt für Revitalisierungen zur Verfügung. Weitere Gebiete sollten von den IWB ausgewiesen und aus den Schutzzonen herausgenommen werden. Es können in diesen Gebieten bei guter Akzeptanz unter den Wasserproduzenten zügige und relativ kostengünstige Maßnahmenumsetzungen folgen.

Es bedarf weiterer solcher Vorschläge von Seiten der Wasserproduzenten sowie die parallele Neuordnung der Schutzzonen. Das Angebot der Wasserversorger, Revitalisierungen außerhalb des Trinkwassereinzugsgebiet im Landschaftspark Wiese zu unterstützen, sollte von seiner Reichweite her nicht unterschätzt und in der Planung aufgegriffen werden. Denn für diese Maßnahmen besteht nun Akzeptanz, so dass hier zügige und damit auch relativ kostengünstige Umsetzungen möglich sein sollten. Eine Weiterführung der Einleitung von Wiesewasser in die Wässerstellen ist dagegen nicht sinnvoll. Unabhängig davon, ob die naturwissenschaftlichen

Daten für die Ideen der Wissenschaftler sprechen, ist vielen Akteuren bewusst, dass solche Vorhaben ohne die Akzeptanz der Wasserproduzenten nicht weiter geführt werden können. Es fehlt eine Basis der Kooperation mit den Wasserproduzenten, welche anstelle der momentan konträren Haltungen zwischen Projektleitung und Wasserversorgern geschaffen werden müsste. Dabei sollte die Kooperationsbasis ein besseres Aufnehmen und Umsetzen der Anliegen der Wasserversorger ermöglichen als auch die Projektleitung von ihrer Bittsteller-Position entlasten. Nur so ist es zu vermeiden, dass Frustrationen auftreten und die Motivation zur Kooperation erlischt. Eine mögliche Strategie wäre, mit kleineren Projekten zunächst einmal die Kooperationsbasis aufzubauen, bevor in solchen Projekten an der Thematik weitergearbeitet wird.

11.2 Differenzieren der Partizipation nach Akzeptanztypen

Aufgrund der unterschiedlichen Einstellungen und Erwartungshaltungen zum Projekt wurden im Projektverlauf die angewandten Beteiligungsformen unterschiedlich wahrgenommen. Daraus ergibt sich die Notwendigkeit, bei der Mitwirkung von Projektteilnehmern zu differenzieren. Die beteiligten Akteure sollten entsprechend ihrer Einstellung zum Projekt als auch ihrer Bedeutung im außen stehenden Netzwerk eingebunden werden. Nur so kann eine erfolgreiche Kooperation und ein Akzeptanzwechsel bei skeptischen Projektteilnehmern erreicht werden. Es wurde eine Handlungsanleitung entwickelt, die Orientierungshilfe sei. Die zwei Faktoren „Machtposition" und „Einstellung zum Projektgegenstand" sind in der nachfolgenden Tabelle die Kriterien, um Partizipierenden eines Projekts den jeweils angemessenen Mitwirkungsinstrumenten zuzuordnen. Während Befürworter nur gelegentlich über den Stand eines Projekts informiert werden müssen und mit Detailerläuterungen sowie Sitzungen, erbetenen Stellungnahmen etc. nicht überfrachtet werden dürfen, sollten Skeptiker häufiger, detaillierter und in immerwährender gegenseitiger Abstimmung bzw. Rücksprache kontaktiert werden. Nur so sind Missstimmungen, Missverständnisse und Meinungsdivergenzen entgegenzutreten. Detaillierte Kooperationsvorschläge zeigt Tab. 11.2-1. Dabei muss jedoch beachtet werden, dass eine Balance gefunden werden muss zwischen den Energien, die in die Informationsarbeit fließen und dem Effekt, die diese erzielt. Liegen Probleme auf einer tiefer gehenden Ebene, z. B. bei ungeklärten Kompetenzverteilungen, nicht geklärten, gemeinsamen Zielen etc., so sind diese zuerst zu lösen. Partizipation bedarf der generellen, oft zeitintensiven Prozessgestaltung – häufig auch ein Wissens- und Umsetzungsproblem unter den Projektbeteiligten.

Tab. 11.2-1: Handlungsanweisung zur effizienten Beteiligung von projektbetroffenen Akteuren. Die unterschiedlichen Akzeptanztypen sollten gemäß ihrer Projekteinstellung und ihrer Bedeutung im außen stehenden Netzwerk einbezogen werden, damit keine Unzufriedenheiten als Basis von Konfrontationen entstehen. Eigene Darstellung.

Typ:	Befürworter des Projekts	Skeptiker mit relativer Bedeutung im Netzwerk	Skeptiker mit hoher Bedeutung im Netzwerk
Information	Grobinformationen auf Sitzungen präsentieren und jedes Jahr schriftlich aushändigen	• Grob- und Detailinformationen schriftlich zukommen lassen • grafische und/oder schriftliche Übersichten über nächste Ziele/Überlegungen/ Diskussionspunkte ausgeben	• Information wie bei anderen Skeptikern, zusätzlich ... • diesen Teilnehmer als Ersten informieren • keine Informationen nach außen geben ohne gegenseitige Absprache
Kooperation	Arbeitskreissitzungen alle 6 Monate genügend, sonst zuviel	• schon bei strategischen Überlegungen einbeziehen • mindestens alle 2-3 Monate Arbeitskreissitzungen einberufen und Rückmeldungen einholen	• Kooperation wie bei anderen Skeptikern, zusätzlich ... • alle Strategien, Planungen und Entscheide gemeinsam entwickeln und schriftlich festhalten
Rollenzuordnung	Berater bei Detailfragen	• Bewilliger von Projektschritten • Teilnehmer an Strategieplanungen	• der Projektleitung gleichwertiger Partner • Interessen des Skeptikers mit Anliegen der Projektleitung gleichwertig einstufen
Akzeptanz	schon vorhanden	• positive Emotionen wecken speziell bei den Interessengebieten des jeweiligen Akteurs	• positive Emotionen speziell bei den Interessen des jeweiligen Akteurs wecken • zufrieden geben mit Kooperationswillen dieses Partners • Akzeptanz eventuell erst langfristig zu erreichen

11.3 Institutionalisieren des Netzwerkes

Da die Ökosysteme der Wässerstellen innerhalb von wenigen Jahren naturwissenschaftlich nicht vollständig erfasst werden können – und wahrscheinlich auch nie erfasst werden –, folgen wohl stets Messergebnisse, die keine abschließende Antwort auf die offenen Fragen geben können. Es wird immer Schwächen der angewandten Methoden geben, immer Parameter geben, die noch nicht untersucht werden konnten, immer Zeiträume geben, in denen die Dynamik der Reinigungsleistung nicht vorherzusagen ist. Der bestehende Zielkonflikt zwischen Naturschutz und Grundwasserschutz kann daher nicht allein über die Datenlage gelöst werden. So bleibt nur die Möglichkeit, neben fortlaufender Sammlung von naturwissenschaftlichen Erkenntnissen auf der sozialen Ebene Kooperationsformen zu etablieren, in denen gemeinsam Kompromisse bzw. Lösungswege gefunden werden, um diesen Zielkonflikt zu managen.

Als problematisch stellt sich heraus, dass es Bedeutungs- und Machtunterschiede zwischen Netzwerkteilnehmern gibt, die zu bestimmten Themen nicht dieselben Einstellungen besitzen. Nur im Schatten der Hierarchie lassen sich konkurrierende Akteurskonstellationen in funktionierende Netzwerke überführen (Böcher 2002, 169; Heiland 2002, 133; Nohria & Eccles 1992, 9). Das schweizerische Regelwerk ist jedoch sektoriell geprägt, in sich nicht kohärent, so auch in Basel (vgl. Leser & Schneider-Sliwa 1999b). Dies führt häufig zu systemimmanenten Nutzungskonflikten (Scheurer et al. 2002, 9). Transdisziplinäre Projekte geraten dadurch in Dilemma-Situationen, weil einzelne Teilnehmer nicht Kompromisse suchen müssen und sich „kranke" Netzwerke ausbilden (Wielinga 2002, 204f). Die Beteiligung der Akteure ist aber nur sinnvoll, wenn das Netzwerk zu einer „produktiven Ressource" wird. Beteiligte Akteure müssen sich darauf verlassen können, dass auch die anderen Akteure ihren Einsatz zeigen und somit zu einer Entlastung des eigenen Aufgabenbereichs führen (Fürst 2002, 21). Bei asymmetrischem Teilhaben der Akteure in Form von unterschiedlich stark vertretenen Interessen, unterschiedlicher Artikulations- und Organisationsfähigkeit, Herausbilden von Trittbrettfahrern, Etablieren von Konkurrenten zu bisherigen

Organisationen etc. ist das Auseinanderbrechen des Kooperationsnetzwerkes möglich. Die Konfliktregelungskapazität eines Netzwerkes ist sehr gering. Es kann die Umsetzung bewusst verzögert werden, wenn die eigentlichen Vollzuginstitutionen Beschlüsse nur halbherzig mittragen. Das Kooperations-netzwerk kann den Vollzug nicht steuern, wenn dieser nicht von der eigentlichen Vollzugsbehörde gewollt ist (Fürst 2002, 25, 30f).

Die Lösung liegt zum einen darin, das Gemeinwohl für die Themenbearbeitung in den Vordergrund zu stellen und ein gegenseitiges Vertrauen zu erarbeiten (Zaheer et al. 1998) und zum anderen in der Institutionalisierung der Netzwerke hin zur *regional governance* (vgl. Fürst 2001, Schneider-Sliwa 2003, 122f). Die Institutionalisierung der Netzwerke umfasst die Etablierung eines Netzwerkkerns, wie er in der Landschaftsplanung der unteren Wieseebene schon natürlicherweise besteht, und einer Netzwerkführung. Der Staat sollte als Netzwerkmanager wirken. Betriebswirtschaftliche Konzepte wie das „New Public Management" reichen zur Bewältigung der komplizierten Umweltfragen dabei nicht aus (Baettig 2000, 1; Kickert et al. 1997, 39; Schneider-Sliwa 2003, 122). Die Diskussions- und Entscheidungsprozesse sind in Sitzungen professionell zu moderieren (s. a. Baranek et al. 2004, 405f), Entscheidungsregeln legen Kompetenzen, Pflichten und Rechte der Netzwerkteilnehmer sowie die „Spielregeln" der Planungs- und Umsetzungsprozesse fest. (vgl. Fürst 2002, 28ff; Kals 2002). Bei Konflikten sollte der Einsatz von Mediatoren bzw. Konfliktmanagern zum Zuge kommen.

Die Legitimation solch eines institutionalisierten Netzwerkes kann nur über die dazu geäußerte Meinung der Bevölkerung erfolgen, was bezüglich der unteren Wieseebene über die Passantenbefragungen geschehen ist und über eine schriftliche Befragung der Bevölkerung der Region bzw. der Aufstellung eines begleitenden, aktiven Bürgerforums zur Thematik noch einmal überprüft und detailliert werden sollte. Zusätzlich bedarf die Netzwerkarbeit einer Legitimation „von oben", im Falle des Kantons Basel-Stadt eines klaren Auftrags der Regierungsrätin an die Vollzugsinstitutionen zum Ausloten des Zielkonflikts in der unteren Wieseebene.

Ein so institutionalisiertes Netzwerk hat schließlich die Chance, Konfliktursachen aufzurollen, zu korrigieren und bei Bedarf Ziele, Erwartungshaltungen und Rollenverteilungen zu modifizieren. Für den Landschaftspark Wiese ist diese Institutionalisierung des Netzwerkes dringend notwendig, um den schon im Richtplan enthaltenen Zielkonflikt zwischen Grundwasser- und Naturschutz auszutarieren.

Die Gefahr liegt darin, dass dabei Skeptiker von Netzwerkanliegen systematisch ausgeblendet werden oder nur Themen bearbeitet werden, bei denen geringe Schwierigkeiten zu erwarten sind. Auch ist es möglich, dass Projekte letztlich nicht umgesetzt werden aufgrund unkontrollierter Veränderungen in Netzwerken, z. B. weil die Umsetzungsmaßnahmen nach den Routinen der Vollzugsinstitutionen wieder umgeformt werden. Diesen Gefahren gilt es bei der Etablierung eines regionalen Netzwerkes präventiv entgegenzutreten.

11.4 Methodische Erfahrungen

Methodenkonzept. Das Methodenkonzept konnte aufgrund des vorgegebenen Zeitraumes von drei Jahren nur suboptimal aufgebaut werden. Um eine durch das Pilotprojekt veränderte Planungs- und Ausführungspraxis zu erfassen, hätte das Verhalten der beteiligten Akteure einige Jahre nach dem Pilotprojekt zusätzlich untersucht werden müssen. Dafür reichte jedoch die Zeit nicht, so dass von den Aussagen der Interviewteilnehmer auf die zukünftigen Auswirkungen des Projekts geschlossen wurde. Es wäre im Verlauf des Projekts sinnvoll gewesen, aufgrund der im ersten Jahr festgestellten Skepsis bei den Wasserversorgern eine Analyse des Maßes der Risikoakzeptanz (vgl. Rohrmann 2000) durchzuführen. Dies ist jedoch ein zeitaufwändiges Verfahren, welches zusätzlich zu den vom Projekt geforderten Akzeptanzanalysen zeitlich nicht geleistet werden konnte. Die von Rohrmann (2000) geforderte Evaluation der Risikokommunikation konnte teilweise über die bestehenden Befragungen abgedeckt werden. Möglich war es, eine Netzwerkanalyse in das Projekt zu integrieren, um die Relevanz der skeptischen Haltung von Seiten der Wasserversorger zu ermitteln. Hier war auch die von Rohrmann (2000, 202ff) empfohlene

Erfassung der Zielgruppen und in den folgenden Experteninterviews die Ergänzung mit qualitativen Methoden und die Erfassung des Informationsbedürfnisses und der Informationsakzeptanz der Teilnehmer abgedeckt (s. a. Buchecker 1999, 259). Die Einbindung qualitativer Methoden erlaubte zudem das Aufdecken von unerwarteten Resultaten, wie z. B. die nötige Differenzierung von Akzeptanztypen, welche unterschiedlich intensiv in das Projekt eingebunden werden sollten. Über die standardisierte Vorher-Nachher-Akteursbefragung konnten potentielle Konfliktgruppen ermittelt werden. Buchecker (1999, 162) beschreibt, dass vor allem Menschen mit besonders positiver oder negativer Projekthaltung an der Partizipation – und damit auch an der Beteiligung an Befragungen – interessiert sind. In dieser Studie ließen sich vor allem projektkritische Interessensgruppen über standardisierte Akteursbefragungen lokalisieren. Im methodischen Vorgehen wurde den von Mosler (2000) geforderten Elementen einer Schaffung einer Aktionsgruppe – dem Steuerteam –, einer repräsentativen Vor- und Nachbefragung der betroffenen Akteure, der Befragung einer Versuchs- und Kontrollgruppe im Fall der Passanten und der abschließenden Erfolgskontrolle des Projekts durch die Interview-Evaluation nachgekommen. Es fehlte vor Beginn der Durchführungsphase allerdings die Prämisse der gemeinsamen Ziel- und Inhaltsbestimmung des Projekts (Mosler 2000, 177) sowie das klar definierte Ziel des einzugehenden Risikos (Rohrmann 2000, 212).

Projekteignung. In dem Pilotprojekt Stellimatten werden viele Vorschläge zur Erhöhung der Akzeptanz des Naturschutzanliegens aufgegriffen (s. Kap. 2). Das Projekt war jedoch nicht in letzter Konsequenz partizipativ angelegt, was zu kritisieren ist. Es kamen nicht sämtliche erwünschte Kooperationsformen für den Einbezug der betroffenen Bürger als auch der betroffenen Entscheidungsträger zur Anwendung. Es ist aber auch typisch, dass transdisziplinäre Projekte nicht lückenhaft im Sinne der partizipativen Kooperation durchgeführt werden. Somit stellt das Stellimatten-Projekt ein realistisches Projekt dar. Gerade an den nicht gelungenen Aspekten kann festgestellt werden, welche Faktoren sich in welchem Maße negativ auswirken und damit präventiv beachtet werden sollten. Ein Evaluator muss sich bewusst sein, dass die Umsetzungsqualität des partizipativen

Charakters eines Projekts sich erheblich auf die Akzeptanz des jeweiligen Anliegens auswirken wird.

Position der Evaluatorin. Die Verfasserin dieser Studie besaß eine für die Evaluation des Projekts relativ ungünstige Position im Projekt. Sie war direkt dem Projektleitungsteam unterstellt, welches selber Interessenvertreter war und damit das Projekt in eine bestimmte Richtung lenken wollte. Die direkte Eingliederung in das Projektleitungsteam hatte nicht nur zur Folge, dass die Evaluatorin stets einer schiefen Informationslage ausgesetzt war, der mit den methodischen Reflexionsmöglichkeiten entgegengetreten wurde, und sich ständig um eine möglichst neutrale und unabhängige Meinung bemühen musste. Häufig wurde sie auch bei den Projektpartnern mit den Interessensvertretern der Projektleitung „in einen Topf geworfen" und musste um die Wahrnehmung ihrer selbständigen Projekthaltung kämpfen. Dies führte zu einer relativ isolierten Position und der Gefahr, für jedermann zum „Buhmann" zu werden. Vorteil dieser Position war es, sehr detaillierte Einblicke in die Projektabläufe zu bekommen und die wahren Hintergründe bestimmter Aktionen gerade durch die teilnehmende Beobachtung sehen zu können.

11.5 Modelle und ihre Modifikation

Landschaftsökologische Forschung hat zum Ziel, Prozesse bzw. Wechselwirkungen zwischen Elementen eines offenen Wirkungssystems zu erfassen. Diese werden in der Regel in Form von Modellen dargestellt.

Modell zur Verhaltensänderung bei aktiver Partizipation von Fishbein & Ajzen (1975) (s. Abb. 2.2.6-1):
- Dieses Modell kann aufgrund vorliegender Ergebnisse weitgehend bestätigt werden. Es wurde bei den Passanten ermittelt, dass nicht nur die Information der Akzeptanz dient, sondern dass Beobachtungen von Ereignissen in der Natur sowie von Wirkungen des Projekts auf der emotionalen Ebene Akzeptanz schaffen können. Die emotionale Komponente kann die Resonanz auf Sachverhalte positiv ausfallen lassen, auch wenn die Sachverhalte in ihrer Komplexität nicht voll erfasst werden konnten.

- Im Fall des AUE wurde bestätigt, dass auch bei Entscheidungsträgern die emotionale Ebene mitbestimmend für die Akzeptanz gegebener Informationen ist. Das AUE änderte damit seine Projekthaltung *und* die Grundeinstellung zu Feuchtgebietsrevitalisierungen in der Wieseebene.
- Anders verlief es bei den Wasserversorgern, welche gemäß dem Modell von Fishbein & Ajzen (1975) die gegebenen Informationen nicht akzeptieren konnten. Gründe waren Missstände am Projektgegenstand, die vergangene Beobachtung von Grundwassergefährdungen durch das Wiesewasser und eine als nicht angemessen empfundene Kooperation innerhalb des Projekts. Ermittelt wurde zudem die Auswirkung des Status bzw. Verantwortungsbereichs der Wasserversorger auf den Prozess der Information, dem die Projektleitung relativ wenig Beachtung schenkte.
- Es stellt sich die Frage, ob tatsächlich – wie im Modell beschrieben – im Naturschutz sich die konkrete Projekthaltung ändern kann, ohne dass sich zuvor Einstellungen zur Naturschutzpolitik ändern. Die erhöhte Befürwortung von Feuchtgebietsrevitalisierungen bei gleichzeitig unveränderter Projekthaltung deutet an, dass die Projekthaltung sich erst in einem zweiten Schritt verändert. Dies kann jedoch ein Einzelfall im Stellimatten-Projekt sein und bei anderen Projekten sich anders darstellen. Die These müsste überprüft werden.

Stufenfolge nach Frey (1991), überarbeitet von Heiland (2002, 139) (s. Abb. 2.1-1):
- Es fehlen Kommunikationsfaktoren der emotionalen Ebene. Dieses Modell zeigt die Beeinflussung der Akzeptanz über die rationale Ebene der Kommunikation. Informationen bewirken alleine jedoch keine Verhaltensänderung. Dagegen kann – wie in dieser Untersuchung ermittelt – über die emotionale Ebene zumindest eine positivere Wahrnehmung des Naturschutzanliegens erreicht werden. Diese Wirkung ist umso stärker, je mehr die rationale Ebene *zusätzlich* positiv wirkt. Dies zeigt das Beispiel der Passanten höheren Bildungsstandes, bei denen eher eine positivere

Wahrnehmung des Gebiets und der Feuchtgebietsrevitalisierungen zu erreichen war. Ein anderes Beispiel ist wiederum der Akzeptanzwechsel bei der Umweltbehörde AUE, bei der sowohl die Informationen, die Datenlage als auch die Feldbegehung mit der Betrachtung des neuen Sicherheitssystems zur positiven Grundeinstellung zum Projekt führten.
- Im Modell von Fishbein & Ajzen (1975) sind im Gegensatz zum Stufenmodell (Heiland 2002, 139) sowohl die rationale als auch emotionale Ebene berücksichtigt, zusätzlich werden kulturelle Aspekte über die „external beliefs" mit einbezogen (s. Abb. 2.2.6-1).

Modell zum Verhältnis zwischen Wissensproduktion und partizipativer Kooperation (eigene Entwicklung) (Abb. 11.5-1):
Um direkt aus einem Modell ablesen zu können, wie in der Praxis der transdisziplinären Forschung ein Projekt angegangen werden sollte, damit Interessenkonflikte besser gehandhabt werden können, wird ein neues Modell erstellt.

Das Modell nimmt Bezug auf zwei Projektteilnehmer eines transdisziplinären Projekts, die unterschiedliche Interessen verfolgen. Ausgehend von offenen Fragen bezüglich ihrer Interessenlagen, ist es bei kompatiblen Interessen relativ einfach, eine Zielfragestellung zu formulieren, die sowohl die offenen Fragen von A als auch von B umfasst.

Schwieriger ist dies bei einem Interessenkonflikt. Zur Beantwortung der Zielfragen haben die Akteure A und B unterschiedliche Erwartungshaltungen. Sie erwarten die Untersuchung und Beantwortung unterschiedlicher Themenbereiche. Ebenfalls werden die Hypothesen bezüglich der zu erwartenden Resultate divergieren. Die aus ihrer Perspektive optimale Analysemethodik wird auf die gezielte Beantwortung ihrer offenen Fragen abgestimmt sein (Abb. 11.5-1, Weg Nr.1). Bei der Wahl eines gemeinsamen Methodikkonzepts sollte zwecks einer effizienten Wissensproduktion eine zum Projektgegenstand und dem Status quo der Akteurszusammenarbeit passende Kooperationsform gewählt werden (Abb. 11.5-1, Wege 2 und 3).

Die Probleme eines vermeintlich „klassischen" transdisziplinären Projekts, wie im 3. Kooperationsweg des Modells aufgeführt, liegen auf der Hand.

- Es stellt sich die Frage, ob in der Projektierungsphase die dem Interessenkonflikt zugrunde liegenden unterschiedlichen Wertehaltungen wirklich auf einen Nenner gebracht werden.
- Die Ermittlung einer gemeinsamen Zielfragestellung, eines gemeinsamen Projektgegenstands und einer für alle Beteiligten zufrieden stellenden Methodik ist recht aufwändig. Den Projektakteuren muss dafür ein Auftrag sowie genügend Zeit und Geld zur Verfügung gestellt werden. Im Fall vom Stellimatten-Projekt gab die Stiftung MGU erst nach Projekteingabe den Auftrag und die Gelder für die konkrete Durchführung eines transdisziplinären Projekts, so dass die Projektentwicklungsphase zu kurz kam.
- Die Forschungsdaten solcher Projekte werden in der monodisziplinären Fachwelt bisher wenig respektiert und akzeptiert.

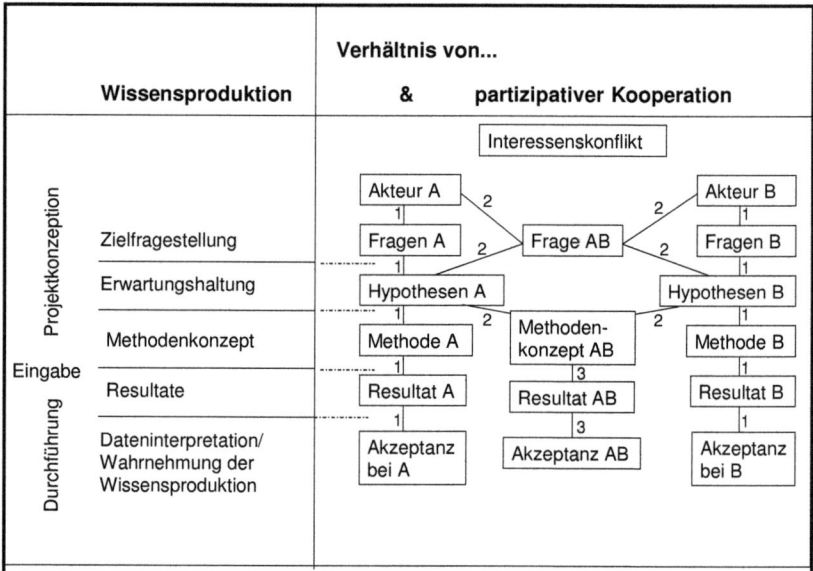

Abb. 11.5-1: Modell zum Verhältnis zwischen Wissensproduktion und partizipativer Kooperation in der Praxis transdisziplinärer Forschung. Zur Beantwortung einer gemeinsamen Frage haben die Akteure A und B im Falle eines Interessenkonflikts unterschiedliche Erwartungshaltungen. Ebenfalls divergieren die Hypothesen und daran geknüpft die optimale Analysemethodik. Jedoch können nur die von beiden Seiten befürworteten Methoden zu Resultaten führen, die beidseitig für aussagekräftig erklärt werden. Eine effiziente Wissensproduktion ist abhängig von einer passend ausgewählten Kooperationsform 1, 2 oder 3. Eigene Darstellung.

Fazit ist, dass in der Transdisziplinarität nur die Bearbeitung von Themen sinnvoll ist, welche ausschließlich auf gemeinsamem Wege lösbar sind. In allen anderen Fällen überwiegen die Nachteile der transdisziplinären Forschung. Hier sollte auf mono-, multi- oder interdisziplinäre Forschung ausgewichen werden.

11.6 Faktoren der Projektzusammenarbeit im partizipativen Kontext, dargestellt im Regelkreismodell

Zusammengefasst werden können die Aussagen der Steuerteammitglieder in einem ausgefüllten Standortregelkreis, der im Gegensatz zu Abb. 4.5-2 die Vorbereitungsphase des Projekts weiter differenziert (Abb. 11.6-1). Der Zielkonflikt, welcher eine Weiterentwicklung des Pilotprojekts verhindert, wird ausgelöst durch die aufeinander treffenden Eigeninteressen der Projektleitung und der Wasserversorger als Mitglieder des Steuerteams. Nach den Ergebnissen dieser Studie sollte ein *schon in der Konzeptionsphase* des Projektes intensiv partizipatives Vorgehen als Grundlage der Projektzusammenarbeit weiterhelfen. Die Projektkonzeption ist dann die Basis für einen gemeinsam zu vertretenden Projektinhalt, gerade wenn von den Beteiligten unterschiedliche Interessen verfolgt werden.

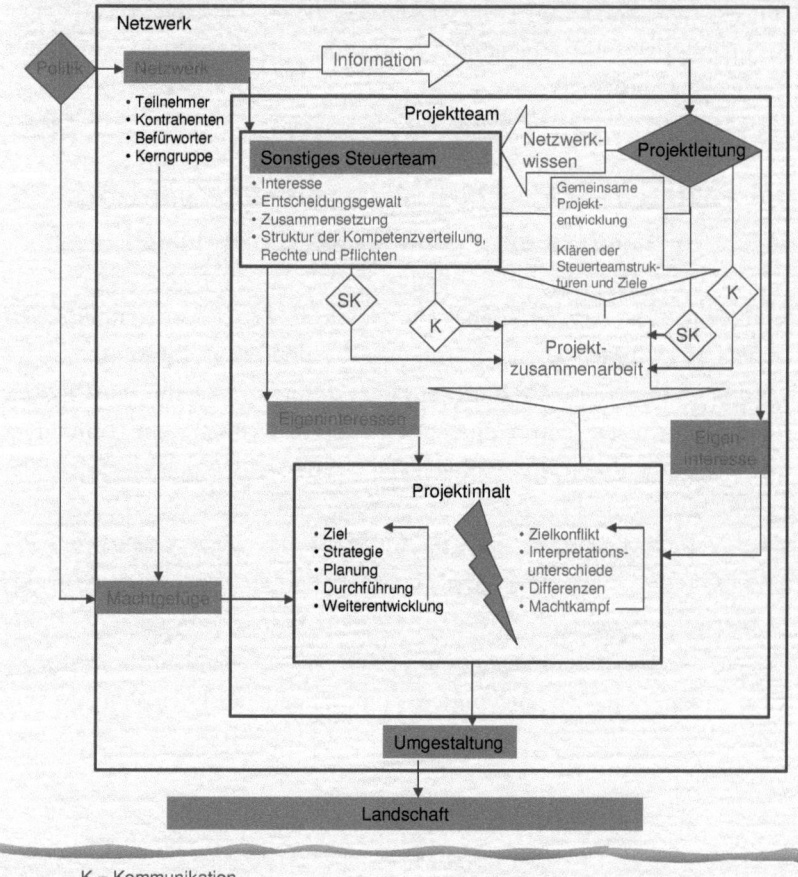

Abb. 11.6-1: Regelkreis der Akteurszusammenarbeit im partizipativen Kontext. Der in Kapitel 4.5 aufgebaute Regelkreis muss aufgrund der quantitativen und qualitativen Ergebnisse der Netzwerkanalyse vor allem in der Projektvorbereitungsphase differenziert werden. Die Kommunikation kann im gesamten Kontext als Konfliktdeeskalierer oder Konfliktverschärfer wirken. In hellgrauer Schrift stehen die Elemente des Regelkreises, die im Stellimatten-Projekt negativ wirkten. Anthrazit geschrieben sind die projektgünstigen Faktoren. Die Durchführung der anfangs geplanten Maßnahmen erfolgte planmäßig. Eine bedeutende Weiterentwicklung des Projekts blieb jedoch aus. Dem zugrunde lag eine Negativkaskade, die vom Zielkonflikt ausgelöst wurde. Eigene Darstellung.

11.7 Ausblick auf weitere Forschungen

Während die Akzeptanz von Feuchtgebietsrevitalisierungen im Basler Raum inzwischen erforscht worden ist, fehlen sowohl in diesem Raum als auch im sonstigen Wissenschaftsfeld Wirkungsanalysen für den Einsatz von institutionalisierten Netzwerken, den über Kooperationsformen einbezogenen Bürger und den Einsatz von Mediatoren und/oder Konfliktmanagern in Verhandlungssituationen.

- Welche Auswirkungen hat zum Beispiel der Einsatz von unabhängigen Mediatoren im transdisziplinären Prozess?
- Wie sind die Auswirkungen auf die räumlich manifestierten soziopolitischen Netzwerke auszumachen? (Hier wären qualitative Analysen aus teilnehmender Beobachtung und qualitativen Interviews von zentraler Bedeutung.)
- Wie wirkt z. B. ein Konfliktmanager in Mitteleuropa, in den Vereinigten Staaten, in Asien oder in Landnutzungsprojekten der Entwicklungsländer Afrikas? Der interkulturelle Vergleich ist in diesem Kontext interessant.

Gerade die Kombination der drei Elemente „direkte Bürgerpartizipation", „institutionalisiertes Akteursnetzwerk" und „Einsatz von Konfliktmanagern" wäre spannend. Können Wertekonflikte beziehungsweise Zielkonflikte auf der Sinnebene über solche Kombinationen von Kooperationsformen gelöst werden? Für die Praxis wären Konzepte einer Projektentwicklung zu erarbeiten, die Wege zu diesen Kooperationsformen aufzeigen.
Bis dahin ist es allerdings ein weiter Weg. Weil in der Praxis die jeweiligen Elemente – wenn überhaupt – nur einzeln vorzufinden sind, müssen diese zunächst einmal einzeln in ihren Wirkungen untersucht werden. Konzepte und Entscheidungshilfen für die Projektentwicklung sowie Maßstäbe für die zu entwickelnden transdisziplinären Projekte werden gebraucht. Erst wenn die Mittel der Partizipation im weitesten Sinne voll ausgeschöpft sind – zum Beispiel durch die Kombination aktiver Bürgermitwirkung und eines institutionalisierten Akteursnetzwerkes mit dem Einsatz von Mediatoren –

können Wirkungsanalysen erstellt werden, welche die tatsächlichen Möglichkeiten und Grenzen partizipativer Methoden ermitteln. Ein Anfang dazu findet sich bei Nichols (2002) mit einem für Projektphasen erstellten Modell, welches allerdings in der Praxis nicht umsetzbar oder in der Realität nicht vorliegende Prämissen enthält – zum Beispiel der gleiche Machtstatus aller Projektbeteiligten – und damit unrealistisch ist. Trotz allem wurde damit ein Grundstein gelegt, mit dem weiter gearbeitet werden kann.

Des Weiteren fehlen integrative Bewertungsmodelle (s. Katter et al. 2001), die Laien- und Expertenperspektiven gleichermaßen in die Bewertung der Landschaft einfließen lassen, um Indikatoren zu ermitteln, die über institutionenspezifische Interessen und Machtgefüge hinweg gelten. Die Indikatoren solcher Bewertungsmodelle wären schließlich den institutionalisierten Netzwerken eine ideale Basis, um landschaftsplanerische Maßnahmen zu erarbeiten, mit denen der jeweilige Bezugsraum konstruktiv weiter entwickelt werden kann.

11.8 „,... und die Moral von der Geschicht´ ..."

Transdisziplinäre Forschungsprojekte sollten strukturell an die Thematik und den Status quo im Untersuchungsraum angepasst sein: Zunächst müssten die Möglichkeiten monodisziplinärer Teilaspekterforschung und der konstruktive Austausch darüber abgedeckt sein. Empfehlenswert ist es in schwierigen Fällen, ein Interessenkonflikt in einem ersten Projekt auszuloten und in einem zweiten Projekt die ermittelten gemeinsamen Fragen mit dem ermittelten gemeinsamen Methodenkonzept transdisziplinär zu untersuchen.

Es ist festzuhalten, dass ein Akzeptanzaufbau in Naturschutzprojekten nicht nur über die rationale Ebene laufen darf, sondern ein Wirken auf der emotionalen Ebene mit sinnlich erfassbaren Elementen und Ereignissen zentral ist. Deutlich wird in der Zusammenarbeit, dass zwischen Laien- und Expertensicht fließende Übergänge bestehen und diese sich zum Teil sogar decken, Laiensicht ist nicht nur subjektiv, Expertensicht nicht nur objektiv. Auch Sozialstrukturen im Hintergrund der Akteure und Betroffenen sowie in übergeordneten Netzwerken müssen ermittelt werden und in die

Auswahl der Partizipationsinstrumente und Kommunikationsformen einfließen. Das Interesse zu Kooperationsplattformen ist dabei bei einem Großteil der Bevölkerung nicht unbedingt vorhanden, daher sollten Meinungen vor allem über Befragungen erfasst und in das Projekt eingebunden werden. Die Akteure und direkt Betroffenen haben je nach Einstellung zum Projektgegenstand und je nach Position im Akteursnetzwerk Interesse an unterschiedlichen Kooperationsformen und -intensitäten. Ohne die Beachtung der genannten Aspekte kann Partizipation nicht nur für den Akzeptanzaufbau wirkungslos bleiben, sondern sogar kontraproduktiv werden.

Ein allgemeiner Trend zu Kooperationen in Netzwerken der Vereinigung von Staat und gesellschaftlichen Gruppen ist zu erkennen. Dabei scheint für größere Naturschutzprojekte der Aufbau von *regional governances* unter staatlicher Leitung, mit institutionalisierten Entscheidungsregeln sowie klar deklarierten Kompetenz- und Funktionszuweisungen sinnvoll zu sein.

12 Zusammenfassung

Die vorliegenden Untersuchungen waren Bestandteil des MGU-Projekts F2.00 „Machbarkeit, Kosten und Nutzen von Revitalisierungen in intensiv genutzten, ehemaligen Auenlandschaften". Hierbei wurde eine Grundwasseranreicherungsfläche mit Flusswasser geflutet, um die Sukzession zu einem auenwaldähnlichen Wirkungsgefüge zu ermöglichen. Der Konflikt mit der Trinkwasserproduktion in diesem Gebiet stand dabei im Vordergrund. Ziel der vorliegenden Studie war es, festzustellen, ob die Anwendung von Mitwirkungsinstrumenten bei Entscheidungsträgern und Betroffenen in diesem transdisziplinären Projekt zu einer Akzeptanzsteigerung für die Feuchtgebietsrevitalisierung führen kann.

Teilziele waren:
- Identifikation der Personenkreise, bei denen eine Akzeptanzsteigerung erreicht werden konnte.
- Isolation der Faktorengefüge, die zu dieser Akzeptanzsteigerung führten und derer, die ursächlich stehen für eine ausbleibende Akzeptanzsteigerung anderer Personenkreise.
- Erhebung der räumlichen gesellschaftlichen und landschaftlichen Auswirkungen des Beispielprojektes F2.00 auf den Bezugsraum der unteren Wieseebene.
- Ableitung von Handlungsvorschlägen für zukünftiges Vorgehen in transdisziplinären Projekten bzw. für die Landschaftsplanung im Bezugsraum der unteren Wieseebene.

Verwendete Methoden waren:
- Quantitativ-standardisierte Passantenbefragungen
- Vorher-Nachher-Befragungen der Akteure
- Standardisierte Netzwerkbefragungen der Akteure
- Qualitative Methoden der teilnehmenden Beobachtung
- Problemzentrierte Experteninterviews
- Dokumentenrecherchen

Diese Kombination von qualitativen und quantitativen Methoden erwies sich als günstig, da sich die Resultate gut ergänzten und Nachteile der einen Methode mit den Vorteilen der anderen Methode ausgeglichen werden konnten. Die statistische Auswertung erfolgte mit dem Statistikprogramm SPSS 10.0 für Windows. Die Evaluatorin wirkte im transdisziplinären Stellimatten-Projekt direkt mit. Dies erlaubte ihr eine tiefgehende Einsicht in Zusammenhänge und Hintergründe der Projektzusammenarbeit und der sich auf die Akzeptanz auswirkenden Faktoren. Diese Position führte jedoch auch zu Schwierigkeiten, was die versuchte Einflussnahme von Seiten der Projektmitglieder als auch das Behaupten des eigenständigen Standpunktes betrifft.

Zentrale Erkenntnisse der Studie sind:
- Das Pilotprojekt Stellimatten wirkte sich nicht nur auf die involvierten Steuerteammitglieder aus, sondern hatte Einfluss auf das weitere Akteursfeld in der Wieseebene sowie auf die Passanten im Naherholungsgebiet.
- Der hohe Naherholungswert des Landschaftsparks Wiese konnte bestätigt werden.
- Generell war die Akzeptanz von Revitalisierungen in diesem Gebiet groß, das Projektgebiet wurde positiver wahrgenommen. Auch wurde eine Tendenz zu mehr Akzeptanz von Feuchtgebietsrevitalisierungen nach der Durchführung deutlich, während die Maßnahmen selber nicht an Akzeptanz gewinnen konnten.
- Der Auenpfad war für die Passanten der Haupt-Projektvermittler und erzielte einerseits eine große emotionale Wirkung, andererseits aber wenige Erfolge bei der Informationsvermittlung.
- Angewandte Beteiligungsformen wurden von den Akteuren unterschiedlich wahrgenommen – je nach Einstellung zum Projektgegenstand und nach Bedeutung der zu vertretenden Institution im Netzwerk der Landschaftsplanung.
- Unterschiedliche Werthaltungen und daraus sich ableitende Ziele waren in der Projektvorbereitung und im Projektverlauf nicht auf einen gemeinsamen Nenner zu bringen trotz der Anwendung partizipativer Methoden.

In den Schlussfolgerungen ergab sich:
- Das Pilotprojekt Stellimatten hat die Voraussetzungen in der Landschaftsplanung der Wieseebene verändert. Es besteht nun ein vermehrtes Interesse an der Thematik der Feuchtgebietsrevitalisierungen. Grenzen und Schwierigkeiten wurden aufgezeigt und können als Chance für einen zweiten Anlauf genutzt werden.
- Deutlich wird in der Landschaftsplanung der Basler Wieseebene ein Übergang des Kooperationsnetzwerks hin zu einem Netzwerk der Vereinigung zwischen Staat und gesellschaftlichen Gruppierungen ... entsprechend dem internationalen Trend. Dabei zeigen die universitären Institute und gesellschaftlichen Gruppierungen des Basler Netzwerks eine materielle Abhängigkeit von den staatlichen Institutionen.
- Es bestehen fließende Übergänge zwischen den Beurteilungen des Projekts durch Laien/Passanten und sog. Experten für die Landschaftsentwicklung. Auch die Passanten nehmen eine hohe Landschaftsdiversität und das Vorhandensein von Wasser in ehemaligen Auengebieten positiv wahr.
- Die Partizipation von Betroffenen ermöglicht eine intensive Nutzung von Handlungsspielräumen, kann aber deren Grenzen nicht aufheben.
- Grundlegende Zielkonflikte konnten nicht allein über die rationale Ebene der Datenerhebung gelöst werden, sondern bedurften des Einbezugs der emotionalen Ebene sowie der sozialen Ebene, z. B. der Machtstrukturen im übergeordneten Netzwerk. Oftmals scheitern die Problemlösungen an der für die Projektbeteiligten nicht überschaubaren Komplexität des anthropogenen Wirkungssystems.
- Die Transdisziplinarität des Projekts erwies sich nur dort als sinnvoll, wo Fragen geklärt werden sollten, die ausschließlich auf gemeinsamem Wege mit verschiedenen Interessenvertretern lösbar waren. In allen anderen Fällen überwiegen die Nachteile der transdisziplinären Forschung gegenüber der mono-, multi- oder interdisziplinären Forschung.

- Konkurrierende Akteurskonstellationen können nur im Schatten der Hierarchie in funktionierende Netzwerke überführt werden. Sind die zugrunde liegenden Strukturen jedoch sektoriell geprägt, führt dies zu systemimmanenten Konflikten. Ein institutionalisiertes Netzwerk mit festgesetzten Regeln für Entscheidungsprozesse scheint momentan die optimale Lösung dafür zu sein, Interessenkonflikte im Kontext von Naturschutzvorhaben zu managen.
- Offen bleibt, was die Möglichkeiten des partizipativen Ansatzes im Kontext unterschiedlicher Wertehaltungen betrifft. Es ist nach wie vor ungeklärt, wie Interessendivergenzen dieser Art begegnet werden kann.

Die Studie hat gezeigt, dass die Anwendung partizipativer Instrumente nicht losgelöst von der vorausgehenden Einstellung und Machtposition der Entscheidungsträger und Betroffenen erfolgen und bewertet werden sollte. Eine differenzierte vorausgehende Analyse der Projektbeteiligten ist nötig, um im transdisziplinären Projekt die Wahl der Partizipationsinstrumente effizient zu gestalten. In der Landschaftsplanung bieten sich sogenannte „regional governances" an, um die Komplexität heutiger Umwelt- und Naturschutzvorhaben zu handhaben und zu koordinieren. Andersartige Konstellationen laufen Gefahr, aufgrund der politischen Gefüge, in die sie eingebettet sind, in ihrer landschaftsökologischen und gesellschaftspolitischen Wirkung für den jeweiligen Bezugsraum stark eingeschränkt zu bleiben.

Literatur

Ammer, U. & U. Pröbstl (1991): *Freizeit und Natur. Probleme und Lösungsmöglichkeiten einer ökologisch verträglichen Freizeitnutzung.* Hamburg, Berlin: 1-228.

Atteslander, P. (2000): *Methoden der empirischen Sozialforschung.* 9. Aufl.. Berlin, New York: 1-418.

Baettig, C. (2000): *Projet de thèse.* Thesenpapier zur Einreichung eines Projekts. Luzern: 1-21. Unveröffentlicht.

Balthasar, A. (1997): Arbeitsschritte. In: Bussmann, W., U. Klöti & P. Knoepfel (eds.): *Einführung in die Politikevaluation.* Basel, Frankfurt a. M.: 175-184.

Baranek, E., B. Günther & C. Kehl (2004): Lässt sich Naturschutzplanung durch Moderation effektiver gestalten? Erfahrungen aus dem Gewässerrandstreifenprojekt Spreewald. Can nature conservation planning be made more effective by facilitation? The experience of the 'Spreewald riparian land project'. *Natur und Landschaft* 79 (9/10): 402-407.

Barber, B. R. (1984): *Strong Democracy. Participatory politics for a new age.* Berkeley: 1-320.

Bassand, M. & P. Rossel (2000): Society and its actors – a transdisciplinarity approach. In: Häberli R., R. W. Scholz, A. Bill & M. Welti (eds.): *Transdisciplinarity. Joint problem-solving among science, technology and society. Dialogue sessions and idea market.* Workbook 1. Contributions to the dialogue sessions and idea market of the International Transdisciplinarity 2000 Conference. Zürich: 64-67.

Baudepartement und Wirtschafts- und Sozialdepartement Basel-Stadt (2001): *Zukunft Basel.* Bericht zur nachhaltigen Entwicklung im Kanton Basel-Stadt. Broschüre. Basel: 1-42.

Becher, B. & A. Luksch (1998): Frauen auf dem Dulsberg. Formen der Partizipation zur Umsetzung frauenspezifischer Anforderungen. In: Alisch, M. (ed.): *Stadtteilmanagement, Voraussetzungen und Chancen für die soziale Stadt.* Opladen: 193-216.

Beirat für Naturschutz, Landschaftspflege und Umweltschutz (BfN) (ed.) (1995): Zur Akzeptanz und Durchsetzbarkeit des Naturschutzes. Problems of the acceptance and the enforcement of nature conservation. *Natur und Landschaft* 70 (2): 51-61.

Beirat für Naturschutz, Landschaftspflege und Umweltschutz (BfN) (ed.) (1998): *Zur gesellschaftlichen Akzeptanz von Naturschutzmassnahmen.* Materialienband. Bundesamt für Naturschutz. BfN-Skripten 2. Bonn: 1-130.

Bellmann, K. (2000): Towards a system analytical and modeling approach for integration of ecological, hydrological, economical and social components of disturbed regions. *Landscape and Urban Planning* 51: 75-87.

Benveniste, G. (1989): *Mastering the politics of planning. Crafting credible plans and policies that make a difference.* San Francisco, London: 1-314.

Bischoff, A., K. Selle & H. Sinning (2001): Informieren, beteiligen, kooperieren. Kommunikation in Planungsprozessen – eine Übersicht zu Formen, Verfahren, Methoden und Techniken. 2. Aufl.. Kommunikation im Planungsprozess 1. Dortmunder Vertrieb für Bau- und Planungsliteratur. Dortmund: 1-174.

Blumer, D. (2001): *Partizipation und Stadtentwicklung. Eine Analyse der Werkstadt Basel.* Forschungsberichte der Gruppe für Sozialgeographie, Politische Geographie und Gender Studies 4. Geographisches Institut der Universität Bern. Bern: 1-271.

Blumer, H. (1976): Der methodologische Standort des Symbolischen Interaktionismus. In: Arbeitsgruppe Bielefelder Soziologen (eds.): *Alltagswissen, Intraktion und gesellschaftliche Wirklichkeit.* Bd. 1. Symbolischer Interaktionismus und Ethnomethodologie. 3. Aufl.. Hamburg, Reinbek: 80-146.

Böhme, C., T. Preuβ & C. Rösler (2001): Lokale Agenda 21 und Naturschutz – Ergebnisse einer Umfrage. *Natur und Landschaft* 76 (1): 16-22.

Bolscho, D. (1995): *Umweltbewusstsein zwischen Anspruch und Wirklichkeit.* Frankfurt am Main: 1-49.

Borggräfe, K., O. Kölsch & T. Lucker (1999): Kommunikationsarbeit im Naturschutz. Beispiele aus dem E+E-Vorhaben "Revitalisierung in der Ise-Niederung". *Naturschutz und Landschaftsplanung* 31 (4): 122-127.

Bortz, J. (1984): *Lehrbuch der empirischen Forschung für Sozialwissenschaftler.* Unter Mitarbeit von D. Bongers. Berlin, Heidelberg, New York, Tokyo: 1-649.

Bourdieu, P. (1983): Ökonomisches Kapital, kulturelles Kapital, soziales Kapital. In: Kreckel, R. (ed.): *Soziale Ungleichheiten.* Soziale Welt Sonderband 2: 183-198.

Brechbühl, U., D. Krieger, W. Lesch, L. Rey & C. Thomas (1995): Ökologie und Kulturwandel. Wort, Bild, Wert und Glaube als Vermittler zwischen Individuen und Gesellschaft. In: Fuhrer, U. (ed.): *Ökologisches Handeln als sozialer Prozess.* Basel: 113-132.

Brown, A. J. (2002): Collaborative governance versus constitutional politics – decision rules for sustainability from Australia's South East Queensland forest agreement. *Environmental Science & Policy* 5: 19-32.

Brown, C. (2003): New directions in binational water resource management in the U.S.-Mexiko borderlands. *The Social Science Journal* 40: 555-572.

Bruckner, A., F. Lehmann, F. Maurer, R. Moosbrugger, M. Raith, H. A. Vögelin & P. Vosseler (1972): Riehen – Geschichte eines Dorfes. Riehen: 1-420.

Buchecker, M. (1999): *Landschaft als Lebensraum der Bevölkerung. Nachhaltige Landschaftsentwicklung durch Bedürfniserfüllung, Partizipation und Identifikation.* Dissertation an der Universität Bern. Bern: 1-271.

Buchecker, M., M. Hunziker & F. Kienast (2003): Participatory landscape development. Overcoming social barriers to public involvement. *Landscape and Urban Planning* 64: 29-46.

Burger, P. & R. Kamber (eds.) (2001): *Wissensproduktion in der inter- und transdisziplinären Forschungspraxis.* Studentischer Arbeitsbericht MGU 1.2000/01. Basel: 1-73.

Burt, R. S. (1982): *Towards a structural theory of action. Network models of social structure, perception and action.* Academic Press. New York: 1-381.

Burt, R. S. (1992): *Structural holes. The social structure of competition.* Cambridge, Massachusetts: 1-313.

Bussmann, W., U. Klöti & P. Knoepfel (eds.) (1997): *Einführung in die Politikevaluation.* Basel: 1-335.

Coleman, J. S. (1986): Social theory, social research, and a theory of action. Supplement. *American Journal of Sociology* 94: 95-120.

Coleman, W. D. & G. Skogstad (1990): Policy communities and policy networks. A structural approach. In: Coleman W. D. & G. Skogstad (eds.): *Policy Communities and Public Policy in Canada. A Structural Approach.* Mississauga: 14-33.

Crevoisier, C. (2003): *Schutz von Landschaftstopen. Methodische Probleme der Integration von Geotop- und Naturschutz in der Kulturlandschaft. Beispiel Hotzenwald.* Diplomarbeit am Geographischen Institut Basel, Abteilung Physiogeographie und Landschaftsökologie. Basel: 1-108. [Als Manuskript veröffentlicht].

De Groot, W. T. & R. J. G. Van den Born (2003): Visions of nature and landscape type preferences. An exploration in the Netherlands. *Landscape and Urban Planning* 63: 127-138.

Diekmann, A. & A. Franzen (1996): Einsicht in ökologische Zusammenhänge und Umweltverhalten. In: Kaufmann-Hayoz R. & A. Di Giulio (eds.): *Umweltproblem Mensch. Humanwissenschaftliche Zugänge zu umweltverantwortlichen Handeln.* Bern, Stuttgart, Wien: 135-158.

Diekmann, A. & C. C. Jaeger (1996): Aufgaben und Perspektiven der Umweltsoziologie. In: Diekmann, A. & C. C. Jaeger (eds.): *Umweltsoziologie.* Kölner Zeitschrift für Soziologie und Sozialpsychologie. Sonderheft 36: 11-27.

Dörner, D. (1996): Der Umgang mit Unbestimmtheit und Komplexität und der Gebrauch von Computersimulationen. In: Diekmann A. & C. C. Jaeger (eds.):

Umweltsoziologie. Kölner Zeitschrift für Soziologie und Sozialpsychologie. Sonderheft 36: 488-515.

Dryzek, J. S. (1990): Design for environmental discourse. The creening of the administrative state. In: Paehlke, R. & D. Torgerson (eds.): *Managing Leviathan. Environmental politics and the administrative state.* Peterborough: 97-111.

Eder, S. (1999): Die Perspektive der Bewohner, Freizeitnutzer und Gewerbetreibenden. In: Eder, S. & A. Gurtner-Zimmermann (eds.): *Hochrheinrenaturierung in Stadt und Agglomeration Basel.* Basler Stadt- und Regionalforschung 17. Basel: 65-97.

Eder, S. & A. Gurtner-Zimmermann (eds.) (1999): *Hochrheinrenaturierung in Stadt und Agglomeration Basel.* Basler Stadt- und Regionalforschung 17. Basel: 1-100.

Endruweit, G. (1986): Sozialverträglichkeits- und Akzeptanzforschung als methodologisches Problem. In: Jungermann, H., W. Pfaffenberger & G. Schäfer (eds.): *Die Analyse der Sozialverträglichkeit für Technologiepolitik. Perspektiven und Interpretationen.* München: 80-91.

Endruweit, G. & G. Trommsdorff (eds.) (2002): Wörterbuch der Soziologie. 2. Aufl.. Stuttgart: 1-754.

Erismann, C., C. Minder & M. Potschin (2002): Nationaler Nutzen – lokale Belastung. Die sozioökonomischen Auswirkungen des Golfplatzprojektes Bad Bellingen. *Materialien zur Physiogeographie,* Heft 23. Basel: 1-62.

Ernste, H. (1996): Kommunikative Rationalität und umweltverantwortliches Handeln. In: Kaufmann-Hayoz, R. & A. Di Giulio (eds.): *Umweltproblem Mensch. Humanwissenschaftliche Zugänge zu umweltverantwortlichen Handeln.* Bern, Stuttgart, Wien: 197-218.

Ernste, H. (1998): Environmental governance and modern management paradigms in government and private industrie. In: Glasbergen, P. (ed.): *Co-operative environmental governance. Public-Private Agreements as a Policy Strategy.* Environment & Policy 12. Dordrecht: 43-64.

Fietkau, H.-J. & H. Kessel (1981): *Umweltlernen.* Königstein, Hain: 1-404.

Fingerle, K. (1984): Pädagogische Probleme der Umwelt- und Naturerziehung. *Naturschutz heute* 3: 1-24.

Fiorino, D. J. (1990): Citizen participation and environmental risk: A survey of institutional mechanisms. *Science, Technology and Human Values* 15 (2): 226-243.

Fishbein, M. & I. Ajzen (1975): *Belief, attitude, intention and behaviour.* Reading. Massachusetts: 1-578.

Förster R., P. Christian, M. Scheringer & A. Valsangiacomo (2001): Partizipation in der transdisziplinären Forschung – Eine Positionierung und die Ankündigung des nächsten SAGUFNET-Workshops. Schweizerische

Akademische Gesellschaft für Umweltforschung und Ökologie. *GAIA* 10 (2): 146-149.

Franzen, A. (1995): Trittbrettfahren oder Engagement? Überlegungen zum Zusammenhang zwischen Umweltbewusstsein und Umwelthandeln. In: Diekmann, A. & A. Franzen (eds.): *Kooperatives Umwelthandeln. Modelle, Erfahrungen, Massnahmen.* Chur, Zürich: 133-150.

Frey, D. (1991): Der *Beitrag der Sozialpsychologie zur Lösung der Umweltproblematik. Eine allgemeine Einschätzung.* Universität Kiel. Kiel: Unveröffentlichtes Typoskript.

Frick, J., F. G. Kaiser & M. Wilson (2004): Environmental knowledge and conservation behaviour. Exploring prevalence and structure in a representative sample. *Personality and Individual Differences 37*: 1597-1613.

Friedrichs, J. & C. Wolf (1990): Die Methode der Passantenbefragung. In: *Zeitschrift für Soziologie* 19 (1): 46-56.

Fürst, D. (2001): Regional governance - ein neues Paradigma der Regionalwissenschaften? *Raumforschung und Raumordnung* 59: 370-380.

Fürst, D. (2002): Partizipation, Vernetzungen, Netzwerke. In: Müller K., A. Dosch, E. Mohrbach, T. Aenis, E. Baranek, T. Boeckmann, R. Siebert & V. Toussaint (eds.): *Wissenschaft und Praxis der Landschaftsnutzung. Formen interner und externer Forschungskooperation.* Weikersheim: 19-34.

Fuhrer, U. (1995): Social psychological framework for research an environmental concern. *Psychologische Rundschau* 46 (1): 93-103.

Fuhrer, U., F. G. Kaiser, I. Seiler & M. Maggi, (1995): From social representations to environmental concern. The influence of face-to-face versus mediated communication. In: Fuhrer, U. (ed.): *Ökologisches Handeln als sozialer Prozeß. Ecological action as a social process.* Basel, Boston: 61-76.

Fuhrer, U. & S. Wölfing (1996): Von der sozialen Repräsentation zum Umweltbewusstsein und die Schwierigkeiten seiner Umsetzung ins ökologische Handeln. In: Kaufmann-Hayoz R. & A. Di Giulio (eds.): *Umweltproblem Mensch. Humanwissenschaftliche Zugänge zu umweltverantwortlichen Handeln.* Bern, Stuttgart, Wien: 219-236.

Geissbühler, U. (1998): *Veränderung der biologischen Filterung in den Wässerstellen der Langen Erlen im Winterhalbjahr.* Diplomarbeit am Geographischen Institut Basel, Abteilung Physiogeographie und Landschaftsökologie. Basel: 1-97. [Als Manuskript veröffentlicht].

Gerber, S. (2003). *Die Partizipationsbereitschaft der Bevölkerung an der Landschaftsplanung.* Diplomarbeit am Geographischen Institut der Universität Basel. Basel, Abteilung Physiogeographie und Landschaftsökologie. Basel: 1-125. [Als Manuskript veröffentlicht].

Gerber, S. & J. Kohl (2002): Die Bereitschaft zur Partizipation – eine Passantenbefragung. In: Müller K., A. Dosch, E. Mohrbach, T. Aenis, E. Baranek, T. Boeckmann, R. Siebert & V. Toussaint (eds.): *Wissenschaft und*

Praxis der Landschaftsnutzung. Formen interner und externer Forschungskooperation. Weikersheim: 87-92.

Glasbergen, P. (ed.) (1995): *Managing environmental disputes. Network management as an alternative.* Environment & Management 5. Dordrecht: 1-183.

Glasbergen, P. (ed.) (1998): *Cooperative environmental governance. Public-private agreements as a policy strategy.* Environment & Policy 12. Dordrecht: 1-302.

Gloor, D. & H. Meier (2000): A River Revitalization Seen Through the Lens of Local Community Members. *Visual Sociology, Visual Cultures & Visual Literacies* 15: 119-134.

Gloor, D. & H. Meier (2001): *Soziale Raumnutzung und ökologische Ansprüche. Soziologische Untersuchung zur Revitalisierung der Birs bei Münchenstein.* Grundlagen und Materien 01/1. Professur Forstpolitik und Forstökonomie, ETH Zürich. Zürich: 1-95.

Gloor, D., H. Meier & D. Küry (2001): Umweltforschung und Sozialwissenschaften - zur Resozialisierung der Renaturierung. *Zeitschrift für Ökologie und Naturschutz* 9: 255-263.

Golder, E. (1991): *Die Wiese. Ein Fluss und seine Geschichte.* Baudepartement Basel-Stadt (ed.). Basel: 1-186.

Grabher, G. (1990): *On the weakness of strong ties. The ambivalent role of intern-firm relations in the decline and reorganization of the Ruhr.* WZB-papers FS I-90-4.

Granovetter, M. (1973): The strength of weak ties. *American Journal of Sociology* 78: 1360-1380.

Granovetter, M. (1992): Problems of explanation in economic sociology. In: Nohria, N. & R. G. Eccles (eds.): *Networks and organizations. Structure, form and action.* Boston: 25-56.

Guba, E. G. & Y. S. Lincoln (1987): The contenances of fourth generation evaluation. Description, judgement and negogiation. In: Palumbo, D. (ed.): *The politics of program evaluation.* Newbury Park: 202-234.

Guba, E. G. & Y. S. Lincoln (1989): *Fourth generation evaluation.* Newbury Park: 1-300.

Gurtner-Zimmermann, A. (1994): *Ecosystem approach top planning in the Great Lakes. A mid-term review of remedial action plans.* A thesis submitted in conformity with the requirements for the degree of Doctor of Philosophy. Graduate Department of Geography, University of Toronto. Toronto: 1-288.

Gurtner-Zimmermann, A. (1998): The effectiveness of the Rhine Action Program. Methodology and results of an evaluation of the impacts of international cooperation. *International Environmental* Affairs 10 (4): 241-267.

Gurtner-Zimmermann, A. (1999a): Umweltpolitische Grundlagen für die Gewässerrenaturierung in der Schweiz. In: Eder, S. & A. Gurtner-Zimmermann (eds.): *Hochrheinrenaturierung in Stadt und Agglomeration Basel.* Basler Stadt- und Regionalforschung 17. Basel: 45-53.

Gurtner-Zimmermann, A. (1999b): Akzeptanz und Realisierungschancen von Gewässerrenaturierungsmassnahmen in Stadt und Agglomeration Basel. In: Eder, S. & A. Gurtner-Zimmermann (eds.): *Hochrheinrenaturierung in Stadt und Agglomeration Basel.* Basler Stadt- und Regionalforschung 17. Basel: 54-64.

Gurtner-Zimmermann, A. & S. Eder (2001): Hochrheinrenaturierung im gesellschaftspolitischen Konfliktfeld. *Regio Basiliensis* 42 (1): 35-46.

Gurtner-Zimmermann, A. & J. Knall (2004): Auenrevitalisierung in der Wiese-Ebene bei Basel: die Akteurssicht. *Regio Basiliensis* 45 (3): 185-194.

Güsewell, S. & G. Dürrenberger (1996): Komplementarität von Laiensicht und Expertensicht in der Landschaftsbewertung. *GAIA* 5 (1): 23-34.

Gutscher, H., G. Hirsch & K. Werner (1996): Vom Sinn der Methodenvielfalt in den Sozial- und Geisteswissenschaften. In: Kaufmann-Hayoz, R. & A. Di Giulio (eds.): *Umweltproblem Mensch. Humanwissenschaftliche Zugänge zu umweltverantwortlichen Handeln.* Bern, Stuttgart, Wien: 43-78.

Häberli, R., R. W. Scholz, A. Bill & M. Welti (eds.) (2000): *Transdisciplinarity. Joint problem-solving among science, technology and society. Dialogue sessions and idea market.* Workbook 1. Contributions to the dialogue sessions and idea market of the International Transdisciplinarity 2000 Conference. Zürich: 1-543.

Haefliger, C. J. (2003): Institutionelle grenzübergreifende Initiativen in der Euroregion Oberrhein. *Regio Basiliensis* 44 (2): 175-182.

Hardin, G. (1995): *Living within limits. Ecology, economics, and population taboos.* 2. Aufl.. Oxford, New York: 1-352.

Heiland, S. (2000): Sozialwissenschaftliche Dimensionen des Naturschutzes. Zur Bedeutung individueller und gesellschaftlicher Prozesse für die Naturschutzpraxis. Social science dimensions of nature conservation. The importance of individual and social processes for conservation practice. *Natur und Landschaft* 75 (6): 242-249.

Heiland, S. (2002): Erfolgsfaktoren in kooperativen Naturschutzprojekten. In: Erdmann, K.-H. & C. Schell (eds.): *Naturschutz und gesellschaftliches Handeln. Aktuelle Beiträge aus Wissenschaft und Praxis.* Bundesamt für Naturschutz. Bonn-Bad Godesberg: 133-152.

Hines, J. M., H. R. Hungerord & A. N. Tomera (1986/7): Analysis and synthesis of research on responsible environmental behaviour. A meta-analysis. *The Journal of Environmental Education* 18 (2): 1-8.

Hirsch, G. (1993): Wieso ist ökologisches Handeln mehr als eine Anwendung ökologischen Wissens? Überlegungen zur Umsetzung ökologischen Wissens in ökologisches Handeln. *GAIA* 2 (3): 141-151.

Huggenberger, P. (2001): Wiese-Revitalisierung. Führen die Veränderungen der Sohlenstruktur zur Trinkwassergefährdung? *Regio Basiliensis* 42 (1): 63-76.

Hull, B. R. & W. P. Stewart (1992): Validity of Photo-Based Scenic Beauty Judgements. *Journal of Environmental Psychology* 12: 101-114.

Jaeger, I. (1994): *Natur und Wirtschaft. Auf dem Weg zu einer ökologischen Marktwirtschaft*. 2. Aufl.. Chur, Zürich: 1-502.

Jaeggi, C., C. Tanner, K. Foppa & S. Arnold (1996): Was uns vom umweltverantwortlichen Handeln abhält. In: Kaufmann-Hayoz, R. & A. Di Giulio (eds.): *Umweltproblem Mensch. Humanwissenschaftliche Zugänge zu umweltverantwortlichen Handeln*. Bern, Stuttgart, Wien: 181-196.

Jahn, T. (2000): Status and perspectives of social-ecological research in the federal republic of Germany. In: Häberli, R., R. W. Scholz, A. Bill & M. Welti (eds.): *Transdisciplinarity. Joint problem-solving among science, technology and society. Dialogue sessions and idea market*. Workbook 1. Contributions to the dialogue sessions and idea market of the International Transdisciplinarity 2000 Conference. Zürich: 68-69.

Jansen, D. (1999): *Einführung in die Netzwerkanalyse. Grundlagen, Methoden, Anwendungen*. Opladen: 1-286.

Janssen, W. (1984): Naturschutzerziehung im Naturkundemuseum. *Naturschutz heute* 3: 179-193.

Johnson, B. B. & V. T. Covello (eds.) (1987): *The social and cultural construction of risk. Essays of risk selection and perception*. Technology, risk and society 3. Boston: 1-403.

Kachel, W. (2001): *Neue Formen der Bürgerbeteiligung. Eine Untersuchung am Beispiel der Lokalen Agenda 21 in Göttingen*. Marburg: 1-116.

Kaiser, M., M. Burri & K. Hitzfeld (2000): *Entwicklungskonzept Fliessgewässer Basel-Stadt*. Amt für Umwelt und Energie des Kantons Basel-Stadt (ed.). Basel: 1-110.

Kals, E. (2002): Mediation ökologischer Konflikte. In: Erdmann, K.-H. & C. Schell (eds.): *Naturschutz und gesellschaftliches Handeln. Aktuelle Beiträge aus Wissenschaft und Praxis*. Bundesamt für Naturschutz. Bonn – Bad Godesberg: 197-212.

Katter, R., G. Kollmann, C. Rinesch & P. Trinkaus (2001): Bewertung von Nutzungen der Landschaft. In: Beierkuhnlein, C., J. Breuste, F. Dollinger, M. Kleyer, M. Potschin, U. Steinhardt & R.-U. Syrbe (eds.): *Landschaften als Lebensraum. Analyse – Bewertung – Planung – Management*. Tagungsband mit Kurzfassungen der Beiträge zur 2. Jahrestagung der IALE-Region Deutschland. Oldenburg, 13. – 15. September 2001. Oldenburg: 32-33.

Kaufmann-Hayoz, R. & A. Di Giulio (eds.) (1996): *Umweltproblem Mensch. Humanwissenschaftliche Zugänge zu umweltverantwortlichen Handeln*. Bern, Stuttgart, Wien: 1-576.

Kaule, G., G. Endruweit & G. Weinschenck (1994): *Landschaftsplanung umsetzungsorientiert!* Angewandte Landschaftsökologie 2. Bonn-Bad Godesberg: 1-148.

Kickert,W. J. M., E.-H. Klijn & J. F. M. Koppenjan (eds.) (1997): *Managing Complex Networks. Strategies for the Public Sector.* London, Thousand Oaks, New Delhi: 1-206.

Klöti, M. & P. Schneider (1995): *Agrarlandschaft als Freizeitpark? Landschaftsentwicklungskonzept für die Gemeinden Riehen und Bettingen.* Diplomarbeit in Landschaftsplanung am Interkantonalen Technikum Rapperswil, Abt. Landschaftsarchitektur. Rapperswil: 1-143.

Klöti, U. & T. Widmer (1997): Untersuchungsdesigns. In: Bussmann, W., U. Klöti & P. Knoepfel (eds.): *Einführung in die Politikevaluation.* Basel, Frankfurt a. M.: 185-213.

Knoepfel, P. & W. Bussmann (1997): Die öffentliche Politik als Evaluationsobjekt. In: Bussmann W., U. Klöti & P. Knoepfel (eds.): *Einführung in die Politikevaluation.* Basel, Frankfurt a. M.: 58-77.

Knoepfel, P., I. Kissling-Näf & W. Bussmann (1997): Evaluation und Politikanalyse. In: Bussmann W., U. Klöti & P. Knoepfel (eds.): *Einführung in die Politikevaluation.* Basel, Frankfurt a. M.: 134-146.

Knoke, D. & J. H. Kuklinski (1982): *Network analysis.* Beverly Hills: 1-88.

Kölsch, O. (1998): Ergebnisse und Erfahrungen bei der Umsetzung des Erprobungs- und Entwicklungsvorhabens "Revitalisierung in der Ise-Niederung". *NNA-Berichte der Alfred Töpfer Akademie für Naturschutz 11*(1): 57-62.

Kohl, J. (1996): *Vegetationsaufnahme erster Sukzessionsstadien einer Wirtschaftswiese auf dem Weg zu einer Riedfläche.* Projektarbeit am Institut für Natur-, Landschafts- und Umweltschutz Basel. Basel: 1-30. Unveröffentlicht.

Kohl, J. (1999a): *Erarbeitung von raumdifferenzierenden Umweltqualitätszielen für Flora und Fauna im Siedlungsraum – das Beispiel Basel.* Diplomarbeit am Institut für
Natur-, Landschafts- und Umweltschutz Basel. Basel: 1-95. [Als Manuskript veröffentlicht].

Kohl, J. (1999b): Potential zur Ausdehnung und Aufwertung städtischer Grünflächen? Erarbeitung von Umweltqualitätszielen für die Flora von Basel. *Regio Basiliensis* 40 (2): 119-130.

Kohl, J. (2001): Akzeptanz von Auenrevitalisierungen in der Grundwasserschutzzone eines städtischen Naherholungsgebiets. In: Beierkuhnlein, C., J. Breuste, F. Dollinger, M. Kleyer, M. Potschin, U. Steinhardt & R.-U. Syrbe (eds.): *Landschaften als Lebensraum. Analyse – Bewertung – Planung – Management.* Tagungsband mit Kurzfassungen der Beiträge zur 2. Jahrestagung der IALE-Region Deutschland. Oldenburg, 13. – 15. September 2001. Oldenburg: 30-31.

Kohl, J., F. L. Schmidli & A. Gurtner-Zimmermann (2002): Kooperation und Partizipation im transdisziplinären Stellimatten-Projekt. *Regio Basiliensis* 43 (1): 45-54.

Konold, W. (2001): Thoughts of a landscape-ecologist on the function and role of extension studies in a transdisciplinary project. In: Hoffmann, V. (ed.): *50 Years of Hohenheim Extension Studies*. Weikersheim: 49-58.

Kraus, W. (1991): Qualitative Evaluationsforschung. In: Flick, U., E. von Kardorff & H. Keupp (eds.): *Handbuch Qualitative Sozialforschung*. München: 412-415.

Krömker, D. (2002): Maβnahmen zur Gestaltung von Kommunikationsstrategien im Natur- und Umweltschutz – Ein Überblick. In: Erdmann, K.-H. & C. Schell (eds.): *Naturschutz und gesellschaftliches Handeln. Aktuelle Beiträge aus Wissenschaft und Praxis*. Bundesamt für Naturschutz. Bonn-Bad Godesberg: 93-110.

Kruse, L., C. F. Graumann & E. D. Lautermann (1990): *Ökologische Psychologie. Ein Handbuch der Schlüsselbegriffe*. München: 1-727.

Küry, D. (1998): Fliessgewässer im Spannungsfeld von Gesellschaft und Natur – ein interdisziplinäres Forschungsthema. In: *Jahresbericht 1998 der Universität Basel*. Basel: 57-58.

Küry, D. (1999a): Aufgaben für die privaten Organisationen im Gewässerschutz. *Mensch und Natur* 5: 15-19.

Küry, D. (1999b): Natur in Ballungsräumen. Eine soziokulturelle Perspektive. In: *Forum für Wissen "Biosphärenpark Ballungsraum"*. Basel: 21-25.

Küry, D. (2001): Die Birs im Spannungsfeld zwischen ökologischen und sozialen Ansprüchen. *Regio Basiliensis* 42 (1): 23-34.

Küry, D. (2002): Landschaftspark Wiese. Die Flusslandschaft als Naturraum und Naherholungsgebiet. In: Christoph-Merian-Stiftung (ed.): *Basler Stadtbuch 2001*. Basel: 200-203.

Küry, D. & M. Ritter (1997): E-4 Wahrnehmung und Bewertung der Basler Stadtnatur. In: *Von der Politik zur Praxis. Tagungsbericht „Natur für Ost und West"*. Basel: 235-237.

Küry, D. & S. Zschokke (2000): Short-term consequences of river restoration on macroinvertebrate communities. *Mitt. Dt. Ges. Allg. Ang. Ent.* 12: 237-240.

Lenzin-Hunziker, H., J. Kohl, M. Odiet, R. Mühletaler, N. Baumamm & P. Nagel (2001): Verbreitung, Abundanz und Standorte ausgewählter Neophyten in der Stadt Basel. (Schweiz). *Bauhinia* 15: 39-56.

Leser, H. (1997): *Landschaftsökologie. Ansatz, Modelle, Methodik, Anwendung*. Mit einem Beitrag zum Prozess-Korrelations-Systemmodell von Thomas Mosimann. UTB 521. 4. Aufl.. Stuttgart: 1-647.

Leser, H. (1999): Das landschaftsökologische Konzept als interdisziplinärer Ansatz – Überlegungen zum Standort der Landschaftsökologie. In: Mannsfeld, K. & H. Neumeister: *Ernst Neefs Landschaftslehre heute*.

Petermanns Geographische Mitteilungen. Ergänzungsheft 294. Gotha, Stuttgart: 65-68.

Leser, H. (2002): Geographie und Transdisziplinarität – Fachwissenschaftliche Ansätze und ihr Standort heute. *Regio Basiliensis* 43 (1): 3-16.

Leser, H. (2003): Geographie als integrative Umweltwissenschaft. Zum transdisziplinären Charakter einer Fachwissenschaft. *Münchener Geographische Hefte 85*: 35-52.

Leser, H. & R. Schneider-Sliwa (1999a): *Geographie – Eine Einführung.* Das Geographische Seminar. Braunschweig: 1-248.

Leser, H. & R. Schneider-Sliwa (1999b): Gewässerrenaturierung – ein planungspolitisches Konfliktfeld. In: Eder, S. & A. Gurtner-Zimmermann (eds.): *Hochrheinrenaturierung in Stadt und Agglomeration Basel.* Basler Stadt- und Regionalforschung 17. Basel: 10-18.

Lindquist, E. A. (1991): *Public managers and policy communities. Learning to meet new challenges.* Canadian centre for management development. Toronto: 1-36.

Loibl, M. C. (2000): Group Dynamics in Transdisciplinarity Research. In: Häberli R., R. W. Scholz, A. Bill & M. Welti (eds.): *Transdisciplinarity. Joint problem-solving among science, technology and society. Dialogue sessions and idea market.* Workbook 1. Contributions to the dialogue sessions and idea market of the International Transdisciplinarity 2000 Conference. Zürich: 131-134.

Luz, F. (1994): *Zur Akzeptanz landschaftsplanerischer Projekte. Determinanten lokaler Akzeptanz und Umsetzbarkeit landschaftsplanerischer Projekte zur Extensivierung, Biotopvernetzung und anderer Maßnahmen des Natur- und Umweltschutzes.* Dissertation am Institut für Landschaftsplanung und Ökologie der Universität Stuttgart. Stuttgart, Frankfurt/Main: 1-315.

Luz, F. & U. Weiland (2001): Wessen Landschaft planen wir? Kommunikation in Landschafts- und Umweltplanung. *Naturschutz und Landschaftsplanung* 33 (2/3): 69-76.

Mayntz, R. (1987): Politische Steuerung und gesellschaftliche Steuerungsprobleme – Anmerkungen zu einem theoretischen Paradigma. In: *Jahrbuch zur Staats- und Verwaltungswissenschaft* 1. Baden-Baden: 89-109.

Mayring, P. (2002): *Einführung in die qualitative Sozialforschung.* 5. Aufl.. Weinheim: 1-180.

Meuser, M. & U. Nagel (1991): ExpertInneninterviews – vielfach erprobt, wenig bedacht. Ein Beitrag zur qualitativen Methodendiskussion. In: Garz, D. & K. Kraimer (eds.): *Qualitativ-empirische Sozialforschung. Konzepte, Methoden, Analysen.* Wiesbaden: 441-471.

Mosimann, T. (1984): *Landschaftsökologische Komplexanalyse.* Wiesbaden: 1-116.

Mosler, H.-J. (1995): Umweltprobleme – eine sozialwissenschaftliche Perspektive mit naturwissenschaftlichem Bezug. In: Fuhrer, U. (ed.): *Ökologisches Handeln als sozialer Prozeß. Ecological action as a social process.* Basel, Boston: 77-88.

Mosler, H.-J. (2000): Erfolgskontrolle von umweltpsychologischen Maßnahmen in Gemeinden. In: Scholz, R. W.: *Erfolgskontrolle von Umweltmaßnahmen. Perspektiven für ein integratives Umweltmanagement.* Berlin, Heidelberg, New York, Barcelona, Hongkong, London, Mailand, Paris, Singapur, Tokio: 173-196.

Mosler, H.-J., H. Gutscher & J. Artho (1996): Kollektive Veränderungen zu umweltverantwortlichem Handeln. In: Kaufmann-Hayoz, R. & A. Di Giulio (eds.): *Umweltproblem Mensch. Humanwissenschaftliche Zugänge zu umweltverantwortli-chen Handeln.* Bern, Stuttgart, Wien: 237-260.

Müller, K., H.-R. Bork, A. Dosch, K. Hagedorn, J. Kern, J. Peters, H.-G. Petersen, U. J. Nagel, T. Schatz, R. Schmidt, V. Toussaint, T. Weith & A. Wotke (eds.) (2000): Nachhaltige Landnutzung im Konsens. Ansätze für eine dauerhaft-umweltgerechte Nutzung der Agrarlandschaften in Nordostdeutschland. Giessen: 1-190.

Mumme, S. P. (2003): Environmental politics and policy in U.S.-Mexican border studies. Developments, achievements, and trends. *The Social Science Journal* 40: 593-606.

Nelson J. S. (2000): Transdisciplinarity decision making processes. A methodology for the analysis of qualitative, quantitative and economic data In: Häberli R., R. W. Scholz, A. Bill & M. Welti (eds.): *Transdisciplinarity. Joint problem-solving among science, technology and society. Dialogue sessions and idea market.* Workbook 1. Contributions to the dialogue sessions and idea market of the International Transdisciplinarity 2000 Conference. Zürich: 159-163.

Neudecker, A. (2002): Aspekte des Kulturlandschaftswandels des Hotzenwaldes seit dem ausgehenden 19. Jahrhundert. Eine GIS-gestützte Auswertung historischer Karten der Banne Egg und Hornberg. *Regio Basiliensis* 43 (19): 67-78.

Nichols, L. (2002): Participatory program planning. Including program participants and evaluators. *Evaluation and program planning* 25: 1-14.

Nohria, N. & R. G. Eccles (eds.) (1992): *Networks and organizations. Structure, form and action.* Boston: 1-544.

Nolzen, H. (2000): Der Naturraum und seine Entwicklung. In: Stadt Schopfheim (ed.): *Schopfheim – Natur, Geschichte, Kultur.* Schopfheim: 37-51.

O`Riordan, T. (1977): Citizen participation in practice. Some dilemmas and possible solutions. In: Sewell, W. R. D. & J. T. Coppock (eds.): *Public participation in planning.* London, New York, Sydney, Toronto: 159-171.

Portes, A. & J. Sensenbrenner (1993): Embeddedness and immigration. Notes on the social determinants of economic action. *American Journal of Sociology* 98: 1320-1350.

Potschin, M. (2003): Nachhaltige Landschaftsentwicklung. Methodologische und methodische Ansätze. Habilitationsschrift, eingereicht an der Philosophisch-Naturwissenschaftlichen Fakultät der Universität Basel 18. Juni 2002.

Reichmann, S. (1997): Aufgetaucht. Oder: Wo "verläuft" der Kaitzbach im Bewusstsein von Dresdner Akteuren? *Wasserkultur* 8: 16-20.

Renn, O. & B. Oppermann (1995): „Bottom-up" statt „Top-down". Die Forderung nach Bürgermitwirkung als (altes und neues) Mittel zur Lösung von Konflikten in der räumlichen Planung. *Zeitschrift für angewandte Umweltforschung* (ZAU), Sonderheft 6: 257-276.

Rohrmann, B. (2000): Evaluation von Maßnahmen zur Risikokommunikation. Methodische Prinzipien und zwei Fallstudien. In: Scholz R. W. (ed.): *Erfolgskontrolle von Umweltmaßnahmen. Perspektiven für ein integratives Umweltmanagement.* Berlin, Heidelberg, New York, Barcelona, Hongkong, London, Mailand, Paris, Singapur, Tokio: 197-218.

Roovers P., M. Hermy & H. Gulinck (2002): Visitor profile, perceptions and expectations in forests from a gradient of increasing urbanisation in central Belgium. *Landscape and Urban Planning* 59: 129-145.

Rüetschi, D. (2004): *Basler Trinkwasserversorgung in den Langen Erlen. Biologische Reinigungsleistungen in den bewaldeten Wässerstellen.* Physiogeographica 34: 1-348.

Sandtner, M. (2004): *Städtische Agglomerationen als Erholungsraum – ein vernachlässigtes Potential. Fallbeispiel Trinationale Agglomeration Basel.* Basler Beiträge zur Geographie 49. Basel: 1-187.

Schenk, A. (2000): *Relevante Faktoren der Akzeptanz von Natur- und Landschaftsschutz-massnahmen. Ergebnisse qualitativer Fallstudien.* Publikation der Ostschweizerischen Geographischen Gesellschaft 5. St. Gallen: 1-153.

Scherle, J., M. Scherer, O. Harms, S. Keine, M. Jacobi, O. Stenzel & R. Burckhardt (1994): *Entwicklungskonzept für naturnahe Gewässerstrukturen der Wiese im Bereich Gewässer I. Ordnung.* Amt für Wasserwirtschaft und Bodenschutz Waldshut – Außenstelle Lörrach. Unveröffentlichter Bericht. Lörrach: 1-137.

Scheurer, T., K. Pieren, H. Gutscher & I. Werlen (2002): Problemfelder der transdisziplinären Zusammenarbeit in der Wasserforschung: Eine Bilanz der ICAS/ IHDP-Tagungen. Les objectifs de la coopération scientifique et transdisciplinaire à résoudre les conflits d'utilisation de l'eau – Un bilan des séminaires ICAS/IHDP. In : ICAS (ed.): *Das Wasser der Alpen. Nutzungskonflikte und Lösungsansätze. L'eau des Alpes. Comment résoudre les conflits d'utilisation?* Bericht zu den Tagungen vom 7. September 2001 in Luzern und vom 27. März 2002 in Bern. Bern: 9-13.

Schmid, M. (1998): *Eignung einer Riedwieseninfiltration für die künstliche Grundwasseranreicherung in den Langen Erlen.* Diplomarbeit am Geographischen Institut Basel, Abteilung Physiogeographie und Landschaftsökologie. Basel: 1-88. [Als Manuskript veröffentlicht].

Schneider, H. & B. Ernst (1999): *Natur und Landschaft der Region Basel* (Medienkombination). Basel: 1-56.

Schneider-Sliwa, R. (2003): Städte im Zeichen von Auflösung und Nachhaltigkeit. *Regio Basiliensis* 44 (2): 111-124.

Schneider-Sliwa, R. & H. Leser (1997): "Nachhaltige Entwicklung" – Konzept, Ziele, Umsetzung. *Regio Basiliensis* 38 (2): 75-84.

Scholz, R. W. & D. Marks (2001): Learning about transdisciplinarity: Where are we? Where have we been? Where should we go? In: Thompson Klein J., R. Häberli, R. W. Scholz, W. Grossenbacher-Mansuy, A. Bill & M. Welti (eds.): *Transdisciplinarity. Joint Problem Solving among science, technology, and society. An effective way for solving complexity.* Basel, Boston, Berlin: 236-252.

Schöne, S. (1999): *Akzeptanz von Naturschutzmaßnahmen als Ansatz für einen langfristig wirkenden Naturschutz. Dargestellt am Beispiel zweier Naturschutzprojekte des Bundes (Drömling, Nuthe-Nieplitz-Niederung).* Diplomarbeit an der Technischen Universität Berlin im Institut für Landschafts- und Freiraumentwicklung. Berlin: 1-120. [Als Manuskript veröffentlicht].

Schreiber, R. (1988): Werbung und Öffentlichkeitsarbeit für Naturschutz und Nationalparke. In: Robbelen, M. & J. Esser (eds.). *Bildungsarbeit und Umweltinformation in Nationalparken.* Tagungsbericht 2 der Umweltstiftung WWF-Deutschland. Bremen: 93-128.

Schwartz, S. H. & J. A. Howard (1981): A normative decision-making model of altruismus. In: Rushton, J. P. & R. M. Sorrentino (eds.): *Altruism and helping behaviour. Social personality, and developmental perspectives.* Hillsdale: 189-211.

Schwarze, M. & S. Sieber (1998): *Leitideen Landschaftspark Wiese.* Arbeitsbericht im Auftrag des Hochbau- und Planungsamtes des Kantons Basel-Stadt. Basel: 1-36.

Schwarze, M., M. Egli & D. Keller (2001): *Landschaftspark Wiese.* Landschaftsrichtplan. Landschaftsentwicklungsplan. Kanton Basel-Stadt, Stadt Weil am Rhein und Gemeinde Riehen. Basel: 1- 32.

Selle, K. (1996): Von der Bürgerbeteiligung zur Kooperation und zurück. In: Selle, K. (ed.): *Planung und Kommunikation. Gestaltung von Planungsprozessen in Quartier, Stadt und Landschaft. Grundlagen, Methoden, Praxiserfahrung.* Wiesbaden, Berlin: 61-78.

Selle, K. (1997): Planung und Kommunikation. Anmerkungen zur Renaissance eines alten Themas. *Dokumente und Informationen zur Schweizerischen Orts-, Regional- und Landesplanung* 129: 40-47.

Siegrist, L. (1997): *Die Ökodiversität der Wässerstellen Lange Erlen. Zusammenhänge von Betriebswesen und ökologischer Vielfalt.* Diplomarbeit am Geographischen Institut Basel, Abteilung Physiogeographie und Landschaftsökologie. Basel: 1-126. [Als Manuskript veröffentlicht].

Söderqvist, T. (2003): Are farmers prosocial? Determinants of the willingness to participate in a Swedish catchment-based wetland creation programme. *Ecological Economics* 47: 105-120.

SRU (Rat von Sachverständigen für Umweltfragen) (1996): *Umweltgutachten 1996. Zur Umsetzung einer dauerhaft-umweltgerechten Entwicklung.* Stuttgart: 1-45.

Steel, B., P. List, D. Lach & B. Shindler (2004): The role of scientists in the environmental policy process. A case study from the American west. *Environmental Science & Policy* 7: 1-13.

Stern, P. & H. V. Fineberg (1996): *Understanding risk. Informing decision in a democratic society.* Washington: 1-249.

Stoll, S. (1999): Bewertungsprobleme bei der Umnutzung von Landschaft – umwelt-sozialwissenschaftliche Erklärungsansätze. In: Schneider-Sliwa, R., D. Schaub & G. Gerold (eds.): *Angewandte Landschaftsökologie. Grundlagen und Methoden.* Berlin, Heidelberg: 477-490.

Stoll, S. (2000): Akzeptanzprobleme In Grossschutzgebieten. Einige sozialpsychologische Erklärungsansätze und Folgerungen. *Umweltpsychologie* 4 (1): 6-19.

Stoll-Kleemann, S. (2002): Chancen und Grenzen kooperativer und partizipativer Ansätze im Naturschutz. In: Erdmann, K.-H. & C. Schell (Hrsg.). *Naturschutz und gesellschaftliches Handeln. Aktuelle Beiträge aus Wissenschaft und Praxis. Bundesamt für Naturschutz.* Bonn – Bad Godesberg: 153-168.

Stucki, O., U. Geissbühler & C. Wüthrich (2002): Tägliche Schwankungen des limnoökologischen Milieus in den Versickerungsflächen der „Langen Erlen". *Regio Basiliensis* 43 (3): 227-240.

Tanner, C. & K. Foppa (1996): Umweltwahrnehmung, Umweltbewusstsein und Umweltverhalten. *Kölner Zeitschrift für Soziologie und Sozialpsychologie*: 245-271.

Thomas, C. (1996): Sehen und Handeln. In: Kaufmann-Hayoz, R. & A. Di Giulio (eds.): *Umweltproblem Mensch. Humanwissenschaftliche Zugänge zu umweltverantwortlichen Handeln.* Bern, Stuttgart, Wien: 445-479.

Tjallingii, S. P. (2000): Ecology on the Edge. Landscape and ecology between town and Country. *Landscape and Urban Planning* 48: 103-119.

Tress, B. & G. Tress (2003): Scenario visualisation for participatory landscape planning – a study from Denmark. *Landscape and Urban Planning* 64: 161-178.

Tress, B., G. Tress, H. Décamps & A.-M. d´Hauteserre (2001): Bridging human and natural sciences in landscape research. *Landscape and Urban Planning* 57: 137-141.

Ullrich, B. (1999): Das Pilotprojekt „Pflege- und Entwicklungsplanung Büchelberg". Ein Beispiel für umsetzungsorientierte Naturschutzplanung. *Natur und Landschaft* 74 (7/8): 306-316.

Volman, R., A. Kampschulte & R. Schneider-Sliwa (2001): *Freiräume in Basel: Funktionen, Akzeptanz und Aufwertungsmöglichkeiten.* Basler Stadt- und Regionalforschung 18. Basel: 1-88.

Von Glasersfeld, E. (2000): Konstruktion der Wirklichkeit und des Begriffs der Objektivität. In: Gumin, H., A. Mohler & H. Meier (eds.): *Einführung in den Konstruktivismus.* Veröffentlichungen der Carl Friedrich von Siemens Stiftung. München: 9-40.

Wagenschein, M. (1999): Verstehen lehren. Genetisch – sokratisch – exemplarisch. Weinheim, Basel: 1-181.

Warken, E. (2001): *Vegetationsdynamik in den Grundwasseranreicherungsflächen „Hintere Stellimatten".* Diplomarbeit am Geographischen Institut Basel, Abteilung Physiogeographie und Landschaftsökologie. Basel: 1-101. [Als Manuskript veröffentlicht.]

Wehinger, T., B. Freyer & V. Hoffmann (2002): Zur Bedeutung der sozialökonomischen Umwelt für den Wissenstransfer. Fallbeispiel „Streuobstvermarktung" der Projektgruppe Hohenlohe. In: Müller, K., A. Dosch, E. Mohrbach, T. Aenis, E. Baranek, T. Boeckmann, R. Siebert & V. Toussaint (eds.): *Wissenschaft und Praxis der Landschaftsnutzung – Formen interner und externer Forschungskooperation.* Weikersheim: 188-200.

Widmer, T. & H.-M. Binder (1997): Forschungsmethoden. In: Bussmann, W., U. Klöti & P. Knoepfel (eds.): *Einführung in die Politikevaluation.* Basel, Frankfurt a. M.: 214-256.

Wielinga, H. E. (2002): Beratung im ökologischen Paradigma. In: Müller, K., A. Dosch, E. Mohrbach, T. Aenis, E. Baranek, T. Boeckmann, R. Siebert & V. Toussaint (eds.): *Wissenschaft und Praxis der Landschaftsnutzung – Formen interner und externer Forschungskooperation.* Weikersheim: 196-206.

Wiener, D. (ed.) (2001): *Wir sind die Stadt. Das Beispiel Werkstadt Basel.* Basel: 1-167.

Witzel, A. (1989): Das problemzentrierte Interview. In: Jüttemann, G. (ed.): *Qualitative Forschung in der Psychologie. Grundfragen, Verfahrensweisen, Anwendungsfehler.* 2. Aufl.. Heidelberg: 1-351.

Wüthrich, C. & L. Siegrist (1999): Ökodiversität natürlicher Auenlandschaften. Ansätze zur strukturellen Revitalisierung. In: Eder, S. & A. Gurtner-Zimmermann (eds.): *Hochrheinrenaturierung in Stadt und Agglomeration Basel.* Basler Stadt- und Regionalforschung 17. Basel: 32-43.

Wüthrich, C., Huggenberger P. & Gurtner-Zimmermann A. (1999): *Machbarkeit, Kosten und Nutzen von Revitalisierungen in intensiv genutzten*

Auenlandschaften (Fallbeispiel Lange Erlen). MGU-Forschungsgesuch F2.00. Basel: 1-39.

Wüthrich, C., U. Geissbühler & D. Rüetschi (2001): Revitalisierung und Trinkwasserschutz in der dicht genutzten Wiese-Ebene. Feuchtgebiete als Reinigungsstufe. *Regio Basiliensis* 42 (1): 97-116.

Zaheer, A., B. Mc Evuily & V. Perrone (1998): Does trust matter? Exploring the effects of interorganizational and interpersonal trust on performance. *Organization Science* 9: 141-59.

Zechner, E. (1996): *Hydrogeologische Untersuchungen und Tracertransport-Simulationen zur Validierung eines Grundwassermodells der Langen Erlen, Basel-Stadt*. Dissertation am Geologisch-Paläontologischen Institut Basel. Basel: 1-156.

Zemp, M., D. Küry & M. Ritter (1996): *Naturschutzkonzept Basel-Stadt*. Broschüre der Stadtgärtnerei und Friedhöfe, Fachstelle für Naturschutz des Kantons Basel-Stadt (ed.). Basel: 1-55.

Zucchi, H. & S. Junker (2000): Umweltbildung im Rahmen landespflegerischer Studiengänge – das Beispiel der Fachhochschule Osnabrück (Niedersachsen). *Natur und Landschaft* 75 (4): 158-164.

Internet

Amt für Umwelt und Energie Basel-Stadt (AUE) (2004): Grundwasserschutzzone Basel-Stadt. Basel. Online verfügbar:URL: www.aue-bs.ch/de/gewaesser/pdf/grundwasser/GW_Schutzzone_LE.pdf [Stand 2004-07-21].

Geissbühler, U. (2003): Virtueller Spaziergang durch die „Hinteren Stellimatten". Projekthomepage des MGU-Projekts F2.00. Basel. Online verfügbar: URL: www.physiogeo.unibas.ch/stellimatten/index.htm [Stand 2004-06-28].

Geissbühler, U. (2004): MGU-Projekt F1.03 - Revitalisierung urbaner Flusslandschaften. Forschungsperiode 2003-2005. Projekthomepage. Basel. Online verfügbar: URL: www.physiogeo.unibas.ch/brueglingen/index.htm [Stand 2004-07-19].

Scholz, R. W. (2000): Entwicklung der Fallstudienmethoden. In: Scholz, R. W. (ed.): UNS-Fallstudie 2000. Zürich: 230-242. Online verfügbar:URL: www.fallstudie.ethz.ch/fs/fs_allg.html [Stand 2004-06-28].

Anhang

Fragebogen "Stellimatten" für Freizeitnutzer

Interviewer ....
Ort der Befragung ....
Datum, Uhrzeit ....

1. Was ist der Grund für Ihren Besuch hier in den Langen Erlen?

- ☐ spazieren/wandern
- ☐ Hund bewegen
- ☐ Fahrrad fahren
- ☐ joggen
- ☐ Anderes: ....
- ☐ Durchfahrt/weg zu anderem Zielort
- ☐ spielen (bzw. spielende Kinder begleiten)
- ☐ Natur geniessen/beobachten
- ☐ Tierpark

2. Wie oft besuchen Sie die Langen Erlen?

- ☐ mehrmals die Woche
- ☐ einmal die Woche
- ☐ weniger als einmal die Woche

3. Bewerten Sie die Qualität mit Noten von 1 (sehr schlecht) bis 6 (sehr gut):

a) Ökologische Qualität

....der Langen Erlen ☐   ....der Stellimatten-Wässerstellen und ihrer Umgebung ☐
(Raumabgrenzung siehe Karte auf dem Tisch)

Ökologische Qualität der Langen Erlen heisst für mich:
....
....

b) Ästhetische Qualität (optisch)

...der Langen Erlen ☐   ...der Stellimatten-Wässerstellen und ihrer Umgebung ☐

c) Naherholungsqualität

...der Langen Erlen ☐   ...der Stellimatten-Wässerstellen und ihrer Umgebung ☐

4. a) Was gefällt Ihnen besonders an den Langen Erlen? (Einfach- oder Mehrfachnennung)

- ☐ Ruhe
- ☐ Spazierwege
- ☐ Ursprüngliche Natur
- ☐ Wald
- ☐ Vögel/Tiere
- ☐ nichts
- ☐ Nähe zum Gewässer
- ☐ Möglichkeiten zur Freizeitnutzung
- ☐ Gepflegte Natur
- ☐ Äcker und Wiesen
- ☐ Nähe zur Siedlung
- ☐ Anderes:......................................

b) Was missfällt Ihnen besonders an den Langen Erlen? (Einfach- oder Mehrfachnennung)

- ☐ Hunde/Hundekot
- ☐ Fahrradfahrer/Inliner
- ☐ nichts
- ☐ Asphaltwege
- ☐ Fehlende Möglichkeiten zur Freizeitnutzung
- ☐ Anderes: ....

5. a) Haben Sie Wünsche in Bezug auf die zukünftige Gestaltung der Langen Erlen?

- ☐ Ja (weiter mit b)
- ☐ Nein (weiter zu Frage 6)

b) Was wünschen Sie sich? (Einfach- oder Mehrfachnennung)

- ☐ mehr Wege
- ☐ Mehr unberührte Natur
- ☐ Geführte Rundgänge zu spez. Themen
- ☐ Anderes: ....
- ☐ mehr Bänke
- ☐ Mehr gepflegte Natur
- ☐ Velo- und Spazierwege mehr trennen

6. Befürworten Sie grundsätzlich....?

a) das Wiederherstellen eines schlängelnden Flusses Wiese innerhalb der Dämme?

☐ ja   ☐ nein   ☐ weiss nicht

b) das Wiederherstellen von Feuchtgebieten ausserhalb der Dämme wie Auenwälder, Schilfgebiete, Riedwiesen?

☐ ja   ☐ ja, aber nicht zu viel   ☐ nein   ☐ weiss nicht

7. Was heisst Ihrer Meinung nach ...?

"Auenwald"..
....
....

8. Wodurch haben Sie vom Projekt erfahren? (Einfach- oder Mehrfachnennungen)

☐ Auenpfad   ☐ Broschüre   ☐ Presse   ☐ Gespräch mit Kontaktperson
☐ durch Bekannte   ☐ Anderes......................   ☐ weiss nicht

9. Was halten Sie von den folgenden Massnahmen des Stellimatten-Projekts?

a) Einleitung von Wiesewasser in die Stellimatten
☐ dafür   ☐ gleichgültig   ☐ dagegen   ☐ weiss nicht

Warum?
....

b) Entfernen von Pappeln
☐ dafür   ☐ gleichgültig   ☐ dagegen   ☐ weiss nicht

Warum?
....

c) Aufkommen lassen einheimischer Pflanzen
☐ dafür   ☐ gleichgültig   ☐ dagegen   ☐ weiss nicht

Warum?
....

10. Erachten Sie eventuelle, höhere Kosten für diese Massnahmen als gerechtfertigt?

☐ ja   ☐ ja, aber ....   ☐ nein   ☐ weiss nicht

11. Das Projekt ist ein Experiment. Würden Sie es befürworten oder ablehnen, dass bei Gelingen des Projektes....

a)...das Flusswasser der Wiese auch in anderen bewaldeten Wässerstellen zur Grundwasseranreicherung genutzt wird?

☐ dafür   ☐ gleichgültig   ☐ dagegen   ☐ weiss nicht

b)...das Wiesewasser in ehemalige Wassergräben gelenkt wird?

☐ dafür   ☐ gleichgültig   ☐ dagegen   ☐ weiss nicht

c)...Massnahmen zur Wiederherstellung ursprünglicher Natur auf andere Teile der Wieseebene ausgedehnt werden?

☐ dafür   ☐ gleichgültig   ☐ dagegen   ☐ weiss nicht

Wenn dafür, wo? ....

12. a) Schätzen Sie den Auenpfad?

☐ ja (weiter zu b)   ☐ nein (weiter zu 13), weil ....   ☐ weiss nicht (zu 13)

b) Was schätzen Sie am Auenpfad besonders ? (Einfach- und Mehrfachnennungen möglich)

☐ das Grundwasserschutzgebiet betreten zu können   ☐ Information über Auen und das Projekt
☐ Entwicklungen in den Stellimatten zu sehen   ☐ in das Projekt einbezogen zu werden
☐ andere Tiere und Pflanzen zu sehen   ☐ mal einen anderen Weg zu gehen
☐ Anderes: ....

13. Wird durch das Projekt für Sie eine Steigerung der Naherholungsqualität erreicht ? (nur ein Kreuz setzen)

☐ ja, durch den Auenpfad und das Feuchtgebiet   ☐ nein, die Naherholungsqualität ist nicht gesteigert
☐ ja, nur durch das neuartige Feuchtgebiet Stellimatten   ☐ Anderes............................
☐ ja, nur durch den Auenpfad   ☐ weiss nicht

14. Haben Sie aufgrund des Projekts eine andere Haltung zum Wiederherstellen von Feuchtgebieten in den Langen Erlen bekommen?

☐ ja   ☐ nein (weiter zu 15)   ☐ weiss nicht

Wenn ja, inwiefern? ....
Wodurch konkret haben Sie diese andere Haltung bekommen?
....
....

15. Möchten Sie noch stärker in das Projekt einbezogen werden?

☐   ja (weiter zu 16)   ☐ nein (weiter zu 17)   ☐ weiss nicht

Wenn ja, durch was? ....

16. Sind Sie bereit, nach Ihren Möglichkeiten sich aktiv zu beteiligen (z.B. Pflanzaktionen; Melden, wenn Pfad oder Tafeln beschädigt sind; Helfen bei handwerklichen Arbeiten etc.)?

☐ ja (Adresse bitte angeben)   ☐ nein

Name, Adresse oder Tel./e-mail (vertraulich behandelt):

STATISTISCHE ANGABEN (anonym und vertraulich)

17. Sind Sie Mitglied einer Natur- bzw. Umweltschutzorganisation/verein?

☐ ja   ☐ nein   ☐ keine Antwort

18. Wo wohnen Sie?

a) ☐ Schweiz   ☐ Deutschland   ☐ Sonstiges ....

b) ☐ Anwohner Lange Erlen   ☐ sonstiges Riehen   ☐ sonstiger Kt. Basel-Stadt

    ☐ Kreis Lörrach/Weil   ☐ Kt. Basel-Land   ☐ Anderes ....

19. Alter: ☐ bis 20 J.   ☐ 21-40 J.   ☐ 41-60 J.   ☐ älter als 60 J.

20. Geschlecht: ☐ männlich   ☐ weiblich

Raum für Bemerkungen:

Herzlichen Dank für Ihre Mitarbeit!

Fragebogen "Egliseeholz" für Freizeitnutzer

Interviewer ....
Ort der Befragung ....
Datum, Uhrzeit ....

1. Was ist der Grund für Ihren Besuch hier in den Langen Erlen?

- ☐ spazieren/wandern
- ☐ Hund bewegen
- ☐ Fahrrad fahren
- ☐ joggen
- ☐ Anderes: ....
- ☐ Durchfahrt/weg zu anderem Zielort
- ☐ spielen (bzw. spielende Kinder begleiten)
- ☐ Natur geniessen/beobachten
- ☐ Tierpark

2. Wie oft besuchen Sie die Langen Erlen?

☐ mehrmals die Woche   ☐ einmal die Woche   ☐ weniger als einmal die Woche

3. Bewerten Sie die Qualität mit Noten von 1 (sehr schlecht) bis 6 (sehr gut):

a) Ökologische Qualität

....der Langen Erlen ☐   ....der Stellimatten-Wässerstellen und ihrer Umgebung ☐
(Raumabgrenzung siehe Karte auf dem Tisch)

Ökologische Qualität der Langen Erlen heisst für mich:..
....

b) Ästhetische Qualität (optisch)

...der Langen Erlen ☐   ....der Stellimatten-Wässerstellen und ihrer Umgebung ☐

c) Naherholungsqualität

...der Langen Erlen ☐   ....der Stellimatten-Wässerstellen und ihrer Umgebung ☐

4. a) Was gefällt Ihnen besonders an den Langen Erlen? (Einfach- oder Mehrfachnennung)

- ☐ Ruhe
- ☐ Spazierwege
- ☐ Ursprüngliche Natur
- ☐ Wald
- ☐ Vögel/Tiere
- ☐ nichts
- ☐ Nähe zum Gewässer
- ☐ Möglichkeiten zur Freizeitnutzung
- ☐ Gepflegte Natur
- ☐ Äcker und Wiesen
- ☐ Nähe zur Siedlung
- ☐ Anderes: ....

b) Was missfällt Ihnen besonders an den Langen Erlen? (Einfach- oder Mehrfachnennung)

- ☐ Hunde/Hundekot
- ☐ Fahrradfahrer/Inliner
- ☐ nichts
- ☐ Asphaltwege
- ☐ Fehlende Möglichkeiten zur Freizeitnutzung
- ☐ Anderes: ....

5. a) Haben Sie Wünsche in Bezug auf die zukünftige Gestaltung der Langen Erlen?

☐ Ja (weiter mit b)   ☐ Nein (weiter zu Frage 6)

b) Was wünschen Sie sich? (Einfach- oder Mehrfachnennung)

- ☐ mehr Wege
- ☐ Mehr unberührte Natur
- ☐ Geführte Rundgänge zu spez. Themen
- ☐ Anderes: ....
- ☐ mehr Bänke
- ☐ Mehr gepflegte Natur
- ☐ Velo- und Spazierwege mehr trennen

6. Befürworten Sie grundsätzlich....?

a) das Wiederherstellen eines schlängelnden Flusses Wiese innerhalb der Dämme?

☐ ja   ☐ nein   ☐ weiss nicht

b) das Wiederherstellen von Feuchtgebieten ausserhalb der Dämme wie Auenwälder, Schilfgebiete, Riedwiesen?

☐ ja   ☐ ja, aber nicht zu viel   ☐ nein   ☐ weiss nicht

7. Was heisst Ihrer Meinung nach ...?

"Auenwald"..
....

8. Wodurch haben Sie vom Projekt erfahren? (Einfach-oder Mehrfachnennungen)

☐ Auenpfad   ☐ Broschüre   ☐ Presse   ☐ Gespräch mit Kontaktperson
☐ durch Bekannte   ☐ Anderes....................   ☐ weiss nicht

9. Was halten Sie von den folgenden Massnahmen des Stellimatten-Projekts?

a) Einleitung von Wiesewasser in die Stellimatten
☐ dafür   ☐ gleichgültig   ☐ dagegen   ☐ weiss nicht

Warum?
....

b) Entfernen von Pappeln
☐ dafür   ☐ gleichgültig   ☐ dagegen   ☐ weiss nicht

Warum?
....

c) Aufkommen lassen einheimischer Pflanzen
☐ dafür   ☐ gleichgültig   ☐ dagegen   ☐ weiss nicht

Warum?
....

10. Erachten Sie eventuelle, höhere Kosten für diese Massnahmen als gerechtfertigt?

☐ ja   ☐ ja, aber ....   ☐ nein   ☐ weiss nicht

16. Sind Sie bereit, nach Ihren Möglichkeiten sich aktiv zu beteiligen (z.B. Pflanzaktionen; Kontrollgänge entlang von Lehrpfaden; Helfen bei handwerklichen Arbeiten etc.)?

☐ ja (Adresse bitte angeben)   ☐ nein

Name, Adresse oder Tel./e-mail (vertraulich behandelt):

STATISTISCHE ANGABEN (anonym und vertraulich)

17. Sind Sie Mitglied einer Natur- bzw. Umweltschutzorganisation/verein?
☐ ja   ☐ nein   ☐ keine Antwort

18. Wo wohnen Sie?
a) ☐ Schweiz   ☐ Deutschland   ☐ Sonstiges ....
b) ☐ Anwohner Lange Erlen   ☐ sonstiges Riehen   ☐ sonstiger Kt. Basel-Stadt
   ☐ Kreis Lörrach/Weil   ☐ Kt. Basel-Land   ☐ Anderes ....

19. Alter: ☐ bis 20 J.   ☐ 21-40 J.   ☐ 41-60 J.   ☐ älter als 60 J.

20. Geschlecht: ☐ männlich   ☐ weiblich

Raum für Bemerkungen:

Herzlichen Dank für Ihre Mitarbeit!

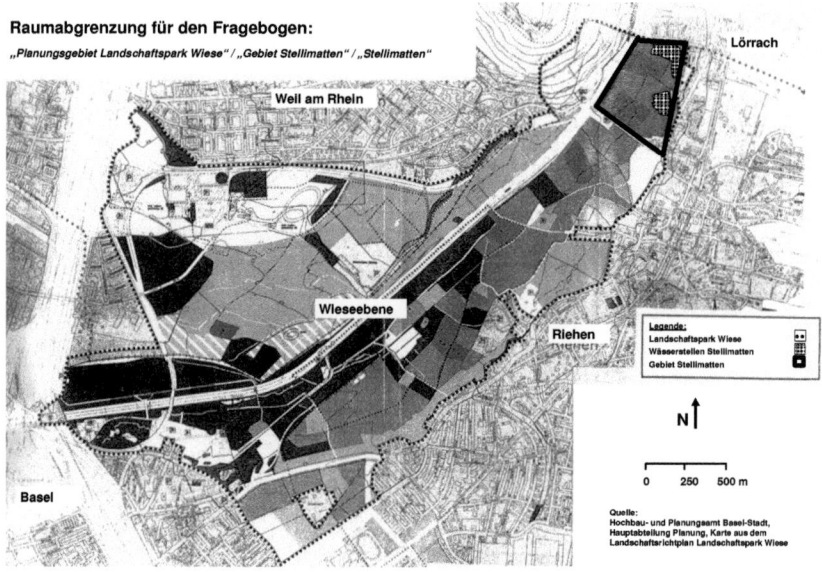

Raumabgrenzung für den Fragebogen:
„Planungsgebiet Landschaftspark Wiese" / „Gebiet Stellimatten" / „Stellimatten"

Quelle: Hochbau- und Planungsamt Basel-Stadt, Hauptabteilung Planung, Karte aus dem Landschaftsrichtplan Landschaftspark Wiese

Konzept des Netzwerkfragebogens:

Fragen:

a)/b): Anzahl und Themen der Kontakte   = GRUNDSTRUKTUR

c):   Gründe der Kontakte   = URSACHEN DER STRUKTUR

d):   Qualität der Kontakte   = BEWERTUNG DER STRUKTUR

Ausformung:

GRUNDSTRUKTUR
a):   Planungsarbeiten der Wieseebene
- Anzahl der Kontakte
- Themen

b):   Ausführungsarbeiten Wieseebene
- Anzahl der Kontakte
- Themen

URSACHEN DER STRUKTUR
c):   Gründe der Kontakte
- Transfer von Verschiedenem
- Projekte, übergeordnete Organisationen
- Sonstiges

BEWERTUNG DER STRUKTUR
d):   Qualität der Kontakte
- Notenvergabe hinsichtlich einiger Aspekte
- Kontakte auch ausserhalb der Wieseebene
- Bemerkungen

e):   Bedeutung der Kontakte
- die fünf bedeutendsten Institutionen
- Art der Bedeutung

Fragebogen der Netzwerkbefragung

a) Mit wem ist Ihre Institution ...... wie häufig und aufgrund welcher Themen ...... **im Rahmen von Planungsarbeiten in der Wieseebene im Zeitraum vom 01. Juni 2000 bis 30. November 2000** aktiv (von sich aus) in Kontakt getreten? (Bitte ankreuzen! Tragen Sie sämtliche Kontakte ein, die von **Ihrer Institution** aus getätigt worden sind. Nötigenfalls vervielfältigen Sie den Fragebogen und lassen ihn von Mitarbeitern für deren jeweilige Abteilung ausfüllen.)

Eigene Stelle...	Anzahl Kontakte im Zeitraum				Themen der Kontakte (Mehrfachnennungen möglich)						
Person/Stelle	>19	11-19	6-9	1-5	0	Holznutzung und Walderhaltung	Intensiverholung (Sport, Spielen etc)	Extensiverholung (Spazieren etc.)	Gewässerrevitalisierung	allg. Naturschutz	landwirtschaftliche Nutzung	Grundwasserschutz, Wasservers.	Sonstige Themen ....(bitte eintragen)
AUE / Gewässerschutzamt BS													
Hochbau- und Planungsamt BS													
Tiefbauamt BS													
SF & Naturschutzfachst. BS													
Wirtschafts- u. Sozialdepart. BS													
Justizdepartement BS													
Industrielle Werke Basel													
Forstamt beider Basel													
FiBL													
Fischereiaufsicht BS													
Jagd-/Tierpolizei BS													
Zentralst. Liegenschaftsverkehr													
Gemeindeverw./-rat Riehen													
Weil a.Rhein: Bürgermeisteramt													
Weil a.Rhein: Grünplanungsamt													
Amt f. Landwirtschaft Lörrach													
Landratsamt Lörrach													
BNL Freiburg													
Deutsche Bahn AG Basel													
Geographisches Institut Basel													
Geologisches Institut Basel													
NLU-Institut Basel													
Institut f. Med.Biologie (Durrer)													

TRUZ																						
Life Science-Büro																						
Hesse + Schwarze + Partner																						
Pro Natura Basel																						
Ornith. Gesellsch. Basel																						
Erken-Verein																						
Landwirte auf schweizer Gebiet																						
Weitere eintragen:																						

BITTE WENDEN !

b) Mit wem ist Ihre Institution ....wie häufig und aufgrund welcher Themen ...... **im Rahmen von Ausführungsarbeiten** (Projektausführungen, ständiger Unterhalt) **in der Wieseebene im Zeitraum vom 01. Juni 2000 bis 30. November 2000** aktiv (von sich aus) in Kontakt getreten? (Bitte ankreuzen! Tragen Sie sämtliche Kontakte ein, die **von Ihrer Institution aus** getätigt worden sind. Nötigenfalls vervielfältigen Sie den Fragebogen und lassen ihn von Mitarbeitern für deren jeweilige Abteilung ausfüllen.)

Eigene Stelle...	Anzahl Kontakte im Zeitraum				Themen der Kontakte (Mehrfachnennungen möglich)						
Person/Stelle	>19	11-19	6-9	1-5	0	Holznutzung und Walderhaltung	Intensiverholung (Sport, Spielen etc)	Extensiverholung (Spazieren etc.)	Gewässerrevitalisierung	allg. Naturschutz	landwirtschaftliche Nutzung	Grundwasserschutz Wasserservs.	Sonstige Themen ...(bitte eintragen)
AUE / Gewässerschutzamt BS													
Hochbau- und Planungsamt BS													
Tiefbauamt BS													
SF & Natuschutzfachst. BS													
Wirtschafts- u. Sozialdepart. BS													
Justizdeparlement BS													
Industrielle Werke Basel													
Forstamt beider Basel													
FibL													
Fischereiaufsicht BS													
Jagd-/Tierpolizei BS													
Zentralst. Liegenschaftsverkehr													
Gemeindeverw./-rat Riehen													
Weil a.Rhein: Bürgermeisteramt													
Weil a.Rhein: Grünplanungsamt													
Amt f. Landwirtschaft Lörrach													
Landratsamt Lörrach													
BNL Freiburg													
Deutsche Bahn AG Basel													
Geographisches Institut Basel													
Geologisches Institut Basel													
NLU-Institut Basel													
Institut f. Med.Biologie (Durrer)													

TRUZ																																					
Life Science-Büro																																					
Hesse + Schwarze + Partner																																					
Pro Natura Basel																																					
Ornith. Gesellsch. Basel																																					
Eden-Verein																																					
Landwirte auf schweizer Gebiet																																					
Weitere eintragen:																																					

Was sind die Gründe der Kontakte (bitte ankreuzen, Mehrfachnennungen möglich)?

Eigene Stelle...	Leistungen, die bezogen wurden:							Die Kontakte sind unter anderem integriert in folgende Projekte/übergeordnete Organisationen:						Sonstige Gründe des Kontakts............ (bitte eintragen)
Person/Stelle	Beratung, Vernehml., Mitbericht	Geräte, Maschinen, Material	Information: Auskünfte, Daten, Unterlagen	Bewilligungen, Gesuche	Handwerkliche Leistungen	Sonstiges		Wiesekommission	Landschaftspark Wiese	MGU Stellimatten	Landwirtschaftskonzept BS	Fliessgewässerkonzept BS	sonstige Projekte .... (bitte eintragen)	
AUE / Gewässerschutzamt BS														
Hochbau- und Planungsamt BS														
Tiefbauamt BS														
SF & Naturschutzfachst. BS														
Wirtschafts- u. Sozialdepart. BS														
Justizdepartement BS														
Industrielle Werke Basel														
Forstamt beider Basel														
FibL														
Fischereiaufsicht BS														
Jagd-/Tierpolizei BS														
Zentralst. Liegenschaftsverkehr														
Gemeindeverw./-rat Riehen														
Weil a.Rhein: Bürgermeisteramt														
Weil a.Rhein: Grünplanungsamt														
Amt f. Landwirtschaft Lörrach														
Landratsamt Lörrach														
BNL Freiburg														
Deutsche Bahn AG Basel														
Geographisches Institut Basel														
Geologisches Institut Basel														
NLU-Institut Basel														
Institut f. Med.Biologie (Durrer)														
TRUZ														
Life Science-Büro														

Hesse + Schwarze + Partner																																	
Pro Natura Basel																																	
Ornith. Gesellsch. Basel																																	
Erlen-Verein																																	
Landwirte auf schweizer Gebiet																																	
Weitere eintragen:																																	

BITTE WENDEN !

d) Wie bewerten Sie die Kontakte zu den anderen Institutionen hinsichtlich der folgenden Aspekte?
(Bitte tragen Sie eine Note von 6 (sehr gut) bis 1 (sehr schlecht) zu den jeweiligen Stichworten und Institutionen ein)

Person/Stelle \ Eigene Stelle:	Konstruktive Zusammenarbeit	Zielorientierte Zusammenarbeit	Fachliche Kompetenz der anderen Institution	Persönliches Vertrauensverhältnis	Verständnis der anderen Institution für die Belange Ihrer	Sonstige Bemerkungen	Besteht mit der Institution auch ausserhalb der Arbeiten in der Wiese-ebene Kontakt? (wenn ja, zutreffende Institutionen ankreuzen)
AUE / Gewässerschutzamt BS							
Hochbau- und Planungsamt BS							
Tiefbauamt BS							
SF & Naturschutzfachst. BS							
Wirtschafts- u. Sozialdepart. BS							
Justizdepartement BS							
Industrielle Werke Basel							
Forstamt beider Basel							
Labl.							
Fischereiaufsicht BS							
Jagd /Tierpolizei BS							
Zentralst. Liegenschaftsverkehr							
Gemeinderat / rat Riehen							
Weil a. Rhein: Bürgermeisteramt							
Weil a. Rhein: Grünplanungsamt							
Amt f. Landwirtschaft Lörrach							
Landratsamt Lörrach							
BNL Freiburg							
Deutsche Bahn AG Basel							
Geographisches Institut Basel							
Geologisches Institut Basel							
NLU Institut Basel							
Institut f. Med.Biologie (Durrer)							
TRUZ							
Life Science Büro							
Hesse - Schwarze & Partner							
Pro Natura Basel							
Ornith. Gesellsch. Basel							
Erlen-Verein							
Landwirte auf schweizer Gebiet							
Weitere eintragen							

e) Nennen Sie bitte die für Sie **5 bedeutendsten Institutionen/Personen** bezüglich der **Feuchtgebiets- und Gewässerrevitalisierung in der Wieseebene** und geben Sie mit einem Stichwort den Grund für die jeweilige Bedeutung an.

5 Institutionen/Personen   Grund der Bedeutung

A. _____   _____

B. _____   _____

C. _____   _____

D. _____   _____

E. _____   _____

Vielen Dank für Ihre Mithilfe!   Geographisches Institut Basel
Spalenring145, CH-4055 Basel
Tel.: (0041) (61) 272 6632 Fax: (0041) (61) 272 69 23
e-mail: Jessica.Kohl@unibas.ch

AKTEURS-FRAGEBOGEN

A. Angaben zur Person

1) Zwecks Vergleich der zwei Befragungen benötige ich von Ihnen einen Code:

Die ersten beiden Buchstaben des Geburtsortes: ☐ ☐
Die ersten beiden Buchstaben des Vornamens der Mutter: ☐ ☐
Ihr Geburtsmonat in Ziffern: ☐ ☐

2) Sie sind Vertreter des........

☐ deutschen Teils der Wieseebene ☐ schweizerischen Teils der Wieseebene

3) ....und stehen im Rahmen der Wieseplanung im Dienst einer/der.....

☐ Behörde ☐ priv. Organisation/Verein ☐ freien Wirtschaft ☐ Universität ☐ Sonstiges:..........

4) Aus welchem der nachstehenden Bereiche sind Sie Interessenvertreter im Rahmen der Wieseplanung?

☐ Landwirtschaft   ☐ Forstwirtschaft   ☐ Naturschutz/Umweltschutz   ☐ Tiefbau/Hochbau
☐ Fischerei   ☐ Wasserversorgung   ☐ Raum-/Grünplanung   ☐ Recht und Gesetz
☐ Erholung/Sport   ☐ Wissenschaft   ☐ Andere:.........................

5) Wie lange beschäftigen Sie sich schon mit der Wieseplanung?

☐ weniger als 5 Jahre   ☐ 5-10 Jahre   ☐ mehr als 10 Jahre

6) Nennen Sie in Stichworten die Aktivitäten, mit denen Sie sich bei der Wieseplanung beschäftigen:

B. Landschaftsbewertung

7) Wie hoch bewerten Sie die jetzige Qualität des Naherholungsgebietes „Landschaftspark Wiese" (s. Raumabgrenzung im Anhang) bezüglich folgender Gesichtspunkte?

a) Im Bereich der Wiesen und Äcker:

	hoch	ziemlich hoch	eher hoch	eher gering	ziemlich gering	gering	
Ökologie[1]	☐	☐	☐	☐	☐	☐	☐weiss nicht
Ästhetik	☐	☐	☐	☐	☐	☐	☐weiss nicht
Erholung	☐	☐	☐	☐	☐	☐	☐weiss nicht
Landwirtsch. Nutzung	☐	☐	☐	☐	☐	☐	☐weiss nicht

b) Im waldwirtschaftlichen Bereich:

	hoch	ziemlich hoch	eher hoch	eher gering	ziemlich gering	gering	
Ökologie[1]	☐	☐	☐	☐	☐	☐	☐weiss nicht
Ästhetik	☐	☐	☐	☐	☐	☐	☐weiss nicht
Erholung	☐	☐	☐	☐	☐	☐	☐weiss nicht
Forstwirtsch. Nutzung	☐	☐	☐	☐	☐	☐	☐weiss nicht

---

[1] *Ökologie*: Zusammenspiel von naturnahen Böden/Pflanzen/Tieren/Strukturreichtum des Gewässers und seiner Umgebung

c) Im Tierpark:

	hoch	ziemlich hoch	eher hoch	eher gering	ziemlich gering	gering	
Ökologie[1]	☐	☐	☐	☐	☐	☐	☐ weiss nicht
Ästhetik	☐	☐	☐	☐	☐	☐	☐ weiss nicht
Erholung	☐	☐	☐	☐	☐	☐	☐ weiss nicht

d) Gesamteindruck des Planungsgebietes Landschaftspark Wiese:

	hoch	ziemlich hoch	eher hoch	eher gering	ziemlich gering	gering	
Ökologie[1]	☐	☐	☐	☐	☐	☐	☐ weiss nicht
Ästhetik	☐	☐	☐	☐	☐	☐	☐ weiss nicht
Erholung	☐	☐	☐	☐	☐	☐	☐ weiss nicht

8) Wie hoch bewerten Sie die jetzige Qualität der Stellimatten bezüglich dieser Gesichtspunkte?

a) Die Stellimatten - Wässerstellen an sich (siehe Raumabgrenzung im Anhang):

	hoch	ziemlich hoch	eher hoch	eher gering	ziemlich gering	gering	
Ökologie[1]	☐	☐	☐	☐	☐	☐	☐ weiss nicht
Ästhetik	☐	☐	☐	☐	☐	☐	☐ weiss nicht
Erholung	☐	☐	☐	☐	☐	☐	☐ weiss nicht
Forstwirtsch. Nutzung	☐	☐	☐	☐	☐	☐	☐ weiss nicht

b) Die landwirtschaftlich genutzte Umgebung der Stellimatten (siehe Anhang):

	hoch	ziemlich hoch	eher hoch	eher gering	ziemlich gering	gering	
Ökologie[1]	☐	☐	☐	☐	☐	☐	☐ weiss nicht
Ästhetik	☐	☐	☐	☐	☐	☐	☐ weiss nicht
Erholung	☐	☐	☐	☐	☐	☐	☐ weiss nicht
Landwirtsch. Nutzung	☐	☐	☐	☐	☐	☐	☐ weiss nicht

c) Gesamteindruck des „Gebietes Stellimatten" (siehe Raumabgrenzung i. Anhang):

	hoch	ziemlich hoch	eher hoch	eher gering	ziemlich gering	gering	
Ökologie[1]	☐	☐	☐	☐	☐	☐	☐ weiss nicht
Ästhetik	☐	☐	☐	☐	☐	☐	☐ weiss nicht
Erholung	☐	☐	☐	☐	☐	☐	☐ weiss nicht

C. Akzeptanz von Gewässerrevitalisierungsmassnahmen

9) Die Idee der Revitalisierung in der Wieseebene wird grundsätzlich ......

a) bezogen auf den Wieselauf innerhalb der Dämme

☐ von mir unterstützt
☐ von mir nicht unterstützt
☐ weiss nicht

b) bezogen auf die Wiederherstellung der Feuchtgebiete ausserhalb der Dämme

☐ von mir unterstützt
☐ von mir nicht unterstützt
☐ weiss nicht

a) Warum?

b) Warum?

---

[1] *Ökologie*: Zusammenspiel von naturnahen Böden/Pflanzen/Tieren/Strukturreichtum des Gewässers und seiner Umgebung

Zu Frage 10: Massnahmen bezogen auf das Projekt in den Stellimatten:
- Um eine **naturnahe, bewaldete Wässerstelle ("Stellimatten",** s. Karte) **in einer Trinkwasserschutzzone** zu erhalten und zu fördern, wird in dem Pilotprojekt anstatt Rheinwasser das **Wasser der Wiese eingeleitet.** Dies geschieht über den nahe gelegenen Mühlenteich.
- **Kontrolluntersuchungen** des Grund- und Sickerwassers werden in der Wässerstelle durchgeführt und ein elektronisches Messsystem zur Qualitätskontrolle aufgebaut, welches bei Überschreiten bestimmter Grenzwerte die Wasserzufuhr stoppt, um das Grundwasser nicht zu gefährden.
- Wiederherstellung eines auenwaldähnlichen Wirkungsgefüges in der Wässerstelle: **Auflichtung des Hybridpappelwaldes** sowie **Zulassen standortheimischer Feuchtvegetation** und **Initialpflanzungen**
- **Aufbau eines Auenlehrpfades in den Stellimatten,** der die Wässermatten zugänglich macht, informiert und diese „erleben" lässt

10) Die geplanten Massnahmen in den Stellimatten sind oben erläutert. Bitte geben Sie an, ob Sie die Massnahmen eher befürworten oder eher ablehnen. Bitte begründen Sie Ihre Meinung.

a) Einleitung von Wiesewasser in die Stellimatten
☐ dafür ☐ eher dafür ☐ gleichgültig ☐ eher dagegen ☐ dagegen ☐ weiss nicht

Warum?

b) Auflichtung des Hybridpappelwaldes
☐ dafür ☐ eher dafür ☐ gleichgültig ☐ eher dagegen ☐ dagegen ☐ weiss nicht

Warum?

c) Aufkommen lassen standortheimischer Vegetation
☐ dafür ☐ eher dafür ☐ gleichgültig ☐ eher dagegen ☐ dagegen ☐ weiss nicht

Warum?

d) Aufbau Auenlehrpfad
☐ dafür ☐ eher dafür ☐ gleichgültig ☐ eher dagegen ☐ dagegen ☐ weiss nicht

Warum?

11) Erachten Sie die aus den genannten Massnahmen mit grosser Wahrscheinlichkeit resultierenden höheren Erhaltungskosten als gerechtfertigt?

☐ ja ☐ gleichgültig ☐ nein ☐ weiss nicht

12) Genügen Ihrer Meinung nach die im Projekt in den Stellimatten vorgenommenen Massnahmen zur Erreichung folgender Ziele?

a) Gewährleistung des Grund- und Trinkwasserschutzes   ☐ ja   ☐ nein   ☐ weiss nicht

Wenn nein: Was fehlt?

b) Wiederherstellung eines auenwaldähnlichen Wirkungsgefüges   ☐ ja   ☐ nein   ☐ weiss nicht

Wenn nein: Was fehlt?

c) Steigerung der Qualität des Gebietes als Naherholungsraum   ☐ ja   ☐ nein   ☐ weiss nicht

Wenn nein: Was fehlt?

D. Wünsche/Vorstellungen

13) Das Projekt ist ein Experiment, welches bei Erreichen der Ziele weitere Revitalisierungsmassnah-men in der Wieseebene zulassen würde. Würden Sie es befürworten oder ablehnen, dass bei Gelingen des Projektes...

a) ...das Wiesewasser auch in anderen bewaldeten Wässerstellen zur Grundwasseranreicherung genutzt wird?

☐ dafür   ☐ eher dafür   ☐ gleichgültig   ☐ eher dagegen   ☐ dagegen   ☐ weiss nicht

b) ...das abgeführte Wiesewasser in ehemalige Wassergräben gelenkt wird, um diese als Teil einer historischen Kulturlandschaft zu revitalisieren?

☐ dafür   ☐ eher dafür   ☐ gleichgültig   ☐ eher dagegen   ☐ dagegen   ☐ weiss nicht

c) ...Revitalisierungsmassnahmen auf andere Teile der Wieseebene ausgedehnt werden?

☐ dafür   ☐ eher dafür   ☐ gleichgültig   ☐ eher dagegen   ☐ dagegen   ☐ weiss nicht

Wenn dafür/eher dafür:
→ Auf welche Bereiche?

→ Mit welchen Massnahmen?

Herzlichen Dank für Ihre Mitarbeit!
Bitte schicken Sie den Fragebogen bis zum 16.06.2000 im beiliegenden frankierten Umschlag zurück.

Leitfaden für das Interview

Einstiegsfrage:

Es sind nun zweieinhalb Jahre im Stellimatten-Projekt vergangen, Ende dieses Jahres wird das Projekt abgeschlossen sein. Wie würden Sie das **Fazit** des Projekts beschreiben?

---

1. a) Wie beurteilen Sie den **Informationsfluss** im Stellimatten-Projekt?

   b) Erläutern Sie, ob und inwiefern die Ihnen zugekommenen Informationen für Sie zu einer Befürwortung und/oder Ablehnung der Projektmassnahmen geführt haben.

---

2. a) Was war in der **Zusammenarbeit** mit weiteren Projektbeteiligten gut, was war nicht gut?

   b) Inwiefern hat sich die Qualität der Zusammenarbeit auf den Projekterfolg ausgewirkt?

---

3. Erläutern Sie, welche **politischen, institutionellen oder strukturellen Gegebenheiten** sich auf das Projekt positiv oder negativ ausgewirkt haben (etc.).

---

4. a) Haben Sie durch das Stellimatten-Projekt etwas **gelernt**?

   b) Haben die Erfahrungen aus dem Stellimatten-Projekt Ihnen eine andere Sichtweise auf die allgemeinen Revitalisierungsbemühungen in der Wieseebene gegeben? Erläutern Sie.

   Eventualfrage: Wie weit sind die Resultate des Stellimatten-Projekts auf die restliche Wieseebene übertragbar?

---

5. Werden Sie bei Anfrage ein **zweites Mal** an einem Auenrevitalisierungsprojekt in der Wieseebene teilnehmen? Begründen Sie.

   Eventualfrage: Was müsste gegeben sein, damit Sie an weiteren Projekten teilnehmen?

---

6. a) Wie geht es Ihrer Meinung nach in der Wieseebene bezüglich Revitalisierungen weiter? (**Zukunftsaspekt**)

   b) Wie steht es mit der **Kosten-Nutzen-Relation** der Auenrevitalisierungen in der Wieseebene?

i want morebooks!

Buy your books fast and straightforward online - at one of world's fastest growing online book stores! Environmentally sound due to Print-on-Demand technologies.

Buy your books online at
www.get-morebooks.com

Kaufen Sie Ihre Bücher schnell und unkompliziert online – auf einer der am schnellsten wachsenden Buchhandelsplattformen weltweit! Dank Print-On-Demand umwelt- und ressourcenschonend produziert.

Bücher schneller online kaufen
www.morebooks.de

VDM Verlagsservicegesellschaft mbH
Heinrich-Böcking-Str. 6-8   Telefon: +49 681 3720 174   info@vdm-vsg.de
D - 66121 Saarbrücken   Telefax: +49 681 3720 1749 www.vdm-vsg.de

Printed by Books on Demand GmbH, Norderstedt / Germany